경찰 공무원

최단기 문제풀이

Preface

공무원은 날이 갈수록 많은 젊은이들 사이에서 안정적인 직업으로 각광받고 있다. 특히 경찰공무원은 최근 크고 작은 범죄들이 기승을 부림으로 국민들의 불안감과 경찰에 대한 기대가 커지고, 국가에서도 안보와 보안의 중요성을 강조하며 꾸준히 많은 인원의 경찰공무원을 채용하고, 채용인원을 늘려감에 따라 많은 수험생들의 관심을 받고 있다.

본서는 경찰공무원을 준비하는 수험생들을 위해 발행된 경찰공무원 시험의 수학 문제풀이집으로 단원별 핵심문제와 함께 모의고사, 기출문제분석을 상세한 해설과 함께 수록하였다.

국민의 안전과 질서유지를 위해 경찰공무원을 준비하는 많은 수험생들이 본서와 함께 합격의 달콤한 꿈을 이룰 수 있게 되길 기원한다.

경찰공무원 소개

① 경찰공무원이란 : 공공의 안녕과 질서유지를 주 임무로 하는 국가공무원을 말한다. 일반 공무원과는 달리 특수한 임무를 수행하기 때문에 경찰공무원법에 따라 임용, 교육, 훈련, 신분보장, 복무규율 등이 이루어지고 있다. 일반적으로 경찰관으로 통칭한다.

② 경찰공무원시험의 종류

㉠ 순경(일반남녀, 101경비단)

㉡ 간부후보생 : 경찰간부가 되기 위하여 선발되어 경찰교육기관에서 교육훈련을 받는 교육생을 말한다.

③ 응시자격

• 공통자격 : 운전면허 1종 보통 또는 대형면허 소지자(원서접수 마감일까지)

• 공채

모집분야	순경(일반남녀, 101경비단)	간부후보생
응시연령	18세 이상 40세 이하	21세 이상 40세 이하

• 특채

구분	선발 분야 및 자격요건
경찰행정학과	- 연령 : 20세 이상 40세 이하 - 2년제 이상의 대학의 경찰행정 관련 학과를 졸업했거나 4년제 대학의 경찰행정 관련학과에 재학 중이거나 재학했던 사람으로서 경찰행정학전공 이수로 인정될 수 있는 과목을 45학점 이수
전의경특채	- 연령 : 21세 이상 30세 이하 - 경찰청 소속 '전투경찰순경'으로 임용되어 소정의 복무를 마치고 전역한자 또는 전역예정인자(해당시험 면접시험 전일까지 전역예정자) - 군복무시 모범대원 우대

④ 채용절차 : 시험공고 및 원서접수 > 필기 · 실기시험 > 신체검사 > 체력 · 적성검사 > 면접시험 > 최종합격(가산점 적용)

㉠ 필기시험

• 공채

- 간부후보생 : 시험과목(총 21과목 : 객관식8+주관식13)

분야별		일반	세무회계	사이버
시험별	과목별			
객관식	필수	한국사		
		형법		
		영어		
		행정학	형사소송법	형사소송법
		경찰학개론	세법개론	정보보호론
주관식	필수	형사소송법	회계학	시스템네트워크보안
	선택 (1 과목)	행정법 경제학 민법총칙 형사정책	상법총칙 경제학 통계학 재정학	데이터베이스론 통신이론 소프트웨어공학

※ 영어시험은 '경찰공무원 임용령' 제 41조 별표5(영어 과목을 대체하는 영어능력 검정시험의 종류 및 기준점수)에 의거 기준점수 이상이면 합격한 것으로 간주되고, 다만 응시원서접수 마감일 기준 2년 이내 성적에 한해 유효한 것으로 인정되며, 필기시험 성적에는 반영되지 않습니다. 아울러 각 공인영어시험기관에서 주관하는 정기시험 성적만 인정합니다.

– 순경공채(일반남녀, 101단): 5과목(필수2과목+선택3과목)
  필수과목: 한국사, 영어
  선택과목: 형법, 형사소송법, 경찰학개론, 국어, 사회, 수학, 과학 중 3과목 선택

• 특채
– 경찰행정학과 : 경찰학개론, 수사, 행정법, 형법, 형사소송법
– 전의경특채 : 한국사, 영어, 형법, 형사소송법, 경찰학개론
– 경찰특공대 : 형법, 형사소송법, 경찰학개론

㉡ 신체검사
• 체격, 시력, 색신(色神), 청력, 혈압, 사시(斜視), 문신을 검사한다.

㉢ 체력 · 적성검사
• 체력검사 : 총 5종목 측정(100m달리기, 1,000m달리기, 팔굽혀펴기, 윗몸일으키기, 좌 · 우악력)
• 적성검사 : 경찰공무원으로서의 적성을 종합적으로 검정한다.
※ 적성검사는 점수화하지 않으며, 면접 자료로 활용된다.

㉣ 면접시험

구분	면접방식	면접내용
1단계	집단면접	의사발표의 정확성 · 논리성 · 전문지식
2단계	개별면접	품행 · 예의 · 봉사성 · 정직성 · 도덕성 · 준법성

※ 면접위원의 과반수가 어느 하나의 평정요소에 대하여 2점 이하로 평정 한 때에는 불합격처리

⑤ 합격자결정방법

㉠ 필기 또는 실기시험(50%) + 체력검사(25%) + 면접시험(20%) + 가산점(5%)를 합산한 성적의 고득점 순으로 선발예정인원을 최종합격자로 결정한다.

㉡ 경찰특공대는 실기(45%) + 필기(30%) + 면접(20%) + 가산점(5%)로 결정한다.

Contents

01 단원별 핵심문제

02 실력평가 모의고사

03 기출문제분석

Structure

01 다항식

1 다항식과 나머지정리

▶ 해설은 p.135에 있습니다.

1 $x+y=2\sqrt{5}$, $xy=4$, $x>y$일 때, $\frac{x}{y}-\frac{y}{x}$의 값은?

① $\sqrt{2}$ ② $\sqrt{3}$
③ 2 ④ $\sqrt{5}$

2 다항식 x^3-2x^2-4x+2를 일차식 $x+2$로 나누었을 때의 나머지는?

① 6 ② 2
③ -2 ④ -6

3 두 실수 a, b에 대[illegible] 일 때, $a-b$의 값은?

① 1
③ 3

4 다[illegible] 2일 때, 두 상수 a, b의

1 $x+y=2\sqrt{5}$, $xy=4$, $x>y$

① $\sqrt{2}$
③ 2

2 다항식 x^3-2x^2-4x+2를 일차식

① 6
③ -2

2019년 제1차 경찰공무원(순경) 채용

1 최고차항의 계수가 1인 삼차다항식 $f(x)$를 $x-1$로 나누었[illegible] 로 나누었을 때도 나머지가 3이다. $f(x)$가 $x-2$로 나[illegible]

① 15 ② 16
③ 17 ④ 18

해설 최고차항의 계수가 1인 삼차다항식 $f(x)=x^3+ax^2$[illegible]
나머지 정리에 의해 $f(1)=3$, $f(3)=3$, $f(2)=0$[illegible]
$f(1)=1+a+b+c=3$ $a+b+c=2$
$f(3)=27+9a+3b+c=3$ $9a+3b+c=-24$
$f(2)=8+4a+2b+c=0$ $4a+2b+c=-8$
이다. 이를 연립해서 풀면 $a=-3$, $b=-1$, $c=6$[illegible]
그러므로 $f(4)=18$이다.

2 방정식 $x^3-1=0$의 한 허근을 ω라 할 때, $(2-\omega^{10})(2-$[illegible] 레복소수이다.)

① 3 ② 5
③ 7 ④ 9

해설 방정식 $x^3-1=(x-1)(x^2+x+1)=0$의 한 허근 ω는 이차 방정식 $x^2+x+1=0$의 근이고 또 다른 한 근은 $\bar{\omega}$이다.
따라서 $\omega^3=1$, $\bar{\omega}^3=1$, $\omega+\bar{\omega}=-1$, $\omega\bar{\omega}=1$을 만족한다.
$\omega^{10}=(\omega^3)^3\omega=\omega$, $(\bar{\omega})^{10}=((\bar{\omega})^3)^3\bar{\omega}=\bar{\omega}$이므로
$(2-\omega^{10})(2-\bar{\omega}^{10})=(2-\omega)(2-\bar{\omega})=4-2(\omega+\bar{\omega})+\omega\bar{\omega}=4+2+1=7$이다.

기출문제분석

최근 시행된 기출문제를
분석 · 수록하여 실제 시험
출제경향을 파악할 수
있습니다.

단원별 핵심문제

각 단원별로 필수적으로
풀어봐야 할 핵심문제를
엄선하여 수록하였습니다.

PART 01

단원별 핵심문제

다항식

1 다항식과 나머지정리

☞ 정답 및 해설 P.135

1 $x+y=2\sqrt{5}$, $xy=4$, $x>y$일 때, $\frac{x}{y}-\frac{y}{x}$의 값은?

① $\sqrt{2}$　　② $\sqrt{3}$
③ 2　　④ $\sqrt{5}$

2 다항식 x^3-2x^2-4x+2를 일차식 $x+2$로 나누었을 때의 나머지는?

① 6　　② 2
③ -2　　④ -6

3 두 실수 a, b에 대하여 $a^3=5\sqrt{2}+7$, $b^3=5\sqrt{2}-7$일 때, $a-b$의 값은?

① 1　　② 2
③ 3　　④ 4

4 다항식 x^3+ax^2+bx+1을 $x+1$과 $x-1$로 나눈 나머지가 각각 -2, 2일 때, 두 상수 a, b의 곱 ab의 값은?

① -2　　② -1
③ 1　　④ 2

5 실수 α에 대하여 다항식 $f(x)$를 $x-\alpha$로 나눈 나머지를 $[f,\ \alpha]$라고 표기하자. $f(x)=x^3+x^2-3x-1$이고 a가 관계식 $[f,\ a]=[f,\ -a]+4$를 만족하는 양수일 때, $\left[f,\ \frac{a}{2}\right]$의 값은?

① -2　　② -1

③ 1　　④ 2

6 다항식 $f(x)$를 $x-3$, $x-4$로 나눈 나머지가 각각 3, 2이다. $f(x+1)$을 x^2-5x+6으로 나눈 나머지를 $R(x)$라고 할 때, $R(1)$의 값은?

① 2　　② 4

③ 6　　④ 8

7 다음 그림과 같이 세 면의 넓이가 각각 12, 9, 3인 직육면체의 가로의 길이, 세로의 길이, 높이를 각각 a, b, c라고 할 때, $a+b+c$의 값은?

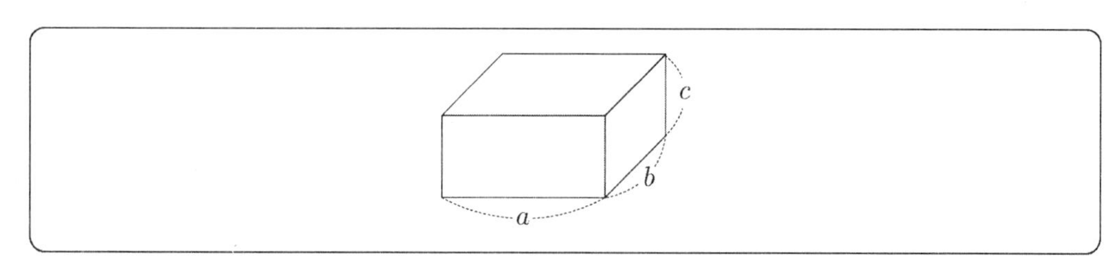

① 8　　② $\frac{17}{2}$

③ 9　　④ $\frac{19}{2}$

⑤ 10

8 다항식 $f(x)$를 x로 나눈 나머지가 25, $x-3$으로 나눈 나머지가 18일 때, 다항식 $f(4-x)+f(x-1)$을 $x-4$로 나눈 나머지는?

① 39 ② 40
③ 41 ④ 42
⑤ 43

9 $x^2+\frac{1}{x^2}=4$일 때, $x^3+\frac{1}{x^3}$의 값은? (단, $x>0$)

① $3\sqrt{6}$ ② $4\sqrt{6}$
③ $5\sqrt{6}$ ④ $6\sqrt{6}$

10 모든 모서리의 길이의 합이 48이고, 대각선의 길이가 $\sqrt{54}$인 직육면체의 겉넓이는?

① 82 ② 86
③ 90 ④ 94

11 x에 대한 다항식 x^3-x^2-3x+6을 $a(x-1)^3+b(x-1)^2+c(x-1)+d$의 꼴로 나타내었을 때, 상수 a, b, c, d의 곱 $abcd$의 값은?

① −6 ② −9
③ −12 ④ −15

12 x^3+x^2-5x+4를 x^2+2x-1로 나눈 몫과 나머지의 합은?

① $-x+4$ ② $-x+2$
③ $x+1$ ④ $x+3$

13 등식 $(x-1)(x-2)f(x)=x^5+ax^2+bx+8$ 이 x에 대한 항등식일 때, 상수 a, b에 대하여 $a-b$의 값은?

① −10　② −12
③ −13　④ −15

14 모든 실수 x에 대하여 $x^{10}+1=a_1+a_2(x-1)+a_3(x-1)^2+\cdots+a_{11}(x-1)^{10}$ 이 항상 성립할 때, $a_1+a_2+a_3+\cdots+a_{11}$ 의 값은?

① 2　② $2^{10}-1$
③ 2^{10}　④ $2^{10}+1$

15 $a=2+i$, $b=2-i$ 일 때, a^3+b^3 의 값은? (단, $i=\sqrt{-1}$)

① 0　② 2
③ 4　④ 6

16 $9\times11\times101\times10001$ 을 계산하면?

① 10^6+1　② 10^8-1
③ 10^8+1　④ 10

17 x에 대한 다항식 $f(x)=x^3+ax^2+3x+10$ 에 대하여 $f(x)-2x^2$ 이 $x+2$ 로 나누어떨어질 때, 상수 a의 값은?

① 5　② 3
③ 2　④ 0

18 다항식 $f(x)$를 x^2+1로 나누면 나머지가 $x-1$이고, $x+1$로 나누면 나머지가 6이다. 이 다항식 $f(x)$를 $(x^2+1)(x+1)$로 나눈 나머지를 $R(x)$라 할 때, $R(-1)$의 값은?

① 2　② 4
③ 6　④ 8

19 등식 $x^2-ax(x-1)-b(x-1)+c=0$이 x에 대한 항등식이 되도록 하는 상수 a, b, c에 대하여, $10a+5b+c$의 값은?

① 13　② 14
③ 15　④ 16

2 인수분해

☞ 정답 및 해설 P.137

1 x에 대한 다항식 $2x^5+ax^4+bx+1$이 x^4-1을 인수로 가질 때, $\frac{a}{b}$의 값은? (단, a, b는 상수이다.)

① -2
② $-\frac{1}{2}$
③ $\frac{1}{2}$
④ 2

2 집합 X는 공집합이 아니고, 정수를 원소로 가진다. X를 정의역으로 하는 두 함수 f, g가 $f(x)=x^3+1$, $g(x)=3x-1$일 때, $f=g$가 되는 집합 X의 개수는?

① 1
② 2
③ 3
④ 4

3 다항식 x^4+ax+b가 $(x-1)^2$을 인수로 가질 때, 상수 a, b의 곱 ab의 값은?

① -12
② -8
③ -4
④ 4

4 다음 중 $(x-1)(x+2)(x-3)(x+4)+24$의 인수인 것은?

① $x+1$
② $x+2$
③ $x-3$
④ x^2+x-8

5 삼각형 ABC의 세 변의 길이 a, b, c 사이에 $a^3c+a^2bc-ac^3+ab^2c+b^3c-bc^3=0$인 관계가 성립할 때, 삼각형 ABC는 어떤 삼각형인가?

① $b=c$인 이등변삼각형
② $a=c$인 이등변삼각형
③ 정삼각형
④ c가 빗변인 직각삼각형

6 $17^3+9\times17^2+27\times17+27$의 값은?

① 7000 ② 8000
③ 9000 ④ 9200

7 x^3+3x^2-4를 인수분해하면 $(x+a)(x+b)(x+c)$이다. 이때 $a+b+c$의 값은?

① 1 ② 2
③ 3 ④ 4

8 $ab+bc+ca=a^2+b^2+c^2$, $a^3+b^3+c^3=9$일 때, abc의 값은?

① 1 ② 2
③ 3 ④ 4

9 삼각형 ABC의 세 변의 길이 a, b, c 사이에 $a^2(b-c)+b^2(c-a)+c^2(b-a)=0$인 관계가 성립할 때, 삼각형 ABC의 꼴은?

① 직각삼각형 ② 둔각삼각형
③ 정삼각형 ④ 이등변삼각형

10 3으로 나누었을 때 나머지가 2이고, 7로 나누었을 때 나머지가 5인 100 이하인 자연수의 개수는?

① 3 ② 4
③ 5 ④ 6

11 100개의 다항식 x^2-x-1, x^2-x-2, $\cdots$, $x^2-x-100$ 중에서 계수가 정수인 일차식의 곱으로 인수분해 되는 것은 모두 몇 개인가?

① 5 ② 7
③ 9 ④ 11

12 다항식 $(1+2x+3x^2+4x^3)^4$을 전개하였을 때 x^9의 계수를 k라 하자.
다항식 $(x+2x^2+3x^3+4x^4)^4$을 전개하였을 때 x^{13}의 계수를 k에 대한 식으로 나타내면?

① k^2 ② $2k^2$
③ $\frac{1}{2}k$ ④ k

방정식과 부등식

1 복소수

☞ 정답 및 해설 P.139

1 두 실수 x, y에 대하여 복소수 $z = xy + (x+y)i$가 $z + \overline{z} = 4$, $z\overline{z} = 13$을 만족할 때, $x^2 + y^2$의 값은? (단, $i = \sqrt{-1}$이고 $\overline{z}$는 z의 켤레복소수이다.)

① 1　② 3
③ 5　④ 7

2 등식 $\dfrac{a}{1+i} + \dfrac{b}{1-i} = 2 - i$를 만족하는 두 실수 a, b에 대하여 $a^2 - b^2$의 값은? (단, $i = \sqrt{-1}$)

① -10　② -8
③ 8　④ 10

3 두 실수 a, b에 대하여, $\dfrac{\sqrt{b}}{\sqrt{a}} = \sqrt{\dfrac{b}{a}}$이 성립하지 않을 때 $|a| - \sqrt{b^2} + \sqrt{(a-b)^2}$을 간단히 하면?

① $2a$　② $2b$
③ $-2a$　④ $-2b$

4 복소수 $z = 1 + i$일 때, z^{10}의 값은? (단, $i = \sqrt{-1}$이다)

① $16i$　② $16 + 16i$
③ $32i$　④ $32 + 32i$

5 실수 x에 대하여 복소수 $z=x(2-i)-2$일 때, z^2이 음의 실수이다. $z+z_2+z_3+z_4$의 값은? (단, $i=\sqrt{-1}$ 이다)

① $-i$
② -1
③ 0
④ 1
⑤ i

6 $1-i=\dfrac{3+i}{a+bi}$를 만족하는 실수 $a,\ b$에 대하여 $a+b$의 값은?

① 2
② 3
③ 4
④ 5

7 $f(x)=x^{1998}+x^{2000}$일 때, $f\left(\dfrac{1-i}{1+i}\right)$의 값을 구하면?

① $1+i$
② $1-i$
③ 0
④ 3

8 다음 등식을 만족하는 실수 $x+y$의 값은?

$$(2+i)^2x+(2-i)^2y=0$$

① 4
② 2
③ 1
④ 0

9 다음 등식 중 옳지 않은 것을 고르면?

① $\sqrt{-2}\sqrt{-5}=-\sqrt{(-2)(-5)}$
② $\sqrt{2}\sqrt{-5}=\sqrt{2(-5)}$
③ $\dfrac{\sqrt{-5}}{\sqrt{2}}=\sqrt{\dfrac{-5}{2}}$
④ $\dfrac{\sqrt{5}}{\sqrt{-2}}=\sqrt{\dfrac{5}{-2}}$

10 $\dfrac{1+2i}{2-3i}$ 의 역수를 구하면?

① $\dfrac{4}{13}-\dfrac{7}{13}i$ ② $-\dfrac{4}{5}-\dfrac{7}{5}i$

③ $\dfrac{4}{13}-\dfrac{2}{13}i$ ④ $-\dfrac{4}{5}+\dfrac{3}{5}i$

11 등식 $(x+1)+(2x-y)i=3+6i$를 성립시키는 실수 x, y에 대하여 xy의 값은?

① 3 ② −2

③ 4 ④ −4

12 $|x+1|+2|3y-6|i=2+6i$를 만족하는 실수 x, y에 대하여 xy의 최댓값은?

① −9 ② −3

③ 2 ④ 3

13 $x=2+\sqrt{3}i$, $y=2-\sqrt{3}i$일 때, x^2+y^2의 값은?

① −1 ② 2

③ −3 ④ 3

14 $(1+3i)x+(2+2i)y=1+7i$를 만족하는 실수 x, y에 대해 $x+y$의 값은?

① −4 ② 3

③ 0 ④ 2

15 복소수 z의 켤레 복소수를 $\bar{z}$라 하고 $(1+i)z+i\bar{z}=1+i$를 만족할 때, z^n이 양수가 되는 자연수 n의 최솟값은?

① 4 ② 5

③ 8 ④ 10

2 이차방정식

☞ 정답 및 해설 P.140

1 x에 대한 이차방정식 $x^2+(k+2)x+(k-1)p+q-1=0$이 실수 k의 값에 관계없이 항상 1을 근으로 가질 때, 상수 p, q의 합 $p+q$의 값은?

① -4　② -3
③ -2　④ -1

2 최고차항의 계수가 모두 1인 두 이차식 $f(x)$, $g(x)$에 대하여, 방정식 $f(x)=-g(x)$의 해집합이 $\{3, a\}$이고 방정식 $f(x)g(x)=0$의 해집합이 $\{3, 5, 9\}$일 때, 실수 a의 값은?

① 4　② 5
③ 6　④ 7

3 이차방정식 $x^2+3x+1=0$의 두 근을 α, β라고 할 때, $(\sqrt{\alpha}+\sqrt{\beta})^2$을 구하면?

① -1　② -5
③ 0　④ 1
⑤ 2

4 집합 $\{x \mid a^2x+1=x+a\}=\varnothing$ 일 때, 상수 a의 값은?

① -1　② 0
③ 1　④ 2

5 x에 대한 일차방정식 $ax-b=2x-1$의 해에 대하여 다음 보기의 설명 중 옳은 것을 모두 고른 것은?

〈보기〉

㉠ $a \neq 2$, $b=1$이면 해가 없다.
㉡ $a=2$, $b \neq 1$이면 해가 없다.
㉢ $a=2$, $b=1$이면 해가 무수히 많다.
㉣ $a \neq 2$, $b \neq 1$이면 해가 무수히 많다.

① ㉠, ㉡
② ㉠, ㉢
③ ㉡, ㉢
④ ㉡, ㉣

6 방정식 $|x-1|+|2x-5|=10$을 만족하는 모든 x의 값의 합은?

① $-\frac{10}{3}$
② -2
③ $-\frac{4}{3}$
④ 4

7 두 실수 a, b에 대하여 $a◎b=ab-a-b$로 정의할 때, $(x◎x)-(x◎1)=4$를 만족하는 모든 실수 x의 값의 합은?

① -1
② 0
③ 1
④ 2

8 방정식 $x^2-|x|-2=\sqrt{(x-1)^2}$의 모든 근의 합은?

① $-1-\sqrt{2}$
② $-1+\sqrt{2}$
③ $-2+\sqrt{2}$
④ $2-\sqrt{2}$

9 이차방정식 $(1+i)x^2+(1-i)x+2(1+i)=0$의 해는? (단, $i=\sqrt{-1}$)

① $x=-i$
② $x=2i$
③ $x=-i$ 또는 $x=2i$
④ $x=-2i$ 또는 $x=i$

10 x에 대한 이차방정식 $2x^2+mx+2m+1=0$의 한 근이 -1일 때, 다른 한 근을 구하면?

① 1
② $\frac{3}{2}$
③ 2
④ $\frac{5}{2}$

11 x에 대한 이차방정식 $x^2-ax+2=0$의 한 근이 $1+\sqrt{3}$일 때, 상수 a의 값은?

① $-2\sqrt{3}$
② $-\sqrt{3}$
③ 1
④ $2\sqrt{3}$

12 x에 대한 이차방정식 $x^2+(k+1)x+2=0$의 한 근이 다른 근의 2배일 때, 자연수 k의 값은?

① 2
② 3
③ 4
④ 5

13 다음 중 이차식 $\frac{1}{2}x^2+x+1$의 인수인 것은? (단, $i=\sqrt{-1}$)

① $x-1-2i$
② $x-1+2i$
③ $x-1-i$
④ $x+1-i$

3 고차방정식과 연립방정식

☞ 정답 및 해설 P.142

1 연립이차방정식 $\begin{cases} x^2 - xy - 2y^2 = 0 \\ x^2 + y^2 = 50 \end{cases}$의 해를 $\begin{cases} x = \alpha_i \\ y = \beta_i \end{cases}$라 할 때, $\alpha_i + \beta_i$의 최댓값은? (단, $i = 1,\ 2,\ 3,\ 4$)

① 0　② $\sqrt{10}$
③ $2\sqrt{10}$　④ $3\sqrt{10}$

2 사차방정식 $x^4 - 3x^3 + 3x^2 + x - 6 = 0$의 해가 아닌 것은? (단, $i = \sqrt{-1}$)

① 3　② 2
③ $1 + \sqrt{2}i$　④ 1

3 삼차방정식 $x^3 - (a+1)x^2 + bx - a = 0$의 한 근이 $1 - i$이고 나머지 근을 $\alpha,\ \beta$라고 할 때, $\alpha + \beta$의 값은? (단, $a,\ b$는 실수, $i = \sqrt{-1}$)

① i　② $2i$
③ $1 + i$　④ $2 + i$

4 삼차방정식 $(x+i)(x^2 + ax - 4) = 0$의 세 근의 합이 $6 - i$일 때, 실수 a의 값은? (단, $i = \sqrt{-1}$)

① -6　② -4
③ -2　④ 4

5 방정식 $\frac{1}{x} - \frac{1}{y} = \frac{1}{6}$을 만족하는 양의 정수 $x,\ y$에 대하여 $x + y$의 최댓값은?

① 9　② 16
③ 30　④ 35

6 연립방정식 $\begin{cases} ax-y=1 \\ x+y=7 \end{cases}$의 해가 $\begin{cases} x-y=b \\ x^2+y^2=25 \end{cases}$를 만족할 때, 양수 a, b의 합 $a+b$의 값은?

① 1 ② 2
③ 3 ④ 4

7 연립방정식 $\begin{cases} x^2+y^2+x+y=2 \\ x^2+xy+y^2=1 \end{cases}$의 해를 네 꼭짓점의 좌표로 하는 사각형의 넓이는?

① 1 ② $\frac{3}{2}$
③ 2 ④ 3

8 사차방정식 $x^4-2x^2+3x-2=0$의 한 허근을 α라고 할 때, $\alpha+\frac{1}{\alpha}$의 값은?

① −2 ② −1
③ 1 ④ 2

9 $\frac{3x+2z}{4}=\frac{3y+z}{5}=\frac{5x+y-z}{6}=2$를 만족하는 x, y, z에 대하여 $x+y+z$의 값은?

① −3 ② −1
③ 2 ④ 6

10 x에 대한 두 이차방정식 $2x^2-(k+1)x+4k=0$, $2x^2+(2k-1)x+k=0$이 오직 하나의 공통근을 가질 때, 상수 k의 값은?

① $-\frac{3}{4}$ ② $-\frac{1}{4}$
③ $-\frac{1}{3}$ ④ 0

4 부등식

☞ 정답 및 해설 P.144

1 이차부등식 $-x^2+(k+2)x-(2k+1)\geq 0$의 해가 존재하지 않을 때, 정수 k의 개수는?

① 2
② 3
③ 4
④ 5

2 명제 '$x\geq 6$이면 $2x+a\leq 3x-2a$이다.'가 참이 되기 위한 실수 a의 범위는?

① $a\leq 2$
② $a\geq 2$
③ $a\leq 3$
④ $a\geq 3$

3 부등식 $a^2x-a\geq 16x-3$의 해가 존재하지 않을 때, 상수 a의 값은?

① −3
② 2
③ 3
④ 4

4 x에 대한 부등식 $a(2x-1)>b(x-1)$의 해가 모든 실수일 때, 부등식 $ax+2b>2a-bx$의 해를 구하면?

① $x>-\frac{2}{3}$
② $x>-\frac{1}{2}$
③ $x>-\frac{1}{4}$
④ $x<\frac{1}{2}$

5 부등식 $|2x-4|<6$의 해가 $a<x<b$일 때, 두 상수 a, b에 대하여 $b-a$의 값을 구하면?

① 2
② 4
③ 6
④ 8

6 부등식 $|2x+2|+|x-1|<6$을 만족하는 모든 정수 x의 값의 합은?

① -2 ② -1
③ 0 ④ 2

7 부등식 $a(2x-1)>bx$의 해가 $x<1$일 때, 부등식 $ax>b$의 해를 구하면?

① $x>-2$ ② $x<-1$
③ $x>1$ ④ $x<1$

8 이차부등식 $x^2+2(a-2)x+a^2-4a\leq 0$을 만족하는 모든 정수 x의 값의 합이 5일 때, 정수 a의 값은?

① 1 ② 2
③ 3 ④ 4

9 이차부등식 $ax^2+bx+c>0$의 해가 $\frac{1}{2}<x<\frac{1}{7}$일 때, 부등식 $4cx^2+2bx+a>0$을 만족하는 정수 x의 값들의 합은?

① 2 ② 5
③ 8 ④ 9

10 이차부등식 $x^2+ax+b<0$의 해가 $-1<x<2$일 때, 이차부등식 $x^2-bx-a<0$의 해는?

① $-2<x<1$ ② $x\leq -2$
③ $x\geq 1$ ④ 해가 없다.

11 모든 실수 x에 대하여 $\sqrt{kx^2-2kx-2}$ 가 허수가 되도록 하는 실수 k의 값의 범위를 구하면?

① $-2 < k \leq 2$
② $-2 < k \leq 0$
③ $-2 < k < 0$
④ $0 < k < 2$

12 연립부등식 $\begin{cases} |x-6| \leq 4 \\ x^2-6x+5 \leq 0 \end{cases}$ 을 만족하는 x의 최댓값을 M, 최솟값을 m라 할 때, $m+M$의 값은?

① 5
② 6
③ 7
④ 8

13 부등식 $x^2+(a+3)x+3a<0$을 만족시키는 정수인 해가 1개뿐이도록 하는 실수 a의 집합을 A라 할 때, $A \subset \{x \mid \alpha \leq x \leq \beta\}$이다. 이때 α의 최댓값을 M, β의 최솟값을 m라 할 때, $m+M$의 값은?

① 5
② 6
③ 7
④ 8

도형의 방정식

1 평면좌표와 직선의 방정식

☞ 정답 및 해설 P.146

1 두 점 A(3, 0)과 B(1, 2)에 대하여 원점 O를 지나는 직선 l이 선분 AB와 만나는 점을 P라 하자. 삼각형 OAP의 넓이가 1일 때, 직선 l의 기울기는?

① $\frac{1}{7}$　　② $\frac{2}{7}$

③ $\frac{3}{7}$　　④ $\frac{4}{7}$

2 좌표평면 위의 세 점 $\mathrm{A}(0,\ 3)$, $\mathrm{B}(a-4,\ 0)$, $\mathrm{C}(3a,\ 6)$가 동일 직선 위에 있을 때, 이 직선의 기울기는?

① -2　　② -1

③ 1　　④ 2

3 점 $(a,\ b)$가 직선 $y=x+4$ 위의 점일 때, a^2+b^2의 최솟값은?

① 0　　② 4

③ 8　　④ 12

4 꼭짓점이 $\mathrm{A}(2,\ 0)$, $\mathrm{B}(4,\ 2)$, $\mathrm{C}(4,\ 8)$인 삼각형 ABC가 있다. 직선 $y=k$가 삼각형 ABC의 넓이를 이등분할 때, 실수 k의 값은?

① $5-\sqrt{6}$　② $8-3\sqrt{6}$
③ $6-\sqrt{6}$　④ $8-2\sqrt{6}$
⑤ $8-\sqrt{6}$

5 두 점 $\mathrm{A}(-3,\ 2)$, $\mathrm{B}(4,\ 5)$에서 같은 거리에 있는 x축 위의 점 P의 좌표를 구하면?

① $(0,\ 0)$　② $(1,\ 0)$
③ $(2,\ 0)$　④ $(3,\ 0)$

6 세 점 $\mathrm{A}(-1,\ 1)$, $\mathrm{B}(-3,\ -2)$, $\mathrm{C}(2,\ -1)$에 대하여 사각형 ABCD가 평행사변형이 되도록 D의 좌표를 정하면?

① $(4,\ 2)$　② $(2,\ 4)$
③ $(3,\ 5)$　④ $(5,\ 3)$

7 두 점 $A(-1,\ 1)$, $B(2,\ 1)$을 잇는 선분을 $2:1$로 내분하는 점과 $2:3$으로 외분하는 점과 원점으로 이루어지는 삼각형의 넓이는?

① 2　② 4
③ 6　④ 8

8 두 점 $\mathrm{A}(-2,\ 5)$, $\mathrm{B}(1,\ 1)$과 y축 위의 점 P에 대하여 $\overline{\mathrm{AP}}^2+\overline{\mathrm{BP}}^2$의 최솟값은?

① 12　② 13
③ 14　④ 15

9 $A(a,\ 8)$, $B(b,\ a)$, $C(5,\ b)$인 $\triangle ABC$의 무게중심이 $G(a,\ 3)$일 때, 선분 BG의 길이는?

① 2
② $\sqrt{10}$
③ $2\sqrt{3}$
④ $3\sqrt{3}$

10 다음 그림과 같이 세 점 $\mathrm{O}(0,\ 0)$, $\mathrm{A}(6,\ 8)$, $\mathrm{B}(9,\ 4)$를 꼭짓점으로 하는 $\triangle \mathrm{AOB}$가 있다. $\angle \mathrm{A}$의 이등분선이 변 OB와 만나는 점을 $\mathrm{C}(a,\ b)$라 할 때, ab의 값은?

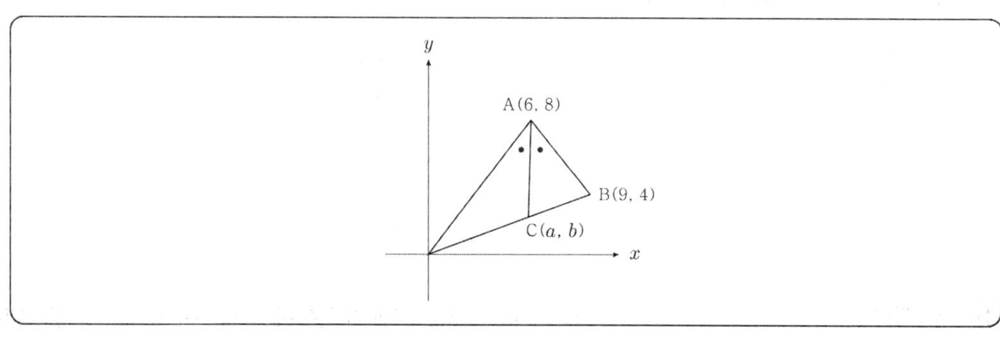

① 12
② 14
③ 15
④ 16

11 두 점 $\mathrm{A}(-2,\ -1)$, $\mathrm{B}(3,\ 1)$에 대하여 점 B의 방향으로 그은 $\overline{\mathrm{AB}}$의 연장선 위의 점 $\mathrm{C}(a,\ b)$가 $3\overline{\mathrm{AB}}=2\overline{\mathrm{BC}}$를 만족할 때, $a+b$의 값은?

① 13
② $\dfrac{27}{2}$
③ 14
④ $\dfrac{29}{2}$

12 두 집합 $A=\{(x,\ y)\mid 2x+(a+3)y-1=0\}$, $B=\{(x,\ y)\mid (a-2)x+ay+2=0\}$에 대하여 $A\cap B=\varnothing$가 되도록 하는 상수 a의 값은?

① -2　　② -1
③ 1　　④ 3

13 직선 $(k-3)x+(k-1)y+2=0$은 k의 값에 관계없이 항상 일정한 점을 지난다. 이 점과 직선 $x+2y-4=0$ 사이의 거리는?

① $\frac{\sqrt{5}}{5}$　　② $\frac{2\sqrt{5}}{5}$
③ $\frac{\sqrt{5}}{2}$　　④ $\sqrt{5}$

14 두 직선 $2x-y-1=0$, $x+2y-1=0$이 이루는 각을 이등분하는 직선이 점 $(3,\ a)$를 지날 때, 모든 a의 값의 합은?

① -8　　② -6
③ -4　　④ -2

2 원의 방정식

☞ 정답 및 해설 P.148

1 좌표평면 위의 점 P가 원점 O 및 x축 위의 한 점 A(5, 0)에 대하여 $\overline{PO}:\overline{PA}=3:2$를 유지하며 움직인다. 이때, 점 P가 그리는 도형의 길이는?

① 12π　② 14π
③ 16π　④ 18π

2 기울기가 양수인 직선 $y=mx+n$이 두 원 $x^2+y^2=1$, $(x-3)^2+y^2=1$에 동시에 접할 때, 두 상수 m, n의 곱 mn의 값은?

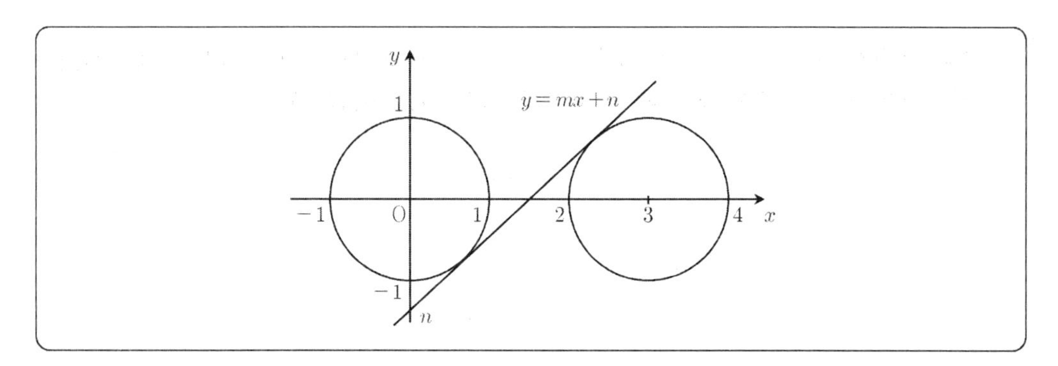

① $-\frac{11}{10}$　② $-\frac{6}{5}$
③ $-\frac{13}{10}$　④ $-\frac{7}{5}$

3 원 $(x-3)^2+(y-2)^2=5$와 직선 $y=2x+k$가 서로 다른 두 점에서 만날 때, 정수 k의 개수는?

① 8　② 9
③ 10　④ 11

4 원 $x^2+y^2=25$와 직선 $y=x+4$가 만나는 두 점을 A, B라 할 때, 선분 AB의 길이는?

① $2\sqrt{11}$　② $2\sqrt{13}$

③ $2\sqrt{15}$　④ $2\sqrt{17}$

5 원 $x^2+y^2=20$ 위의 점 $\mathrm{A}(4,\ 2)$에서의 접선이 x축, y축과 만나는 점을 각각 P, Q라 하자. 삼각형 OPQ의 넓이는? (단, O는 원점)

① 15　② 20

③ 25　④ 30

6 좌표평면에서 원 $x^2+y^2=1$과 직선 $\sqrt{3}x+y=k$가 두 점 A, B에서 만날 때, 삼각형 OAB의 넓이가 최대가 되도록 하는 상수 k^2의 값은? (단, O는 원점이다)

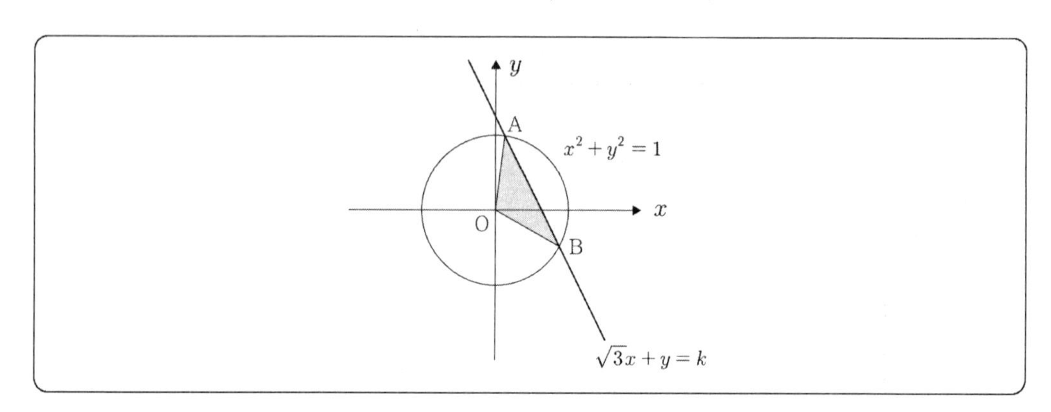

① 1　② $\frac{4}{3}$

③ $\frac{5}{3}$　④ 2

7 원 $x^2+y^2+4x+2y+4=0$ 위를 움직이는 점 P에서 두 점 $(2,\ 1)$, $(-2,\ 4)$를 지나는 직선까지의 거리를 $d(P)$라 할 때, $d(P)$의 최솟값은?

① 3
② 4
③ 5
④ 6
⑤ 7

8 원 $x^2+y^2-4x+6y-3=0$과 중심이 일치하고, 점 $(3,\ 0)$을 지나는 원의 방정식을 $x^2+y^2+Ax+By+C=0$으로 나타낼 때, $A+B+C$의 값을 구하면?

① 0
② 5
③ 10
④ 13

9 두 점 $A(-2,\ 3)$, $B(4,\ -1)$을 지름의 양 끝점으로 하는 원의 방정식은 어느 것인가?

① $x^2+y^2=13$
② $(x-1)^2+(y-1)^2=13$
③ $(x-2)^2+(y+3)^2=5$
④ $(x+1)^2+(y-2)^2=25$

10 지름의 양끝 점을 $(3,\ 4)$, $(a,\ b)$로 하는 원의 중심이 $(1,\ 1)$일 때, a, b의 값과 반지름 r을 옳게 짝지은 것은 어느 것인가?

① $a=2$, $b=3$, $r=\sqrt{5}$
② $a=1$, $b=2$, $r=\sqrt{13}$
③ $a=-1$, $b=-2$, $r=\sqrt{13}$
④ $a=-1$, $b=2$, $r=\sqrt{5}$

11 두 점 $A(0,\ 0)$, $B(a,\ b)$를 지름의 양 끝으로 하는 원의 방정식이 $x^2+y^2-4x-4y-8=0$일 때, $a+b$의 값을 구하면?

① 2
② 4
③ 7
④ 8

12 다음의 두 원이 서로 외접하도록 하는 상수 k의 값을 구하면?

$$(x-1)^2+(y-1)^2=1,\ (x-4)^2+(y+3)^2=25-k$$

① 7　　② 9
③ 10　　④ 11

13 점 $(2, -1)$을 지나고 x축 및 y축에 접하는 원은 두 개 있다. 이 두 원의 중심 사이의 거리는?

① $2\sqrt{2}$　　② $3\sqrt{2}$
③ $4\sqrt{2}$　　④ $5\sqrt{2}$

14 원 $x^2+y^2=5$와 직선 $y=2x-9$와의 최단 거리는?

① $\frac{5\sqrt{5}}{5}$　　② $\frac{4\sqrt{5}}{5}$
③ $\frac{3\sqrt{5}}{5}$　　④ $\frac{2\sqrt{5}}{5}$

15 원 $(x-4)^2+(y-5)^2=r^2$의 밖에 있는 점 $(1, 1)$에서 이 원의 임의의 점까지의 거리의 최댓값이 8일 때, 이 원의 반지름의 길이를 구하면?

① 3　　② $3\sqrt{3}$
③ $3\sqrt{2}$　　④ $3\sqrt{5}$

16 원 $x^2+y^2-6x-8y+21=0$위의 점에서, 직선 $x+y+1=0$에 이르는 거리의 최댓값은?

① 3　　② $4\sqrt{2}$
③ $4\sqrt{2}-2$　　④ $4\sqrt{2}+2$

3 도형의 이동

☞ 정답 및 해설 P.150

1 직선 $2x-y+1=0$을 x축의 방향으로 a만큼, y축의 방향으로 b만큼 평행이동하였더니 직선 $2x-y-4=0$과 일치하였다. 이때 $2a-b$의 값은?

① 8 ② 7
③ 6 ④ 5

2 점 $(2,\ 2)$가 점 $(5,\ -1)$로 옮겨지는 평행이동에 의하여 도형 $y=2x^2-4x+1$은 어떤 도형으로 옮겨지는가?

① $y=2x^2-16x+28$ ② $y=x^2-8x+16$
③ $y=x^2-3x+4$ ④ $y=2x^2+16x-28$

3 직선 $x-2y+1=0$을 x축 방향으로 1만큼, y축 방향으로 k만큼 평행이동하면
직선 $x-2y-1=0$과 일치한다. 이때, 상수 k를 구하면?

① −2 ② $-\frac{3}{2}$
③ 0 ④ $-\frac{1}{2}$

4 원 $x^2+y^2-6x+6y+2=0$을 x축의 방향으로 -2, y축의 방향으로 3만큼 평행이동하였을 때, 반지름의 길이는?

① 3 ② 4
③ 5 ④ 6

5 $f:(x,\ y) \to (2x,\ y+1)$에 의해 $x^2+y^2=1$은 어떤 식이 되는가?

① $x^2+(y-1)^2=1$
② $(x-1)^2+y^2=1$
③ $(x-1)^2+\frac{y^2}{2}=1$
④ $\frac{x^2}{4}+(y-1)^2=1$

6 점 $A(3,\ 2)$를 직선 $y=x+1$에 대칭이동시킨 점의 좌표는?

① $(1,\ 4)$
② $(2,\ 3)$
③ $(1,\ 3)$
④ $(2,\ 4)$

7 두 점 $A(-1,\ 3)$, $B(4,\ 1)$과 x축 위의 점 P에 대하여 $\overline{AP}+\overline{BP}$의 최솟값은?

① $\sqrt{13}$
② $\sqrt{41}$
③ $\sqrt{29}$
④ $\sqrt{20}$

8 두 점 $A(1,\ 2)$, $B(3,\ 5)$와 직선 $y=x$ 위의 점 P에 대하여 $\overline{AP}+\overline{PB}$가 최소일 때, 점 $P(a,\ b)$에 대하여 $a+b$의 값을 구하면?

① 0
② $\frac{5}{3}$
③ $\frac{10}{3}$
④ $\frac{14}{3}$

9 원 $x^2-2x+y^2+4y-4=0$을 직선 $x-y+1=0$에 대하여 대칭이동시킨 원의 방정식은 어느 것인가?

① $x^2-6x+y^2+4y+4=0$
② $x^2+6x+y^2-4y+4=0$
③ $x^2-6x+y^2-4y+4=0$
④ $x^2+6x+y^2+4y+4=0$

10 직선 $y=3x-2$를 직선 $x=2$에 대칭이동한 후의 직선의 방정식은 어느 것인가?

① $y=-3x-2$
② $y=-3x+10$
③ $y=x+1$
④ $y=5x-2$

11 직선 $y=mx+n$을 평행이동 $f:(x,\ y)\rightarrow(x,\ y+4)$에 의하여 이동하면 직선 $y=-\frac{1}{2}x+3$과 y축 위에서 수직으로 만난다고 한다. 이 직선 $y=mx+n$을 직선 $x=1$에 대하여 대칭이동한 직선의 방정식은 어느 것인가?

① $y=2x-1$
② $y=2x-3$
③ $y=-2x+3$
④ $y=-2x+5$

4 부등식의 영역

☞ 정답 및 해설 P.151

1 연립부등식 $\begin{cases} x^2+y^2 \le 4 \\ x^2-3y^2 \le 0 \end{cases}$ 을 만족시키는 점 $(x,\ y)$가 좌표평면 위에 나타내는 영역의 넓이는?

① $\frac{2}{3}\pi$　② $\frac{4}{3}\pi$

③ 2π　④ $\frac{8}{3}\pi$

2 연립부등식 $\begin{cases} x^2+y^2-2x-4y-4 \le 0 \\ y > x+1 \end{cases}$이 나타내는 영역의 넓이는?

① 7π　② $\frac{7}{2}\pi$

③ 9π　④ $\frac{9}{2}\pi$

3 좌표평면 위에서 점 $(k,\ 5)$가 포물선 $y=x^2-2x-3$의 위쪽 부분(경계선 포함)에 있을 때, k가 가질 수 있는 값의 범위는?

① $-2 \le k \le 4$　② $k \le -2,\ k \ge 4$

③ $-4 \le k \le 2$　④ $k \le -4,\ k \ge 2$

4 연립부등식 $\begin{cases} 2x+y-4 \le 0 \\ x-2y+2 \ge 0 \\ y \ge 0 \end{cases}$을 만족시키는 영역에서 $x-y$의 최댓값 M을 구하면?

① 2　② 3

③ 4　④ 5

5 부등식 $x^2+y^2 \le 1$, $y \ge 0$를 만족하는 x, y에 대하여 $y-x$의 최댓값은?

① 2
② $\sqrt{2}$
③ 3
④ 5

6 직선 $4x+3y=k$가 영역 $S=\{(x,\ y)\,|\,x^2+y^2 \le 4\}$와 만나지 않도록 하는 상수 k의 값의 범위는?

① $k>5$
② $|k|<5$
③ $|k|>5$
④ $|k|>10$

7 연립부등식 $\begin{cases} x^2+y^2 \le 9 \\ (\sqrt{3}x-y)y \ge 0 \end{cases}$ 이 나타내는 영역의 넓이는?

① $\dfrac{\pi}{2}$
② π
③ $\dfrac{3\pi}{2}$
④ 3π

8 다음 중 세 집합 $A=\{(x,\ y)\,|\,|x|+|y| \le 1\}$, $B=\{(x,\ y)\,|\,|x| \le 1,\ |y| \le 1\}$, $C=\{(x,\ y)\,|\,x^2+y^2 \le 1\}$의 포함 관계를 바르게 나타낸 것은?

① $A \subset B \subset C$
② $A \subset C \subset B$
③ $B \subset A \subset C$
④ $C \subset A \subset B$

9 두 집합 $A=\{(x, y)|y \geq x\}$, $B=\{(x, y)|x^2+y^2<25\}$일 때, $(3, k) \in A \cap B$이기 위한 k의 값의 범위를 구하면?

① $k \geq 3$
② $k \leq 4$
③ $3 < k < 4$
④ $3 \leq k < 4$

10 다음 표는 어떤 제과점에서 제품 A, B를 1개 만드는 데 필요한 양과 가격을 나타낸 것이다. 밀가루와 설탕의 하루 사용량은 각각 240kg, 120kg이다. 하루 최고 매상고는 얼마인가?

	밀가루	설탕	가격
A	8kg	2kg	20원
B	3kg	3kg	15원

① 850원
② 790원
③ 760원
④ 700원

11 두 식품 A, B가 있다. 식품 1kg당 A는 단백질 1cal, 지방 4cal를 포함하고, B는 단백질 2cal, 지방 3cal를 포함한다. 1kg당 A의 가격은 200원, B의 가격은 300원이다. 운동선수가 하루에 섭취해야할 단백질, 지방은 5cal, 10cal 이상이고, A, B 두 식품만 섭취할 때, 필요한 최소의 비용은 얼마인가?

① 1100원
② 1200원
③ 1000원
④ 800원

집합과 명제

1 집합

☞ 정답 및 해설 P.152

1 전체집합 U의 임의의 두 부분집합 A, B에 대하여 다음 중 항상 옳은 것은? (단, U는 유한집합이고, 임의의 집합 S에 대하여 $n(S)$는 S의 원소의 개수를, S^c는 S의 여집합을 나타낸다.)

① $n(A \cup B) = n(A) + n(B)$　② $n(A \cup B^c) = n(U) - n(B)$
③ $n(A - B) = n(A) - n(B)$　④ $n(A^c \cap B^c) = n(U) - n(A \cup B)$

2 집합 $A = \{1, 2, 3, 4\}$와 집합 $B = \{1, 4, 7\}$에 대하여 다음 설명 중 옳은 것은?

① 집합 A와 B는 서로소이다.　② $A \cup B = \{1, 2, 3, 7\}$
③ $A - B = \{2\}$　④ $B - A = \{7\}$

3 전체집합 U의 $\varnothing$ 이 아닌 서로 다른 두 부분집합 A, B에 대하여 $A - B = \varnothing$ 일 때, $B - (B - A)$를 간단히 하면?

① $\varnothing$　② A
③ B　④ $A - B$

4 전체집합 $U = \{1, 2, 3, 4, 5, 6, 7\}$의 두 부분집합 $A = \{1, 2, 4, 6\}$, $B = \{2, 4, 7\}$에 대하여 집합 $A - B^c$의 모든 원소의 합은?

① 5　② 6
③ 7　④ 8

5 집합 $A=\{a,\ b,\ \{c\}\}$에 대하여 다음 중 옳은 것을 고르면?

① $\{a,\ b\}\in A$　　② $\{a,\ \{c\}\}\subset A$
③ $c\in A$　　④ $\{c\}\subset A$

6 두 집합 $A=\{2,\ 4-a,\ 2a^2-a\}$, $B=\{3,\ a^2-2a-1\}$에 대하여 $A\cap B=\{2\}$일 때, $(A-B)\cup(B-A)$의 모든 원소들의 합은? (단, a는 상수)

① 5　　② 9
③ 12　　④ 19

7 집합 $A=\{1,\ 2,\ 3,\ 4,\ 5,\ 6\}$의 부분집합 중 원소 2 또는 3을 포함하는 부분집합의 개수는 몇 개인가?

① 16개　　② 24개
③ 32개　　④ 48개

8 두 집합 $A=\{0,\ 1\}$, $B=\{1,\ 2\}$에 대하여 연산 $\oplus$를 $A\oplus B=\{x|x=2a-b,\ a\in A,\ b\in B\}$로 정의할 때, $M\subset(A\oplus B)$를 만족하는 집합 M의 개수는 몇 개인가?

① 4개　　② 8개
③ 16개　　④ 18개

9 40명이 수업을 받는 어느 학급에서 각 교시별로 졸았던 학생의 수를 조사하였더니, 1, 2, 3교시에 졸았던 학생은 각각 10명, 9명, 12명이고, 1, 2교시, 1, 3교시, 2, 3교시에 졸았던 학생은 각각 4명, 3명, 3명이며, 1, 2, 3교시 모두 졸았던 학생은 2명이었다. 이때, 1, 2, 3교시 모두 졸지 않은 학생의 수는?

① 15명　　② 17명
③ 20명　　④ 23명

10 전체집합 $U=\{a, b, c, d, e\}$의 두 부분집합 A, B에 대하여 연산 $\circ$를 $A \circ B=(A-B)\cup(B-A)$라 정의한다. $A=\{a, b, c\}$이고 $A \circ B=\{a, b, d\}$일 때, 집합 B는?

① $\{a, b, c\}$　② $\{a, e\}$
③ $\{b, c\}$　④ $\{c, d\}$

11 세 집합 $P=\{x|x\in A$이고 $x\notin B\}$, $Q=\{x|x\notin A$이고 $x\in B\}$, $R=\{x|x\notin A$이고 $x\notin B\}$에 대하여 다음 중 $P\cup Q\cup R$과 같은 것은?

① $A^c\cup B$　② $(A\cap B)^c$
③ $(A\cup B)^c$　④ $A\cup B^c$

12 자연수 전체의 집합 N에서 자연수 k의 배수 집합을 N_k로 나타낼 때, $N_{12}\cup N_{15}\subset N_k$를 만족하는 최대 정수를 a, $N_3\cap N_4\supset N_k$를 만족하는 최소 정수를 b라 하자. 이때, $a+b$의 값은?

① 10　② 15
③ 30　④ 45

13 집합 $A=\{2, \{4, 5\}, 5\}$에 대하여 다음 중 옳은 것은 어느 것인가?

① $\varnothing\in A$　② $\{\{4, 5\}, 5\}\in A$
③ $\{2, 5\}\in A$　④ $\{4, 5\}\in A$

14 집합 $B=\{-1, 0, 1, 2\}$의 16개인 부분집합을 B_1, B_2, B_3, $\cdots$, B_{16}이라 하고, B_1의 원소의 총합을 a_1, B_2의 원소의 총합을 a_2, $\cdots$, B_{16}의 원소의 총합을 a_{16}이라 할 때, $a_1+a_2+\cdots+a_{16}$의 값은?

① 16　② 22
③ 32　④ 36

2 명제

☞ 정답 및 해설 P.154

1 **다음 중 역, 이, 대우가 모두 참인 명제는?**

① 직사각형은 두 대각선의 길이가 같다.
② x, y가 실수이면 $x+y$도 실수이다.
③ 무한소수는 무리수이다.
④ $xy<0$이면 $|x|+|y|>|x+y|$이다.

2 **다음 명제 중에서 참인 것을 고르면? (단, x, y는 실수)**

① $x^2=1$이면 $x=1$이다.
② $xy>0$이면 $x>0$이고 $y>0$이다.
③ x가 실수이면 $x^2>0$이다.
④ x, y가 자연수일 때, xy가 홀수이면, x, y는 모두 홀수이다.

3 **두 조건 p, q를 만족하는 집합을 각각 P, Q라 할 때, 명제 $p \rightarrow q$가 거짓임을 보이려면 반례를 찾으면 된다. 다음 중 그 반례를 만족하는 원소를 반드시 포함하는 집합은 어느 것인가?**

① $P \cap Q$
② $P \cap Q^c$
③ $P^c \cap Q$
④ $P^c \cap Q^c$

4 **다음 중 역, 이, 대우가 모두 참인 명제는 어느 것인가?**

① 직사각형은 대각선의 길이가 같다.
② 직사각형은 모든 각의 크기가 직각이다.
③ a, b가 정수이면 $a+b$도 정수이다.
④ a, b가 유리수이면 ab도 유리수이다.

5 세 조건 p, q, r에 대하여 명제 $p \to q$와 $q \to \sim r$이 모두 참 일 때, 다음 〈보기〉 중 항상 참인 것을 모두 고르면?

〈보기〉

(가) $q \to p$
(나) $p \to \sim r$
(다) $r \to \sim p$
(라) $\sim r \to p$

① (가), (나)
② (가), (다)
③ (가), (라)
④ (나), (다)

6 어떤 건물에 불이 나서 경찰에서 조사하여 보니 방화한 것이고, 「방화범은 반드시 건물 안에 있었다.」라는 사실을 알았다. 불이 난 시간에 건물 안에 있었던 용의자를 잡아 범인으로 단정하였다. 이러한 단정은 반드시 옳은가? 또, 그 근거를 논리적으로 옳게 설명한 것을 고르면?

① 그렇다. 명제 $p \to q$가 참이면 $\sim q \to \sim p$도 반드시 참이다.
② 그렇다. 명제 $p \to q$가 참이면 $q \to p$도 반드시 참이다.
③ 아니다. 명제 $p \to q$가 참이면 $\sim q \to \sim p$도 반드시 참이다.
④ 아니다. 명제 $p \to q$가 참이라 하여 $q \to p$가 반드시 참이 되는 것은 아니다.

7 명제 $p : x = 3$이면 $x^2 = 9$에 대하여 다음 중 틀린 것은 어느 것인가?

① p의 역 : $x^2 = 9$이면 $x = 3$이다. (거짓)
② p의 이 : $x \neq 3$이면 $x^2 \neq 9$이다. (거짓)
③ p의 대우 : $x^2 \neq 9$이면 $x \neq 3$이다. (참)
④ p의 이 : $x = -3$이면 $x^2 = 9$이다. (거짓)

8 다음 명제 중에서 그 역이 참인 것을 고르면? (단, 문자는 실수)

① $x = 0$이면 $xy = 0$이다.
② $x \geq 1$이면 $x^2 \geq 1$이다.
③ $x \leq 1$이고 $y \leq 1$이면 $x + y \leq 2$이다.
④ $a^2 + b^2 > 0$이면 $a \neq 0$ 또는 $b \neq 0$이다.

9 다음은 「정수 m, n에 대하여 m^2+n^2이 3의 배수이면 m과 n은 모두 3의 배수이다.」를 증명한 것이다.

〈증명〉

m 또는 n이 3의 배수가 아니면 m과 n중 적어도 하나는 $3k+1$또는 (가) 의 꼴이다.

(i) $3k+1$에서 $(3k+1)^2=3($ (나) $)+1$

(ii) (가) 에서 ((가) $)^2=3(3k^2+4k+1)+1$

(i), (ii)에서 3의 배수가 아닌 수의 제곱을 3으로 나눈 나머지는 1이다.

따라서 m 또는 n이 3의 배수가 아니면 m^2+n^2을 3으로 나눈 나머지는 (다) 이다.

따라서 m 또는 n이 3의 배수가 아니면 m^2+n^2은 3의 배수가 아니다.

그러므로 m^2+n^2이 3의 배수이면 m과 n은 모두 3의 배수이다.

위의 증명과정에서 (가), (나), (다)에 알맞은 것을 순서대로 나열한 것은?

① $3k$, $3k^2+2k$, 1 또는 2
② $3k$, $3k^2+4k$, 2
③ $3k+2$, $3k^2+2k$, 2
④ $3k+2$, $3k^2+2k$, 1 또는 2

10 실수 전체 집합에서 다음의 두 조건에 대하여 $p \Rightarrow q$이기 위한 실수 a의 최솟값은?

$p : x \geq 1$	$q : 2x-a \leq 3x+2a$

① -2
② -3
③ $-\frac{1}{3}$
④ $-\frac{1}{2}$

11 a, b, c가 실수일 때, 조건 $(a-b)^2+(b-c)^2=0$의 부정은 어느 것인가?

① $(a-b)(b-c)(c-a) \neq 0$
② a, b, c는 서로 다르다.
③ $a \neq b$이고 $b \neq c$
④ a, b, c 중 다른 것이 있다.

12 두 양수 x, y에 대하여 $2x^2+8y^2=5$를 만족하고, xy의 최댓값은 $x=\alpha$, $y=\beta$일 때 γ이다. 이때, $\alpha\beta+\gamma$의 값을 구하면?

① 1
② $\frac{5}{4}$
③ $\frac{3}{2}$
④ $\frac{7}{4}$

13 $x>0$, $y>0$ 일 때, $\left(x+\frac{3}{y}\right)\left(y+\frac{3}{x}\right)$의 최솟값은?

① 12
② 13
③ 14
④ 15

함수

1 함수

☞ 정답 및 해설 P.156

1 다음 〈보기〉에 대한 설명으로 옳은 것은?

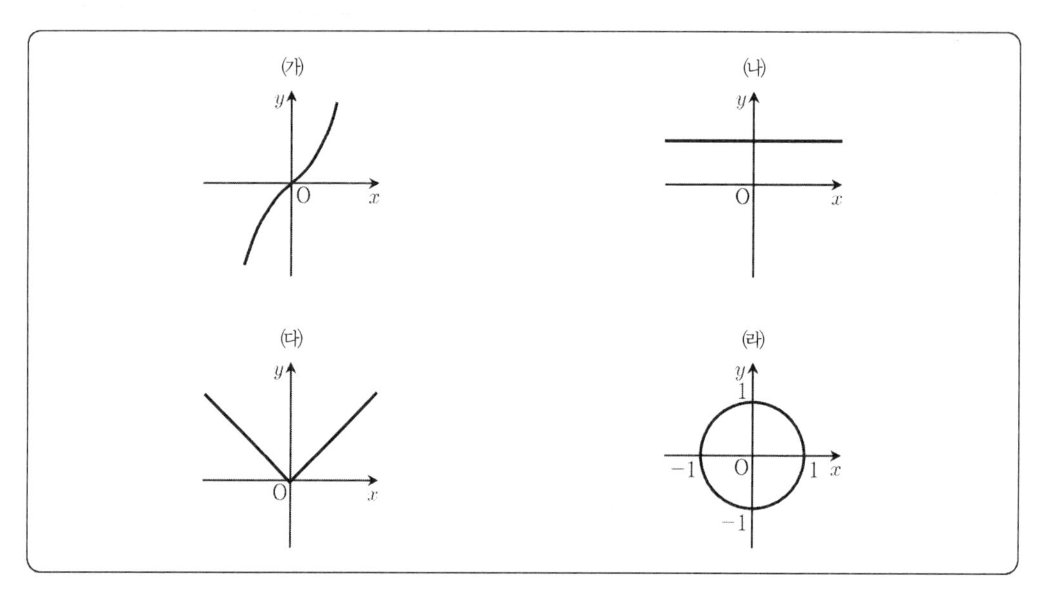

① 함수의 그래프는 4개이다.
② (나)는 항등함수이다.
③ (다)는 상수함수이다.
④ 일대일함수의 그래프는 1개이다.

2 두 집합 $X=\{1,\ 2,\ 3\}$, $Y=\{1,\ 2,\ 3,\ 4\}$에 대하여 X에서 Y로의 함수인 것만을 모두 고른 것은?

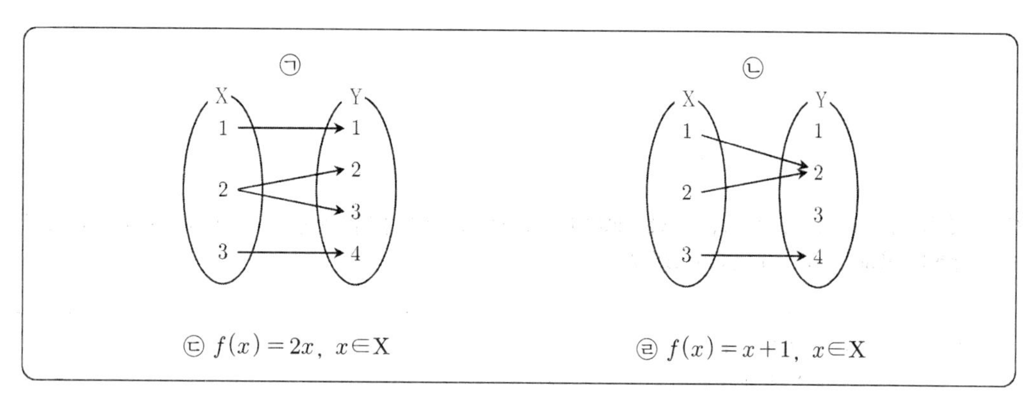

① ㉠, ㉡
② ㉠, ㉢
③ ㉡, ㉣
④ ㉡, ㉢, ㉣

3 함수 $f(x)=2x+1$에 대하여 일차함수 $g(x)$가 $(g\circ f)^{-1}(x)=2x$를 만족할 때, $g(2)$의 값은?

① $-\frac{1}{2}$
② $-\frac{1}{4}$
③ $\frac{1}{4}$
④ $\frac{1}{2}$

4 두 함수 f, g에 대하여 $f(x)=3x+2$, $(g\circ f)(x)=x^2+1$일 때, $g(11)$의 값은?

① 10
② 11
③ 12
④ 13

5 실수 전체의 집합에서 정의된 세 함수 f, g, h에 대하여 $f(x)=x^2+1$, $(h \circ g)(x)=3x-1$ 일 때, $(h \circ (g \circ f))(-1)$의 값은?

① 5　② 6
③ 7　④ 8

6 집합 $X=\{1, 2, 3, 4, 5\}$에 대하여 X에서 X로의 일대일함수 $f(x)$가 다음 조건을 모두 만족한다. 이때, $f(4)+f(5)$의 값은?

> (가) $f(1)=3$, $f(2)=4$
> (나) 모든 $x \in X$에 대하여 $(f \circ f)(x)=x$

① 6　② 7
③ 8　④ 9

7 함수 $f(x)=3x-2$, $g(x)=x^2+2$에 대하여 $(g \circ f)(1)$의 값은?

① 3　② 5
③ 7　④ 9

8 함수 $f(x)=2x+6$, $g(x)=ax-1$에 대하여 $f \circ g = g \circ f$일 때, a의 값은?

① $\frac{5}{6}$　② 1
③ 2　④ 3

9 실수 전체의 집합을 R이라 할 때, 함수 $f: R \to R$, $f(x)=\begin{cases} x & (x\text{가 유리수}) \\ 1-x & (x\text{가 무리수}) \end{cases}$에 대하여 $f(\sqrt{2})+f(1-\sqrt{2})$의 값을 구하면?

① 0　② −1
③ 1　④ 2

10 함수 $f(x)=\dfrac{x-1}{x+2}$의 역함수가 $f^{-1}(x)=\dfrac{ax+b}{x+c}$일 때, $a+b+c$를 구하면?

① 0
② −2
③ −3
④ −4

11 $y=\sqrt{x-1}$의 역함수를 구하면?

① $y=x^2+1\ (x\geq 1)$
② $y=x^2+1\ (x\geq 0)$
③ $y=\sqrt{x+1}\ (x\geq -1)$
④ $y=\sqrt{x^2-1}\ (|x|\leq 1)$

12 $X=\{x\,|\,x\geq a\}$에 대하여 $f:X\to X$, $f(x)=x^2-4x$가 일대일대응일 때, a의 값은?

① 1
② 3
③ 5
④ 7

13 양의 실수 전체에서 정의된 함수 $f(x)$, $g(x)$에 대하여 $f(x)=2x^2$, $g(x)=2x+4$이다. 이때, $(g\circ(f\circ g)^{-1}\circ g)(2)$의 값은?

① −2
② 0
③ 2
④ 3

14 두 함수 $f(x)=\begin{cases}x^2+1 & (x\geq 0)\\ x+1 & (x<0)\end{cases}$, $g(x)=x+2$일 때, $(f^{-1}\circ g)(3)$의 값은?

① 1
② 2
③ 3
④ 4

2 유리식과 무리식

☞ 정답 및 해설 P.157

1 $\dfrac{x+2}{x^2+x}-\dfrac{3+x}{x^2-1}$ 를 간단히 하면?

① $\dfrac{-2}{x(x+1)}$　　② $\dfrac{-1}{x(x-1)}$

③ $\dfrac{-2}{x(x-1)}$　　④ $\dfrac{1}{x(x+1)}$

2 모든 실수 x에 대하여 $\dfrac{a}{x-2}+\dfrac{b}{x+1}=\dfrac{5x+2}{x^2-x-2}$ 가 항상 성립하도록 하는 상수 a, b의 곱의 값은? (단, $x \neq -1$, $x \neq 2$)

① 2　　② 4

③ 6　　④ 8

3 다음 중 틀린 것을 구하면?

① $x>5$일 때, $\sqrt{(3-x)^2}-|5-x|=2$

② $\sqrt{(\sqrt{3}-3)^2}-\sqrt{(\sqrt{3}+3)^2}=-6$

③ $x+\dfrac{1}{x}=4$일 때, $x^3+\dfrac{1}{x^3}=52$

④ $a<-1$일 때, $a\sqrt{1-\dfrac{1}{a^2}}=-\sqrt{a^2-1}$

4 $\dfrac{1}{1-\dfrac{1}{1+\dfrac{1}{x}}}+\dfrac{1}{1-\dfrac{1}{1-\dfrac{1}{x}}}$ 을 간단히 하면?

① $-2x$　　② $-2(x+1)$

③ 2　　④ $2x$

5 $1.23=1+\cfrac{1}{a+\cfrac{1}{b+\cfrac{7}{8}}}$ 을 만족하는 자연수 a, b에 대하여 $a+b$의 값은?

① 4
② 5
③ 6
④ 7

6 $x+y-z=2x+3y-2z=-x-2y+2z$ 일 때, $(x+2y):(y+2z):(z+2x)$를 가장 간단한 정수비로 나타내면? (단, $xyz \neq 0$)

① 1 : 1 : 4
② 1 : 1 : 7
③ 1 : 2 : 1
④ 1 : 2 : 2

7 $\mathrm{T}(x)=\dfrac{1}{x(x+1)}$ 일 때, $\mathrm{T}(1)+\mathrm{T}(2)+\mathrm{T}(3)+\cdots+\mathrm{T}(9)=\mathrm{T}(a)$가 성립하는 양수 a의 값을 구하면?

① $\dfrac{3}{10}$
② $\dfrac{6}{11}$
③ $\dfrac{2}{3}$
④ $\dfrac{6}{7}$

8 $\dfrac{4}{\sqrt{5}+1}$ 의 정수 부분을 a, 소수 부분을 b라고 할 때, $\dfrac{1}{a+b+2}-\dfrac{1}{a+b}$의 값을 구하면?

① -3
② $-\dfrac{1}{2}$
③ $\dfrac{1}{2}$
④ $\dfrac{2}{3}$

9 $x=\dfrac{1}{\sqrt{2}+1}$, $y=\dfrac{1}{\sqrt{2}-1}$ 일 때, $x^4+x^2y^2+y^4$의 값은?

① 27
② 28
③ 30
④ 35

3 유리함수와 무리함수

☞ 정답 및 해설 P.158

1 함수 $f(x)=\dfrac{x-1}{x-2}$의 역함수가 $f^{-1}(x)=\dfrac{2x+a}{bx+c}$일 때, 상수 a, b, c의 합 $a+b+c$의 값은?

① -2　② -1
③ 1　④ 2

2 분수함수 $f(x)=\dfrac{bx-7}{ax+1}$에 대하여 $f(1)=-1$, $f^{-1}(1)=4$일 때, 두 상수 a, b의 곱 ab의 값은? (단, $x>0$)

① 6　② 8
③ 10　④ 12

3 두 함수 $y=2x^2$과 $y=\sqrt{\dfrac{x}{2}}$의 그래프가 두 점에서 만날 때, 두 점 사이의 거리는?

① $\dfrac{\sqrt{2}}{2}$　② 1
③ $\sqrt{2}$　④ 2

4 함수 $y=\sqrt{x+2}$의 그래프를 y축에 대하여 대칭이동한 후, 다시 x축 양의 방향으로 1만큼 평행이동한 그래프가 점 $(a,\ 3)$을 지날 때, a의 값은?

① -8　② -7
③ -6　④ -5

5 함수 $f(x)=\frac{x-1}{x}$에 대하여 $f^1=f$, $f^{n+1}=f\cdot f^n$ (n은 자연수)으로 정의하자. 함수 $f^{2014}(2014)$의 값은?

① $\frac{2012}{2013}$
② $\frac{2013}{2014}$
③ 1
④ 2013
⑤ 2014

6 다음 중 평행이동에 의하여 $y=\frac{1}{x}$의 그래프와 겹쳐지는 것은 어느 것인가?

① $y=\frac{x+1}{x-1}$
② $y=\frac{x}{x-1}$
③ $y=\frac{x-2}{x-1}$
④ $y=-\frac{x}{x-1}$

7 함수 $f(x)=\frac{ax+2}{x+b}$이고 이 함수의 그래프가 점 $(1,\ 2)$에 대하여 대칭일 때, $f(2)$의 값은?

① 4
② 6
③ 8
④ 10

8 함수 $y=\frac{x+3}{ax+b}$의 그래프가 점 $\left(2,\ \frac{5}{2}\right)$를 지나고, y축에 평행한 점근선이 $x=4$일 때, $a+b$의 값은?

① 3
② 6
③ 9
④ 12

9 함수 $y=\dfrac{x-3}{x-1}$과 $y=\sqrt{-x+k}$의 그래프가 서로 다른 두 점에서 만날 때, 실수 k의 최솟값은?

① 1　② 2　③ 3　④ 4　⑤ 5

10 함수 $f(x)=\dfrac{ax+2}{x-1}$의 역함수를 $f^{-1}(x)$라 할 때, $f(x)=f^{-1}(x)$가 되도록 상수 a의 값을 정하면?

① 1　② 3　③ 5　④ 7

11 함수 $f(x)=\dfrac{ax+b}{x+c}$의 역함수가 $f^{-1}(x)=\dfrac{-x+4}{2x-3}$일 때, 함수 $y=2|x-a|+bc\ (0 \le x \le 2)$의 최댓값은?

① 0　② 2　③ 3　④ 4

12 두 곡선 $y=\sqrt{x+1}$, $x=\sqrt{y+1}$의 교점의 좌표를 $P(a,\ b)$라 할 때, $a+b$의 값은?

① 0　② $2\sqrt{2}-1$　③ $\sqrt{3}+1$　④ $\sqrt{5}+1$

13 두 곡선 $y=1+\sqrt{3-x}$, $x=1+\sqrt{3-y}$의 교점의 좌표는?

① $(-2,\ -1)$　② $(-1,\ 3)$　③ $(0,\ 1+\sqrt{3})$　④ $(2,\ 2)$

14 다음 그림과 같이 두 곡선 $y=\sqrt{x+4}$, $y=\sqrt{x}$ 와 x축 및 직선 $y=2$로 둘러싸인 부분의 넓이는?

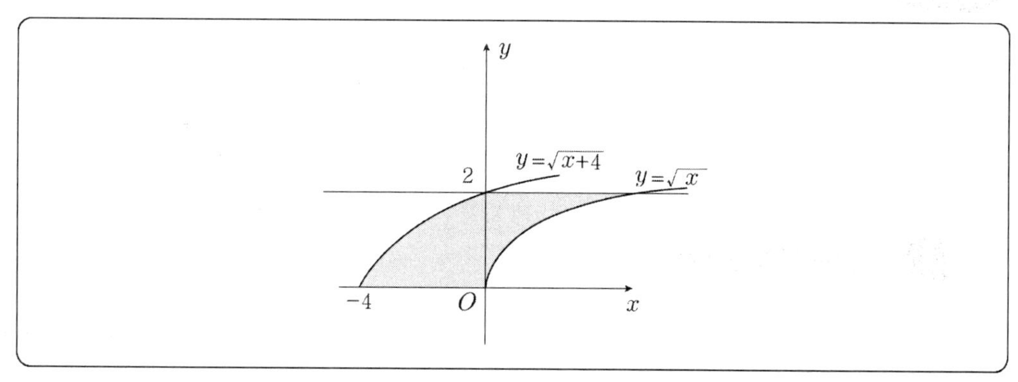

① $4\sqrt{2}$
② $6\sqrt{2}$
③ $8\sqrt{2}$
④ 8

15 다음 그림은 모든 실수 x에 대하여 $f(x)=-f(-x)$를 만족하는 $f(x)$의 그래프와 직선 $y=x$이다. $(f\circ f\circ f)\left(-\frac{1}{4}\right)$의 값은?

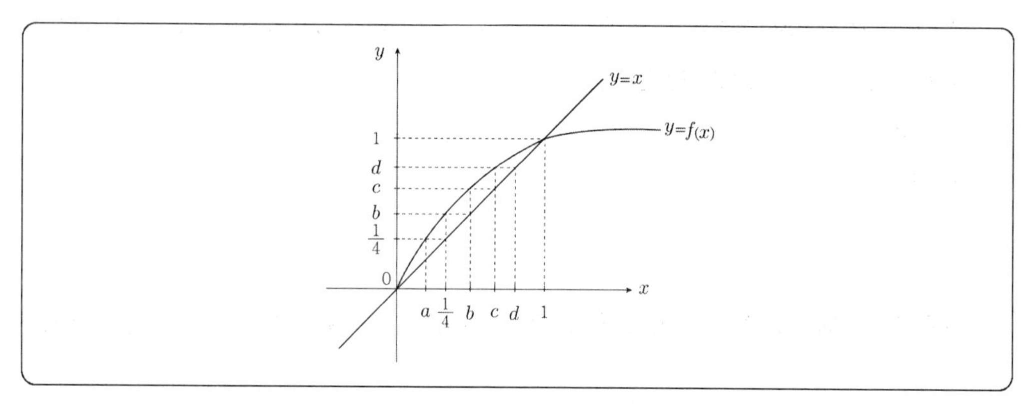

① $-d$
② $-a$
③ b
④ c

수열

1 등차수열과 등비수열

☞ 정답 및 해설 P.160

1 수열 $\{a_n\}$에 대하여 $a_1 = 2$이고 $a_{n+1} = 2a_n - 1$일 때, a_{10}의 값은?

① 512 ② 513
③ 1024 ④ 1025

2 방사선 입자가 보호막을 한 개 통과할 때마다 방사선 입자의 양은 직전의 $\frac{2}{5}$가 된다고 하자. 이때, 방사선 입자의 양이 처음의 $\frac{1}{100}$ 이하가 되도록 하기 위해 필요한 최소한의 보호막의 개수는? (단, $\log 2 = 0.3010$으로 계산한다.)

① 6개 ② 7개
③ 8개 ④ 9개

3 제6항이 8이고, 제21항이 -22인 등차수열 $\{a_n\}$에서 처음으로 음이 되는 항은 제 몇 항인가?

① 9 ② 10
③ 11 ④ 12

4 양의 실수로 이루어진 등비수열 $\{a_n\}$에서 $a_1 + a_3 = 2$, $a_6 + a_8 = 486$일 때, a_5의 값은?

① $\frac{7}{5}$ ② $\frac{14}{5}$
③ $\frac{27}{5}$ ④ $\frac{81}{5}$

5 두 등차수열 $\{a_n\}$, $\{b_n\}$이 다음과 같을 때, $a_k = 3b_k$를 만족하는 k의 값은?

> $\{a_n\}$: 6, 4, 2, 0, $\cdots$
> $\{b_n\}$: 8, 7, 6, 5, $\cdots$

① 11 ② 13
③ 15 ④ 19

6 제10항이 $\frac{1}{24}$, 제16항이 $\frac{1}{36}$인 조화수열 $\{a_n\}$의 일반항은 어느 것인가?

① $\frac{1}{2n+4}$ ② $2n+4$
③ $\frac{1}{n+2}$ ④ $n+2$

7 첫째항부터 제n항까지의 합 $S_n = n^2 - 3n$인 수열 $\{a_n\}$에서 $a_4 + a_6 + a_8 + \cdots + a_{2n+2} = 220$을 만족하는 n의 값은?

① 10 ② 11
③ 12 ④ 13

8 두 수 8과 32 사이에 n개의 수를 넣어서 나열한 수가 등차수열을 이루며 그 합이 240이라 할 때, 이 수열의 공차는?

① $\frac{5}{11}$　　② $\frac{12}{11}$

③ $\frac{19}{11}$　　④ $\frac{24}{11}$

9 옷감을 만드는 공장에서는 폭이 5m인 옷감을 지름의 길이가 2m인 원 모양의 통나무에 500번 감는다. 옷감이 500번 감긴 지름의 길이가 10m일 때, 이 옷감의 길이는 대략 몇 m 정도 되는가? (단, 감긴 옷감은 지름의 길이가 2m에서 10m까지 팽팽하게 감긴 500개의 동심원으로 본다.)

① $3000\pi\text{m}$　　② $2000\pi\text{m}$

③ $2300\pi\text{m}$　　④ $2500\pi\text{m}$

10 세 수 2, a, b가 이 순서로 등차수열을 이루고, 세 수 a, b, 9가 이 순서로 등비수열을 이루도록 상수 a, b의 값을 정할 때, $a+b$의 값은? (단, $a>0$, $b>0$)

① 7　　② 8

③ 9　　④ 10

11 1000만 원을 만들기 위해 월이율 1%의 적금에 들었다. 매월 초에 10만 원씩 불입하면 최소한 몇 번을 불입해야 하는가? (단, $\log 1.01 = 0.0043$, $\log 2.01 = 0.3032$, 1개월마다의 복리로 계산한다.)

① 68번　　② 70번

③ 72번　　④ 74번

12 등비수열 $\frac{1}{2}$, $\frac{1}{6}$, $\frac{1}{18}$, $\frac{1}{54}$, $\cdots$의 첫째항부터 제n항까지의 합 S_n과 $\frac{3}{4}$의 차가 10^{-3}보다 작아지는 최소의 자연수 n의 값은? (단, $\log 2 = 0.3010$, $\log 3 = 0.4771$)

① 5
② 6
③ 7
④ 8

13 두 함수 $y = x^3 - 9x^2 - x$와 $y = -7x + k$의 그래프의 세 교점의 x좌표가 등비수열을 이룰 때, k의 값은?

① $\frac{2}{5}$
② $\frac{3}{8}$
③ $\frac{1}{8}$
④ $\frac{8}{27}$

14 각 항이 실수인 등비수열 $\{a_n\}$에서 $a_1 + a_2 + a_3 = 3$, $a_4 + a_5 + a_6 = 12$일 때, $\frac{a_4 + a_6}{a_1 + a_3}$의 값은?

① 3
② 4
③ 5
④ 6

2 여러 가지 수열

☞ 정답 및 해설 P.163

1 양수 a, b에 대하여 $f(a,\ b)=\sqrt{a}+\sqrt{b}$ 라 할 때, $\sum_{k=1}^{99}\frac{1}{f(k,\ k+1)}$ 의 값은?

① 8
② 9
③ 10
④ 11

2 $\sum_{k=1}^{10}(k^2+2k)$의 값은?

① 485
② 490
③ 495
④ 500

3 다음 중 옳은 것은?

① 수열 1, 3, 9, 27, 81, $\cdots$의 일반항은 3^n이다.
② $1^3+2^3+3^3+\cdots+n^3=(1+2+3+\cdots+n)^2$
③ $\sum_{k=1}^{2n}4=4n$
④ $\sum_{k=1}^{100}k^2=\frac{99\times100\times199}{6}$

4 $1+\frac{1}{1+2}+\frac{1}{1+2+3}+\cdots+\frac{1}{1+2+3+\cdots+n}=\frac{21}{11}$을 만족하는 자연수 n의 값은?

① 11
② 12
③ 21
④ 22

5 $1+\frac{2}{2}+\frac{3}{2^2}+\frac{4}{2^3}+\cdots+\frac{10}{2^9}$ 의 값은?

① $4-3\left(\frac{1}{2}\right)^{10}$ ② $4-3\left(\frac{1}{2}\right)^{7}$
③ $3\left(\frac{1}{2}\right)^{7}$ ④ $4+3\left(\frac{1}{2}\right)^{7}$

6 $\sum_{k=1}^{10}(2k+1)-\sum_{k=0}^{9}(2k+1)$의 값은?

① 20 ② 19
③ 18 ④ 17

7 $a_n=\log_3\left(1+\frac{1}{n}\right)\ (n=1,\ 2,\ 3,\ \cdots)$로 정의되는 수열 $\{a_n\}$에 대하여 $\sum_{k=1}^{n}a_k=3$을 만족하는 n의 값은?

① 25 ② 26
③ 27 ④ 28

8 생화학 연구소에서 어떤 달의 1일에 발견한 새로운 세균이 매일 다음의 표와 같이 분열하고 있는 사실을 확인하였다. 이 달의 30일의 세균의 수는?

일	1	2	3	4	5	6	…
세균의 수	1	4	11	22	37	56	…

① 1700 ② 1712
③ 1742 ④ 1776

9 1이 두 번만 나타나는 이진법의 수를 작은 수부터 차례로 배열하여 얻은 수열 $11_{(2)}$, $101_{(2)}$, $110_{(2)}$, $1001_{(2)}$, $1010_{(2)}$, $1100_{(2)}$, $10001_{(2)}$, $10010_{(2)}$, $\cdots$ 의 제56항과 같은 수는?

① 2^9+1
② $2^{10}+2^9$
③ $2^{11}+1$
④ $2^{11}+2^{10}$

10 수열 1, 2, 5, 10, 17, 26, $\cdots$ 의 일반항을 a_n이라 하고, $a_1+a_2+a_3+\cdots+a_n=S_n$이라 할 때, S_{10}의 값은?

① 295
② 296
③ 297
④ 298

11 다음과 같은 수열에서 제70항의 값은?

$$\frac{1}{2},\ \frac{1}{3},\ \frac{3}{3},\ \frac{1}{4},\ \frac{3}{4},\ \frac{5}{4},\ \frac{1}{5},\ \frac{3}{5},\ \frac{5}{5},\ \frac{7}{5},\ \frac{1}{6},\ \cdots$$

① $\frac{5}{13}$
② $\frac{6}{13}$
③ $\frac{7}{13}$
④ $\frac{8}{13}$

12 $\sum_{k=1}^{49}[\sqrt{k}]$ 의 값은? (단, $[x]$는 x보다 크지 않은 최대의 정수이다.)

① 205
② 207
③ 209
④ 210

3 수학적 귀납법

☞ 정답 및 해설 P.165

1

수열 $\{a_n\}$의 첫째항부터 제n항까지의 합 S_n이 $S_n = n^2+3n$일 때, $\sum_{k=1}^{8} \frac{40}{a_k a_{k+1}}$의 값은?

① 2　② 3　③ 4　④ 5

2

수열 $\{a_n\}$이 $a_{n+1} = -a_n + 3n - 1$을 만족시킬 때, $\sum_{k=1}^{30} a_k$의 값은?

① 600　② 620　③ 640　④ 660

3

수열 $\{a_n\}$이 모든 자연수 n에 대하여 $a_1 = 2$, $a_{n+1} = a_n + 3n$을 만족할 때, $a_k = 110$이 되는 k의 값은?

① 8　② 9　③ 10　④ 11

4

$a_1 = 3$, $a_{n+1} = 2a_n + 3$ $(n = 1, 2, 3, \cdots)$으로 정의된 수열 $\{a_n\}$에 대하여 a_{10}의 값은?

① 2^9　② 2^9+1　③ $3(2^{10}-1)$　④ 2^{10}　⑤ $3(2^{10}+1)$

5 $a_1=1,\ a_{n+1}=a_n+n\ (n=1,\ 2,\ 3,\ \cdots)$으로 정의되는 수열 $\{a_n\}$의 제10항의 값은?

① 40　② 42
③ 44　④ 46

6 $a_1=1,\ a_2=2,\ 3a_{n+2}-4a_{n+1}+a_n=0\ (n=1,\ 2,\ 3,\ \cdots)$으로 정의되는 수열 $\{a_n\}$의 일반항 a_n은 $a_n=A+B\cdot C^{n-1}$이다. 이때, $A+B+C$의 값은?

① $-\frac{2}{3}$　② $-\frac{1}{2}$
③ $\frac{4}{3}$　④ $\frac{5}{2}$

7 n개의 계단이 있다. 철수가 이 계단을 한 계단 또는 두 계단씩 올라가려고 할 때, n개의 계단을 올라가는 방법을 a_n이라 한다. 수열 $\{a_n\}$에 대한 다음 관계식 중 옳은 것은? (단, $n=1,\ 2,\ 3,\ \cdots$)

① $a_{10}=2a_9$　② $a_{11}=2a_8$
③ $a_{11}=a_9+a_{10}$　④ $a_{13}=a_{11}+2a_{12}$

8 증가하는 양의 정수로 이루어진 수열 $\{a_n\}$에 대하여 $a_{n+2}=a_n+a_{n+1}\ (n=1,\ 2,\ 3,\ \cdots)$, $a_7=120$일 때, a_8의 값은?

① 194　② 195
③ 196　④ 197

9 $a_1=7,\ a_{n+1}=2a_n-5\ (n=1,\ 2,\ 3,\ \cdots)$로 정의되는 수열 $\{a_n\}$에 대하여 $a_n<5000<a_{n+1}$을 만족하는 자연수 n의 값은?

① 10　② 11
③ 12　④ 14

10 $a_1=1$, $a_{n+1}=\dfrac{a_n}{2-3a_n}$ $(n=1, 2, 3, \cdots)$으로 정의되는 수열 $\{a_n\}$에 대하여 $a_{10}=\dfrac{1}{\alpha}$을 만족시키는 α의 값은?

① -1025　　② -1024
③ -1021　　④ -1022

11 수열 $\{a_n\}$에 대하여 첫째항부터 제n항까지의 합을 S_n이라 하자. $2a_n-S_n=3^n$을 만족할 때, 일반항 a_n은? (단, $n=1, 2, 3, \cdots$)

① $a_n=2\cdot 3^n-3\cdot 2^{n-1}$　　② $a_n=2\cdot 3^n-2\cdot 2^{n-1}$
③ $a_n=2\cdot 3^n-4\cdot 2^{n-1}$　　④ $a_n=2\cdot 3^n-5\cdot 2^{n-1}$

12 다음 표와 같은 규칙으로 자연수를 계속 써나갈 때 위에서 5번째 줄의 왼쪽에서 12번째 칸에 있는 수는?

1	3	6	10	15	⋯
2	5	9	14	⋯	
4	8	13	⋯		
7	12	⋯			
11	⋯				
⋮					

① 124　　② 128
③ 132　　④ 134

13 $a_1=3$, $a_{n+1}=4a_n+3$ $(n=1, 2, 3, \cdots)$과 같이 정의되는 수열 $\{a_n\}$에 대하여

$\displaystyle\sum_{k=1}^{n}\frac{1}{\log_2(a_k+1)\cdot\log_2(a_{k+1}+1)}$의 값은?

① $\dfrac{n}{4(n+1)}$　　② $\dfrac{n}{4(n+2)}$

③ $\dfrac{n}{4(n+3)}$　　④ $\dfrac{n}{4(n+4)}$

14 크기가 같은 600개의 구슬을 사용하여 다음 그림과 같은 규칙으로 도형 a_1, a_2, a_3, $\cdots$을 차례로 만들어갈 때, 만들 수 있는 도형의 개수는? (단, 완성되지 않는 도형은 개수에 포함시키지 않는다.)

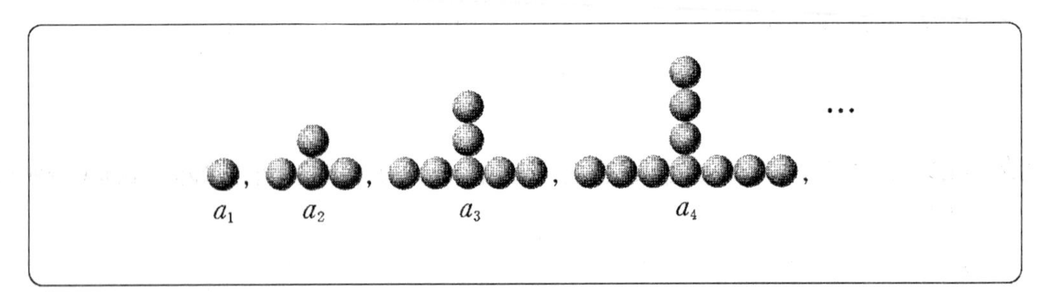

① 14　　② 16

③ 18　　④ 20

지수와 로그

1 지수

☞ 정답 및 해설 P.170

1 $\sqrt[3]{27}\sqrt[4]{\sqrt[5]{243}}+\sqrt{(-2)^2}\sqrt[4]{48}-\sqrt[4]{\sqrt[4]{(-3)^4}}=k\sqrt[4]{3}$ 일 때, k의 값은?

① 4
② 5
③ 6
④ 7

2 $a>0$일 때, $(a^{\frac{1}{3}}+a^{-\frac{1}{3}})(a^{\frac{2}{3}}-1+a^{-\frac{2}{3}})$은 $a=p$일 때 최솟값 m을 갖는다. 이때, $p+m$의 값은?

① 5
② 4
③ 3
④ 2

3 $5^x=16$, $40^y=32$일 때, $\frac{4}{x}-\frac{5}{y}$의 값은?

① −1
② −2
③ −3
④ −4

4 다음 중 옳지 않은 것은 어느 것인가?

① $(-2)^0=1$
② $\left(-\frac{1}{5}\right)^{-2}=25$
③ $\sqrt[4]{(-3)^4}=-3$
④ $\sqrt[3]{16}-\sqrt[9]{8}-\sqrt[3]{2}=0$

5

$f(x)=\dfrac{a^{x}+a^{-x}}{a^{x}-a^{-x}}$(단, $a>0$)에 대하여, $f(x)=\dfrac{3}{2}$일 때 $f(2x)$의 값은?

① $\dfrac{13}{12}$ ② 1

③ $\dfrac{7}{6}$ ④ $\dfrac{3}{2}$

6

$\dfrac{a+a^{2}+a^{3}+\cdots+a^{2006}}{a^{-2}+a^{-3}+a^{-4}+\cdots+a^{-2007}}$을 간단히 하면?

① a^{2004} ② a^{2005}

③ a^{2006} ④ a^{2008}

7

n이 2 이상의 자연수일 때, 다음 보기의 설명 중 옳은 것을 모두 고른 것은?

〈보기〉

㉠ n이 홀수일 때, $\sqrt[n]{-5}=-\sqrt[n]{5}$이다.

㉡ n이 짝수일 때, $\sqrt[n]{(-5)^{n}}=-5$이다.

㉢ n이 홀수일 때, $x^{n}=-5$를 만족하는 실수 x는 1개다.

㉣ n이 짝수일 때, $x^{n}=5$를 만족하는 실수 x는 n개다.

① ㉠, ㉢ ② ㉡, ㉢

③ ㉡, ㉣ ④ ㉠, ㉡, ㉣

8

$x=2^{\frac{1}{3}}+2^{-\frac{1}{3}}$일 때, $4x^{3}-12x$의 값은?

① 10 ② 11

③ 12 ④ 13

9 다음 중 옳지 않은 것은 어느 것인가? (단, $a>1$)

① $\sqrt[3]{a}\times\sqrt[4]{a}=a^{\frac{7}{12}}$　② $\sqrt{a^3}\times\sqrt{a^6}\times\sqrt{a}=a^5$

③ $\sqrt{a\sqrt{a\sqrt{a}}}=a^{\frac{5}{8}}$　④ $\sqrt{a}\times\sqrt[6]{a^5}\div\sqrt[3]{a}=a$

10 a, b는 양수이고, $a^b=b^a$, $b=9a$일 때, a의 값은?

① $\sqrt[2]{3}$　② $\sqrt[4]{3}$

③ $\sqrt[5]{3}$　④ $\sqrt[6]{3}$

11 n이 정수일 때, $\left(\frac{1}{16}\right)^{\frac{1}{n}}$이 나타낼 수 있는 모든 자연수의 합은?

① 21　② 22

③ 23　④ 24

12 $a>1$이고 $\sqrt[4]{a^k}=\sqrt{a\sqrt[3]{a^2\sqrt[4]{a^6}}}$ 일 때, 상수 k의 값은?

① $\frac{10}{3}$　② $\frac{11}{3}$

③ $\frac{12}{3}$　④ $\frac{13}{3}$

13 81의 네제곱근의 집합을 A, -9의 제곱근의 집합을 B, 27의 세제곱근의 집합을 C라고 할 때, 다음 중 옳은 것은?

① $A\cap B=B$　② $A\cup C=A$

③ $n(A)+n(B)+n(C)=3$　④ $n(A\cup B\cup C)=9$

2 로그

☞ 정답 및 해설 P.172

1 $\log_2 \frac{7}{2}$의 정수 부분을 x, 소수 부분을 y라 할 때, $\left(\frac{1}{4}\right)^x + 2^y$의 값은?

① $\frac{3}{2}$ ② 2

③ $\frac{5}{2}$ ④ 3

2 a^{100}, b^{100}이 각각 48자리 수, 85자리 수일 때, $(ab)^{30}$의 자리 수는?

① 39 ② 40

③ 41 ④ 42

3 $3\log_3 2 + \frac{\log_2 5}{2\log_2 3} - \log_3 8\sqrt{5} + 2^{\log_2 3}$의 값은?

① 1 ② 2

③ 3 ④ 4

4 $\log A = n + \alpha$(n은 정수, $0 \le \alpha < 1$)에서 n, α가 이차방정식 $2x^2 - 7x + k = 0$의 두 근일 때, k의 값은?

① 1 ② 2

③ 3 ④ 4

5 $\log_x y = \log x + 2$를 만족시키는 모든 실수 x, y에 대하여, $x^2 y$의 최솟값은?

① 10^{-4}
② 10^{-2}
③ 10^{-1}
④ $10^{-\frac{1}{2}}$

6 모든 실수 x에 대하여 $\log_a(x^2 - 2ax + 3a - 2)$가 정의되기 위한 상수 a의 값의 범위는?

① $1 < a < 2$
② $1 < a < 3$
③ $1 < a < 4$
④ $1 < a < 5$

7 $x = \log_4(5 + 2\sqrt{6})$일 때, $2^x + 2^{-x}$의 값은?

① $\sqrt{2}$
② $\sqrt{3}$
③ $2\sqrt{2}$
④ $2\sqrt{3}$

8 $\log_{a^2} 9 = \log_b 27$일 때, $\log_{ab} a^2$의 값은?

① $\frac{1}{2}$
② 1
③ $\frac{3}{2}$
④ 2

9 $\log_a b = \frac{1}{5}$일 때, $\log_{b^2} a$의 정수 부분은?

① 0
② 1
③ 2
④ 3

10 $a=\frac{2}{\sqrt{3}-1}$ 일 때, $\log_3(a^3-1)-\log_3(a^2+a+1)$의 값은?

① -1 ② $-\frac{1}{2}$

③ 0 ④ $\frac{1}{2}$

11 $100 \le x < 1000$인 x에 대하여 $\log x^4$의 소수부분과 $\log x^3$의 소수부분이 같을 때, x의 값은?

① 100 ② 200

③ 300 ④ 400

12 $\log_2 x$의 정수부분을 $f(x)$라 하고, 소수부분이 $\frac{1}{2}$일 때, $f(2x)+f(x)=3$을 만족하는 x의 값은?

① $\sqrt{2}$ ② $2\sqrt{2}$

③ 3 ④ 4

13 $10 \le x < 100$인 x에 대하여 $\log x$의 소수부분이 α일 때, $\log\sqrt{x}$의 소수부분은?

① $\frac{\alpha}{2}$ ② $\frac{\alpha}{3}$

③ $\frac{1}{2}+\frac{\alpha}{3}$ ④ $\frac{1}{2}+\frac{\alpha}{2}$

14 $\log 536 = 2.7292$ 일 때, $\log x = \overline{1}.7292$ 를 만족하는 x 의 값은?

① 0.536 ② 5.36

③ 53.6 ④ 5536

15 $\log_2 3 \log_3 5 \log_5 7 = x$ 를 만족할 때, $2^x + 2^{-x}$ 의 값은?

① $\frac{48}{7}$ ② 7

③ $\frac{50}{7}$ ④ $\frac{52}{7}$

수열의 극한

1 수열의 극한

☞ 정답 및 해설 P.174

1 두 수열 $\{a_n\}$, $\{b_n\}$에 대하여 $\lim_{n\to\infty} a_n = -2$, $\lim_{n\to\infty} b_n = 1$일 때, $\lim_{n\to\infty} \frac{a_n - 2b_n}{1 + a_n b_n}$의 값은?

① 1 ② 2
③ 3 ④ 4

2 아래 그림과 같이 한 변의 길이가 2인 정사각형 AOQB에서 변 BQ위의 한 점을 P라 하자. 직선 AP와 x축과의 교점을 R이라 할 때, 점 P가 선분 BQ를 따라 점 Q(2, 0)에 한없이 가까워진다면 $\lim_{P\to Q} \frac{\overline{QR}}{\overline{PQ}}$의 값은? (단, O는 원점)

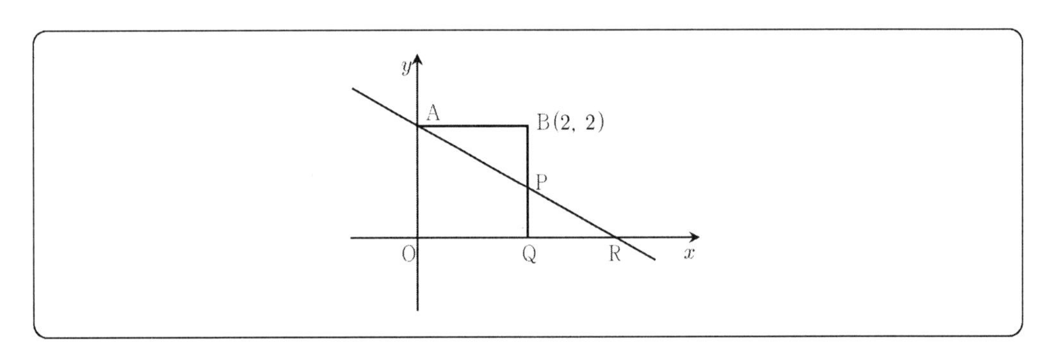

① $\frac{1}{2}$ ② 1
③ $\frac{3}{2}$ ④ 2

3 수열 $\{a_n\}$에 대하여 $\lim_{n\to\infty}(2n^2-3n)a_n=10$일 때, $\lim_{n\to\infty}(3n^2-2n)a_n$의 값은?

① 14 ② 15
③ 16 ④ 17
⑤ 18

4 다음 등비수열 $\{(x+2)(x-3)^{n-1}\}$이 수렴하도록 하는 모든 정수 x의 값의 합은?

① 5 ② 6
③ 7 ④ 8
⑤ 9

5 $\lim_{x\to-\infty}\frac{4x}{\sqrt{x^2+2+5}}$의 극한값은?

① −2 ② −3
③ −4 ④ 3
⑤ 4

6 다음 보기 중 극한값이 존재하는 것을 모두 고르면? (단, θ는 상수)

〈보기〉

㉠ $\lim_{n\to\infty}\sqrt{n^2+4n}-n$ ㉡ $\lim_{n\to\infty}\frac{3^n-2^n}{4^n+3^n}$

㉢ $\lim_{n\to\infty}\frac{1}{n}\sin(n-1)\theta$

① ㉠, ㉡, ㉢ ② ㉠, ㉡
③ ㉠, ㉢ ④ ㉡, ㉢

7 등비수열 $\{(x-1)(x-2)^{n-1}\}$이 수렴하도록 하는 정수 x의 개수는?

① 1개　② 2개
③ 3개　④ 4개

8 이차방정식 $x^2+6x+4=0$의 두 근을 α, β라 할 때, $\lim_{n\to\infty}\frac{\alpha^{n+1}+\beta^{n+1}}{\alpha^n+\beta^n}$의 값은?

① $-3-\sqrt{5}$　② $-3+\sqrt{5}$
③ 0　④ 1

9 자연수 n에 대하여 $\sqrt{n^2+1}$의 정수 부분을 a_n, 소수 부분을 b_n이라 할 때, $\lim_{n\to\infty}a_nb_n$의 값은?

① $\frac{1}{2}$　② $\frac{2}{3}$
③ 1　④ $\frac{4}{3}$

10 수열 $\{a_n\}$에 대하여 $\lim_{n\to\infty}(2n^2+3n+4)a_n=6$이 성립할 때, $\lim_{n\to\infty}3n^2a_n$의 값은?

① 0　② 3
③ 8　④ 9

11 $\lim_{n\to\infty}\frac{1\cdot2+2\cdot3+\cdots+n(n+1)}{n^3}$의 값은 얼마인가?

① 0　② $\frac{1}{3}$
③ $\frac{2}{3}$　④ 1

12 수열 $\left\{\dfrac{1+2r^n}{1+r^n}\right\}$의 극한에 대하여 다음 보기 중 옳은 것을 모두 고르면?

〈보기〉

㉠ $|r|<1$일 때, $\lim\limits_{n\to\infty}\dfrac{1+2r^n}{1+r^n}=1$

㉡ $r=1$일 때, $\lim\limits_{n\to\infty}\dfrac{1+2r^n}{1+r^n}=\dfrac{3}{2}$

㉢ $r>1$일 때, $\lim\limits_{n\to\infty}\dfrac{1+2r^n}{1+r^n}=2$

① ㉠
② ㉡
③ ㉢
④ ㉠, ㉡, ㉢

13 수열 $\{a_n\}$의 첫째항부터 제n항까지의 합 S_n에 대하여 $S_{n+1}=\dfrac{1}{3}S_n+2\,(n=1,\ 2,\ 3,\ \cdots)$, $S_1=6$이 성립한다고 한다. 이때, $\lim\limits_{n\to\infty}a_n$의 값은?

① 0
② 1
③ 2
④ 3

14 두 실수 a, b에 대하여 $\lim\limits_{n\to\infty}\dfrac{an^2-bn-2}{2n-1}=1$일 때, $a+b$의 값은?

① -5
② -4
③ -3
④ -2

2 급수

☞ 정답 및 해설 P.176

1 자연수 n에 대하여 부등식 $n-1 \le \log_5 A < n$을 만족하는 자연수 A의 개수를 a_n이라 할 때, $\sum_{n=1}^{\infty} \frac{1}{a_n}$의 값은?

① $\frac{3}{16}$　② $\frac{5}{16}$

③ $\frac{7}{16}$　④ $\frac{9}{16}$

2 $a_n = {}_n\mathrm{C}_0 + {}_n\mathrm{C}_1 \cdot \frac{1}{4} + {}_n\mathrm{C}_2 \cdot \left(\frac{1}{4}\right)^2 + \cdots + {}_n\mathrm{C}_n \cdot \left(\frac{1}{4}\right)^n$을 만족할 때, $\sum_{n=1}^{\infty} \frac{1}{a_n}$의 값은?

① $\frac{1}{4}$　② $\frac{1}{2}$

③ 2　④ 4

3 수열 $\{a_n\}$에 대하여 $\sum_{n=1}^{\infty}\left(3a_n - \frac{12n+3}{2n+5}\right) = 3$일 때, $\lim_{n\to\infty} \frac{6a_n - 6n}{na_n + 3}$의 값은?

① -3　② -2

③ 2　④ 3

4 수열 $\{a_n\}$에 대하여 $\sum_{n=1}^{\infty} \frac{a_n}{n} = 2$일 때, $\lim_{n \to \infty} \frac{a_n^2 - 3n^2}{na_n + n^2 + 2n}$의 값은?

① -3　　② $-\frac{1}{3}$

③ $\frac{1}{3}$　　④ 3

5 수열 $\{a_n\}$이 $a_n = \frac{1+(-1)^n}{2}$일 때, 급수 $\sum_{n=1}^{\infty} \frac{a_n}{5^n}$의 값은?

① $\frac{1}{24}$　　② $\frac{1}{16}$

③ $\frac{1}{12}$　　④ $\frac{5}{48}$

6 다음 급수의 합은?

$$\frac{1}{2^2+4} + \frac{1}{3^2+6} + \frac{1}{4^2+8} + \frac{1}{5^2+10} + \cdots$$

① $\frac{7}{12}$　　② $\frac{5}{12}$

③ 3　　④ 2

7 $a_1 = 2$, $a_2 = 1$, ${a_{n+1}}^2 = a_n a_{n+2}\,(n = 1, 2, 3, \cdots)$을 만족하는 수열 $\{a_n\}$에 대하여 $\sum_{n=1}^{\infty} a_n$의 값은?

① 4
② 5
③ 6
④ 7

8 수열 $\{a_n\}$에 대하여 급수 $\left(a_1 + \frac{1}{1^2}\right) + \left(a_2 + \frac{1+2}{2^2}\right) + \cdots + \left(a_n + \frac{1+2+3+\cdots+n}{n^2}\right) + \cdots$이 수렴할 때, $\lim_{n\to\infty} a_n$의 값은?

① -1
② $-\frac{1}{2}$
③ 0
④ $\frac{1}{2}$

9 $a_1 + a_2 + a_3 + \cdots = 2$이고 $\lim_{n\to\infty} na_n = 1$일 때, $\sum_{n=1}^{\infty} n(a_{n+1} - a_n)$의 값은?

① -3
② -1
③ 0
④ 1

10 급수 $\sum_{n=1}^{\infty} (1 - x^2)x^{n-1}$이 수렴하기 위한 x의 값의 범위는?

① $-2 < x \le 1$
② $-2 \le x < 1$
③ $-1 < x < 1$
④ $-1 \le x \le 1$

11 다음 보기의 급수 중 수렴하는 것을 모두 고르면?

〈보기〉

ㄱ $\frac{1}{2}-\frac{2}{3}+\frac{2}{3}-\frac{3}{4}+\frac{3}{4}-\cdots$

ㄴ $\frac{1}{2}+\frac{1}{4}+\frac{1}{8}+\frac{1}{16}+\cdots$

ㄷ $3-3+3-3+3-\cdots$

ㄹ $1-\frac{1}{2}+\frac{1}{2}-\frac{1}{3}+\frac{1}{3}-\frac{1}{4}+\frac{1}{4}-\cdots$

① ㄱ, ㄷ
② ㄴ, ㄷ
③ ㄴ, ㄹ
④ ㄱ, ㄷ, ㄹ

12 구 모양의 효모 한 개는 자신의 반지름의 길이의 $\frac{1}{2}$을 반지름으로 하는 효모 3개를 생성하는 분열을 한다. 반지름의 길이가 1인 효모 한 개가 다음 그림과 같이 계속 분열을 할 때, 모든 효모의 부피의 합은? (단, 한 번 분열한 효모는 다시 분열하지 않는다.)

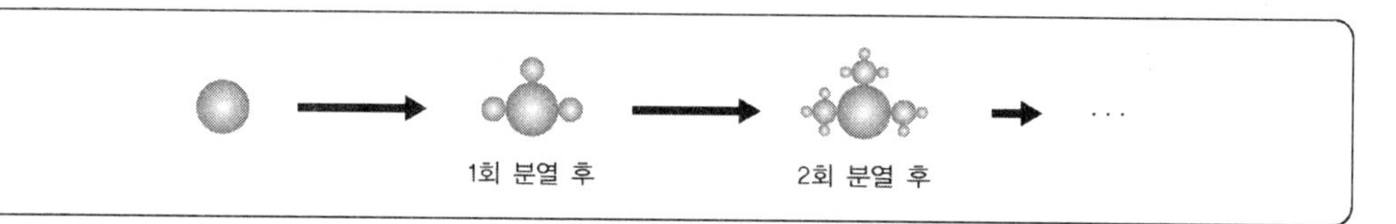

① $\frac{3}{2}\pi$
② $\frac{32}{15}\pi$
③ $\frac{28}{15}\pi$
④ 2π

13 급수 $\log\left(1-\frac{1}{2^2}\right)+\log\left(1-\frac{1}{3^2}\right)+\log\left(1-\frac{1}{4^2}\right)+\cdots+\log\left(1-\frac{1}{n^2}\right)+\cdots$의 합은?

① -2
② $-\log 2$
③ 0
④ $\log 2$

14 다음 보기의 급수 중 수렴하는 것은 모두 몇 개인가?

〈보기〉

㉠ $\sum_{n=1}^{\infty}\frac{2n}{3n+1}$

㉡ $\sum_{n=1}^{\infty}(\sqrt{n+2}-\sqrt{n+1})$

㉢ $\sum_{n=1}^{\infty}(-1)^n$

㉣ $\sum_{n=1}^{\infty}\frac{1+2+3+\cdots+n}{n^2}$

① 없다.
② 1개
③ 2개
④ 3개

15 $\sum_{n=1}^{\infty}a_n=A$, $\sum_{n=1}^{\infty}na_n=B$($A$, B는 상수)일 때, 급수 $\sum_{n=1}^{\infty}n^2(a_n-a_{n+1})$의 값을 A, B에 대한 식으로 나타내면?

① $B+A$
② $2B-A$
③ $B-A+1$
④ $2B+A+1$

함수의 극한

1 함수의 극한

☞ 정답 및 해설 P.180

1 함수 $f(x)=x^3+x+1$에 대하여 $\lim_{h\to0}\frac{f(1+3h)-f(1)}{2h}$의 값은?

① 2
② 4
③ 6
④ 8

2 다항함수 $f(x)$에 대하여 $\lim_{x\to1}\frac{6(x^2-1)}{(x-1)f(x)}=1$일 때, $f(1)$의 값은?

① 8
② 10
③ 12
④ 16

3 다항함수 $f(x)$에 대하여 $\lim_{x\to9}\frac{f(x)}{x-9}=2$일 때, $\lim_{x\to9}\frac{f(x)}{\sqrt{x}-3}$의 값은?

① 10
② 11
③ 12
④ 13

4 $\lim_{x \to 4} \frac{x^2 - 16}{\sqrt{x} - 2}$ 의 값은?

① 32　② 16　③ 8　④ 4

5 $\lim_{x \to 2} \frac{1}{x-2}\left(\frac{1}{x+1} - \frac{1}{3}\right)$의 값은?

① $-\frac{1}{9}$　② $-\frac{1}{6}$　③ $-\frac{1}{4}$　④ $-\frac{1}{3}$

6 $\lim_{x \to -3} \frac{\sqrt{x^2 - x - 3} + ax}{x+3} = b$가 성립하도록 상수 a, b 의 값을 정할 때, $a+b$ 의 값은?

① $-\frac{5}{6}$　② $-\frac{1}{2}$　③ 0　④ $\frac{5}{6}$

7 $\lim_{x \to 2} \frac{x^2 - 4}{x^2 + ax} = b$ (단, $b \neq 0$)가 성립하도록 상수 a, b의 값을 정할 때, $a+b$의 값은?

① −4　② −2　③ 0　④ 2

8 x에 대한 다항식 $f(x)$가 $\lim_{x \to 2} \frac{f(x)}{x-2} = 3$, $\lim_{x \to \infty} \frac{f(x)}{x^2 - x} = 1$을 만족시킬 때, $f(1)$의 값은?

① −2　　② −1
③ 0　　④ 1

9 다항함수 $f(x)$가 $f(x) + x - 1 = (x-1)g(x)$를 만족시킬 때, $\lim_{x \to 1} \frac{f(x)g(x)}{x^2 - 1}$의 값은?

① 1　　② 2
③ 3　　④ 4

10 최고차항의 계수가 1인 삼차함수 $f(x)$가 $f(-1) = 2$, $f(0) = 0$, $f(1) = -2$를 만족시킬 때, $\lim_{x \to 0} \frac{f(x)}{x}$의 값은?

① −1　　② −2
③ −3　　④ −4

11 두 함수 $f(x) = x^2 - 1$, $g(x) = [x]$에 대하여 〈보기〉에서 옳은 것을 모두 고른 것은? (단, $[x]$는 x를 넘지 않는 최대 정수이다.)

〈보기〉

ㄱ $\lim_{x \to 0} g(x) = 0$
ㄴ $\lim_{x \to 0} g(f(x)) = -1$
ㄷ $\lim_{x \to 0} f(g(x)) = -1$

① ㄴ　　② ㄷ
③ ㄱ, ㄴ　　④ ㄱ, ㄷ

2 함수의 연속

☞ 정답 및 해설 P.181

1 다음 〈보기〉 중 $x=1$에서 연속인 함수만을 모두 고른 것은?

㉠ $f(x)=\dfrac{x}{x-1}$

㉡ $f(x)=\begin{cases} x & (x>1) \\ -1 & (x\le 1) \end{cases}$

㉢ $f(x)=\begin{cases} \dfrac{x^2-1}{x-1} & (x\ne 1) \\ 2 & (x=1) \end{cases}$

㉣ $f(x)=|x-1|$

① ㉠, ㉢
② ㉡, ㉣
③ ㉢, ㉣
④ ㉠, ㉡, ㉣

2 미분 가능한 함수 $f(x)$에 대하여 다음의 함수 $g(x)$가 모든 실수 x에 대하여 연속일 때, $f'(1)$의 값은?

$$g(x)=\begin{cases} \dfrac{f(x)-f(1)}{x^2-1} & (x\ne 1) \\ 2 & (x=1) \end{cases}$$

① 1
② 2
③ 3
④ 4

3 함수 $f(x)=\lim_{n\to\infty}\dfrac{x^{2n+1}+ax(x^2-1)}{x^{2n}+x^2-1}$가 모든 실수 x에 대하여 연속일 때 a의 값은?

① −1
② 1
③ −2
④ 2

4 실수 전체의 집합에서 연속인 함수 $f(x)$에 대하여 $f(0)=3a$, $f(1)=\frac{a}{3}$일 때, 방정식 $f(x)-x=0$이 열린구간 $(0,1)$에서 중근이 아닌 하나의 실근을 갖기 위한 실수 a의 범위는?

① $-3<a<3$
② $-2<a<1$
③ $-1<a<2$
④ $0<a<3$

5 폐구간 $[-5,\ 5]$에서 정의된 함수 $f(x)=\begin{cases} \dfrac{\sqrt{5+x}-\sqrt{5-x}}{x} & (x\neq 0) \\ k & (x=0) \end{cases}$가 $x=0$에서 연속일 때, 상수 k의 값은?

① 0
② 1
③ $\sqrt{5}$
④ $\frac{\sqrt{5}}{5}$

6 함수 $f(x)=\lim_{n\to\infty}\frac{ax^{n+1}+4x+1}{x^n+b}$이 $x=1$에서 연속이 되도록 자연수 a, b의 값을 정할 때, a^2+b^2의 값은?

① 24
② 26
③ 28
④ 30

7 모든 실수 x에 대하여 연속인 함수 $f(x)$는 $f(x+4)=f(x)$를 만족시키고, 폐구간 $[0,\ 4]$에서 다음과 같이 정의된다. 이때, $f(10)$의 값은?

$$f(x)=\begin{cases} 3x & (0\leq x<1) \\ x^2+ax+b & (1\leq x\leq 4) \end{cases}$$

① -1
② 0
③ 1
④ 2

8 함수 $y=f(x)$의 그래프가 〈보기〉와 같이 주어질 때, 함수 $y=f(x-1)f(x+1)$이 $x=-1$에서 연속이 되는 경우만을 있는 대로 고른 것은?

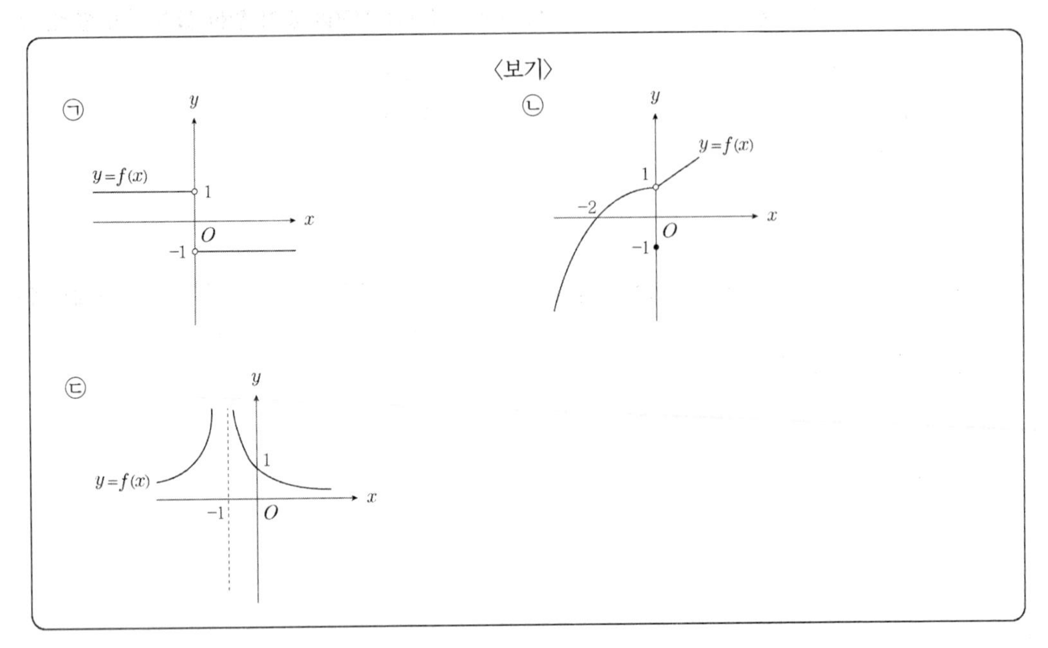

① ㉠ ② ㉡

③ ㉢ ④ ㉡, ㉢

9 극한 $\lim_{x \to 0} \frac{\{f(x)\}^2}{f(x^2)} = 4$를 만족시키는 함수 $f(x)$를 〈보기〉에서 모두 고른 것은?

〈보기〉

㉠ $f(x)=4|x|$ ㉡ $f(x)=2x^2+2x$

㉢ $f(x)=x+\frac{4}{x}$

① ㉠ ② ㉡

③ ㉠, ㉢ ④ ㉡, ㉢

10 **함수** $f(x)=\begin{cases} x(x-1) & (|x|>1) \\ -x^2+ax+b & (|x|\leq 1) \end{cases}$ **가 모든 실수** x **에서 연속이 되도록 상수** a, b **의 값을 정할 때,** $a-b$ **의 값은?**

① -3
② -1
③ 0
④ 0

11 **실수 전체의 집합에서 정의된 두 함수** $f(x)$, $g(x)$ **에 대하여 옳은 것을 〈보기〉에서 모두 고르면?**

〈보기〉

㉠ $\lim_{x\to a}f(x)$, $\lim_{x\to a}f(x)g(x)$ 가 존재하면 $\lim_{x\to a}g(x)$ 도 존재한다.

㉡ $\lim_{x\to a}g(x)$, $\lim_{x\to a}\frac{f(x)}{g(x)}$ 가 존재하면 $\lim_{x\to a}f(x)$ 도 존재한다.

㉢ $\lim_{x\to a}g(x)$ 가 존재하면 $\lim_{x\to a}f(g(x))$ 도 존재한다.

① ㉠
② ㉡
③ ㉠, ㉢
④ ㉡, ㉢

12 **방정식** $x^3-2x^2+5x+7=0$ **의 실근이 존재하는 범위는?**

① $(-2,-1)$
② $(-1,0)$
③ $(0,1)$
④ $(1,2)$

13 그림과 같이 함수 $y=f(x)$의 그래프가 있다. 그래프에 대한 설명 중 〈보기〉에서 옳은 것을 모두 고른 것은? (단, $-2 \le x \le 2$)

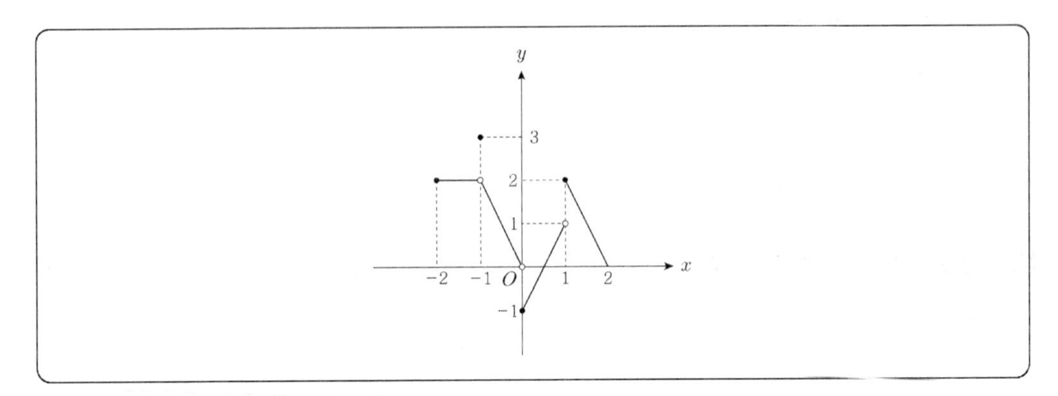

〈보기〉

㉠ 불연속점은 3개다.
㉡ 극한값이 존재하지 않는 점은 3개다.
㉢ 함수 $f(x)$는 폐구간 $[-2,\ 2]$에서 최댓값과 최솟값이 존재한다.

① ㉠ ② ㉡
③ ㉠, ㉢ ④ ㉡, ㉢

다항함수의 미분법

1 미분계수와 도함수

☞ 정답 및 해설 P.183

1 열린 구간 $(-5,\ 15)$에서 정의된 미분가능한 함수 $f(x)$에 대하여, 도함수 $y=f'(x)$의 그래프가 그림과 같다. 함수 $f(x)$가 극댓값을 갖는 x의 개수를 a, 극솟값을 갖는 x의 개수를 b라 할 때, $a-b$의 값은?

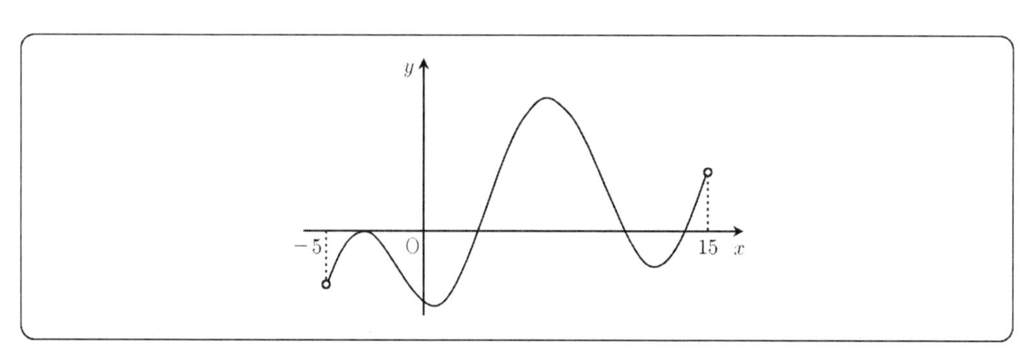

① -1 ② 0
③ 1 ④ 2

2 함수 $f(x)=(2x^2-3x)(x^2-x+2)$에 대하여 $f'(2)$의 값은?

① 24 ② 25
③ 26 ④ 27

3 함수 $f(x)=x^2-5x+6$에 대하여 $\lim_{h\to 0}\frac{f(1+kh)-f(1)}{h}=-36$을 만족하는 실수 k의 값은?

① 10 ② 12
③ 14 ④ 16

4 함수 $f(x)=2x^2+5x+1$에 대하여 $\lim_{n\to\infty} n\left\{f\left(1+\frac{3}{n}\right)-f\left(1-\frac{1}{n}\right)\right\}$의 값은?

① 30 ② 32
③ 34 ④ 36

5 미분가능한 함수 $f(x)$가 $\lim_{x\to 2}\frac{f(x)}{x-2}=3$, $\lim_{x\to 0}\frac{f(x)}{x}=2$를 만족할 때, $\lim_{x\to 2}\frac{f(f(x))}{x-2}$의 값은?

① 0 ② 1
③ 2 ④ 6

6 다음과 같이 정의된 함수 $f(x)$가 모든 실수 x에 대하여 미분가능하도록 네 실수 a, b, c, d의 값을 정할 때, $a+b+c+d$의 값은?

$$f(x)=\begin{cases}-3x+a & (x<-1)\\ x^3+bx^2+cx & (-1\le x<1)\\ -3x+d & (x\ge 1)\end{cases}$$

① −10 ② −8
③ −6 ④ −4

7 다음 그림은 미분가능한 함수 $y=f(x)$의 그래프이다. 아래 〈보기〉에서 옳은 것을 모두 고른 것은? (단, $0<a<b$)

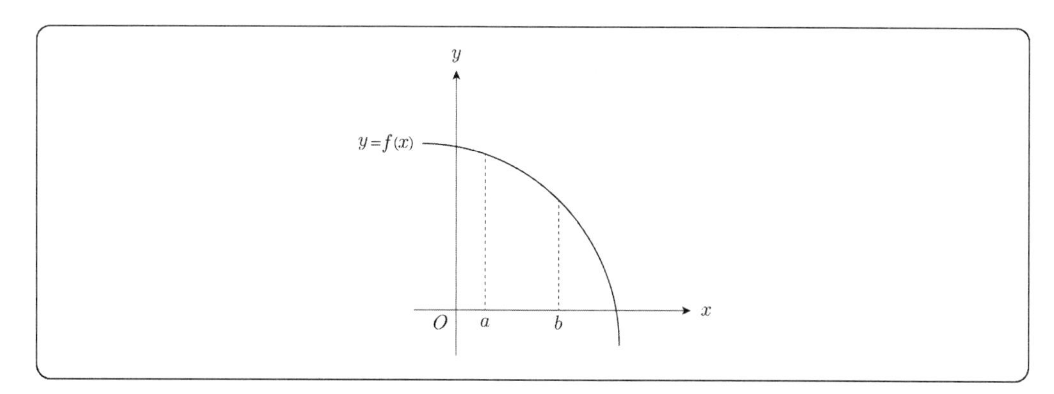

〈보기〉

㉠ $\dfrac{f'(a)}{b} > \dfrac{f'(b)}{a}$

㉡ $\dfrac{f(b)-f(a)}{b-a} < f'(b)$

㉢ $f'(\sqrt{ab}) > f'\left(\dfrac{a+b}{2}\right)$

① ㉡　　② ㉢

③ ㉠, ㉡　　④ ㉠, ㉢

8 미분가능한 함수 $y=f(x)$의 그래프가 다음 그림과 같다. $g(x)=xf(x)$라 할 때, 아래 〈보기〉에서 옳은 것을 모두 고른 것은? (단, $f'(2)=0$)

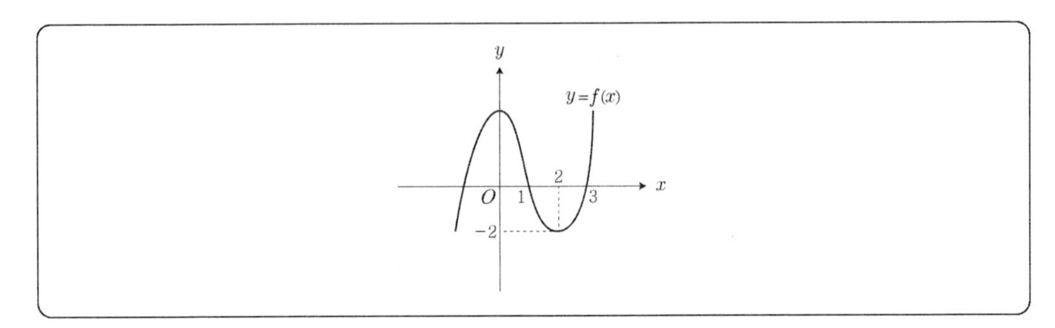

〈보기〉

㉠ $f(1)+g'(1)>0$

㉡ $g(2)g'(2)>0$

㉢ $f(3)+g'(3)>0$

① ㉠

② ㉡

③ ㉠, ㉢

④ ㉡, ㉢

2 도함수의 활용

☞ 정답 및 해설 P.184

1 방정식 $x^3 = 3x^2 - 4 + a$가 서로 다른 두 개의 양근과 하나의 음근을 갖도록 하는 모든 정수 a의 값들의 합은?

① 4 ② 6
③ 8 ④ 10

2 함수 $f(x) = -x^3 + 2x^2 + kx + 3$이 임의의 두 실수 x_1, x_2에 대하여 $x_1 < x_2$이면 $f(x_1) > f(x_2)$를 만족한다. 이때 정수 k의 최댓값은?

① -2 ② -1
③ 0 ④ 1

3 세 상수 a, b, c에 대하여 함수 $f(x) = \begin{cases} ax^2 + b & (x < 1) \\ cx^3 & (x \geq 1) \end{cases}$가 $x = 1$에서 미분가능하고 $a + b + c = 2$이다. abc의 값은?

① $-\frac{4}{3}$ ② $-\frac{3}{4}$
③ 1 ④ $\frac{3}{4}$
⑤ $\frac{4}{3}$

4 미분가능한 함수 $f(x)$가 $\lim_{x \to 2} \frac{f(x)-2}{x-2} = -3$을 만족하고, $g(x)=(x-1)^2$이다. 곡선 $y=f(x)g(x)$ 위의 x좌표가 2인 점에서의 접선의 기울기는?

① 1
② 2
③ 3
④ 4

5 곡선 $y=x^2$ 위의 점 $(-2,\ 4)$에서의 접선이 곡선 $y=x^3+ax-2$에 접할 때, 상수 a의 값은?

① −9
② −7
③ −5
④ −3

6 사차함수 $f(x)=x^4+ax^3+bx^2+cx+6$이 다음 조건을 만족시킬 때, $f(3)$의 값은?

> (가) 모든 실수 x에 대하여 $f(-x)=f(x)$이다.
> (나) 함수 $f(x)$는 극솟값 −10을 갖는다.

① 8
② 10
③ 15
④ 20

7 삼차함수 $f(x)=-x^3+3x+1$이 $x=\alpha$, $x=\beta$에서 극값을 가질 때, 두 점 $(\alpha,\ f(\alpha))$, $(\beta,\ f(\beta))$를 지나는 직선의 기울기는?

① 1
② 2
③ 3
④ 4

8 함수 $f(x)=-x^3+ax^2+ax+7$이 $x_1<x_2$인 임의의 실수 x_1, x_2에 대하여 $f(x_1)>f(x_2)$를 만족시킬 때, 실수 a의 값의 범위는?

① $a \le 3$
② $a \ge 3$
③ $-3 \le a \le 0$
④ $0 \le a \le 3$

9 구간 $[-1,\ 1]$에서 함수 $f(x)=x^3+3x^2+10$의 최댓값과 최솟값의 합은?

① 20
② 22
③ 24
④ 26

10 함수 $f(x)=\frac{1}{3}x^3+ax^2+bx+c$는 $x=-1$일 때 극댓값을 갖고, $x=3$일 때 극솟값을 갖는다. 극댓값을 M, 극솟값을 m이라고 할 때, $M-m$의 값은?

① $\frac{5}{3}$
② $\frac{32}{3}$
③ $\frac{22}{3}$
④ -9

11 x에 대한 방정식 $x^3-3x^2+1=k$가 서로 다른 세 실근을 갖기 위한 정수 k의 개수는?

① 3
② 2
③ 1
④ 0

12 직선도로를 달리는 자동차가 제동을 건 후 t초 동안 움직인 거리가 $x\,\mathrm{m}$일 때, $x=18t-0.45t^2$인 관계가 성립한다. 이 자동차가 제동을 건 후 정지할 때까지 움직인 거리는?

① 150
② 20
③ 180
④ 135

13 가로와 세로의 길이가 각각 $9\,\mathrm{cm}$, $4\,\mathrm{cm}$인 직사각형이 있다. 이 직사각형의 가로와 세로의 길이가 각각 매초 $0.2\,\mathrm{cm}$, $0.3\,\mathrm{cm}$씩 늘어난다고 할 때, 이 직사각형이 정사각형이 되는 순간의 넓이의 변화율은 몇 cm^2/초인가?

① 9.5
② 10
③ 10.5
④ 11

14 등식 $x^2+3y^2=9$를 만족시키는 실수 x, y에 대하여 x^2+xy^2의 최솟값은?

① $-\frac{5}{3}$　　② -1

③ $-\frac{1}{3}$　　④ $\frac{2}{3}$

15 함수 $f(x)=3x^4-4x^2+6x^2-12x+a$의 최솟값이 1일 때, 상수 a의 값은?

① 4　　② 2

③ 8　　④ 6

16 그림과 같은 직육면체에서 모든 모서리의 길이의 합이 36일 때, 부피의 최댓값은?

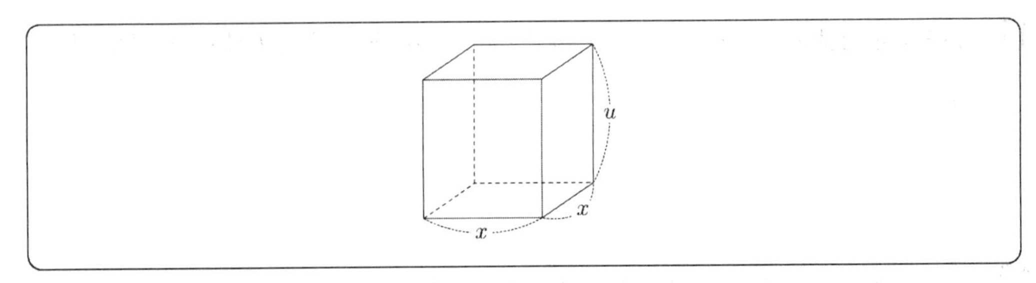

① 20　　② 25

③ 27　　④ 30

17 함수 $f(x)=x^2-2x+5$ 에 대하여 닫힌구간 $[-1,\ 3]$ 에서 롤의 정리를 만족시키는 상수 c 의 값은?

① 0
② 1
③ $\frac{3}{2}$
④ 2

18 다음 함수 $f(x)$ 중 닫힌구간 $[-2,\ 2]$ 에서 평균값의 정리의 조건을 만족하는 c 의 값이 존재하는 것은?

① $f(x)=|x|+1$
② $f(x)=\frac{1}{x-1}$
③ $f(x)=\sqrt{x+1}$
④ $f(x)=x^2-2x$

다항함수의 적분법

1 부정적분과 정적분

☞ 정답 및 해설 P.187

1 $f(x)=3x^2-6x$ 일 때, $\lim_{n\to\infty}\sum_{k=1}^{n} f\left(1+\frac{2k}{n}\right)\frac{3}{n}$ 의 값은?

① 3
② 6
③ 9
④ 12

2 다항함수 $y=f(x)$가 다음 두 조건을 만족시킨다. 이때, $\frac{f'(1)}{f(1)}$ 의 값은?

> (가) 모든 실수 x, y에 대하여 $f(x+y)=f(x)+f(y)$
> (나) $f'(0)=2$

① $\frac{1}{4}$
② $\frac{1}{2}$
③ $\frac{3}{4}$
④ 1

3 정적분 $\int_{-1}^{2}(x^5+x^3+x+1)dx+\int_{2}^{1}(x^5+x^3+x+1)dx$ 를 계산하면?

① −2
② −1
③ 0
④ 1
⑤ 2

4 함수 $f(x)$에 대하여 $\int (x-3)f(x)dx = x^3 - 27x$ 일 때, $f(-1)$의 값은?

① 4　　② 6
③ 5　　④ 3

5 함수 $f(x)$에 대하여 $f'(x) = 3x^2 + 2ax + 1$ 이고 $f(0) = 1$, $f(1) = 2$ 일 때, $f(2)$의 값은?

① 7　　② 6
③ 5　　④ 3

6 $\int_1^4 x^3 dx = \lim_{n\to\infty} \sum_{k=1}^{n} \left(1 + \frac{ak}{n}\right)^3 \cdot \frac{a}{n}$ 일 때, 상수 a의 값은?

① 7　　② 5
③ 3　　④ 4

7 함수 $f(x) = 6x^2 + 2ax$ 가 $\int_0^1 f(x)dx = f(1)$을 만족시킬 때, 상수 a의 값은?

① −4　　② −2
③ 0　　④ 2

8 $\int_{-a}^{a} (2x+3)dx = 6$ 을 만족하는 실수 a의 값은?

① $\frac{1}{2}$　　② 1
③ $\frac{3}{2}$　　④ 2

9 $f(x)=\int_{1}^{x}(2t-3)(t^2+1)dt$ 일 때, $\lim_{h\to 0}\frac{f(1+2h)-f(1)}{h}$ 의 값은?

① 4　② −2
③ −4　④ 2

10 함수 $f(x)=4x^3+6x^2-2x$ 일 때, $\int_{-1}^{1}f(x)dx$ 의 값은?

① −4　② −2
③ 0　④ 4

11 함수 $f(x)=x^3+3x^2-2x-1$ 에 대하여 $\lim_{x\to 2}\frac{1}{x-2}\int_{2}^{x}f(t)dt$ 의 값은?

① 7　② 9
③ 11　④ 15

12 모든 실수 x 에 대하여 함수 $f(x)$ 는 $f(x+2)=f(x)$ 를 만족시키고, $-1\leq x\leq 1$ 에서 다음과 같이 정의된다. 이때, $\lim_{n\to\infty}\frac{1}{n}\sum_{k=1}^{n}f\left(10+\frac{2k}{n}\right)$ 의 값은?

$$f(x)=30x^2+15$$

① 15　② 20
③ 25　④ 30

2 정적분의 활용

☞ 정답 및 해설 P.188

1 구간 $[0,\ d]$에서 정의된 함수 $y=f(x)$의 그래프가 다음과 같을 때, 함수 $g(x)=\int_0^x f(t)dt$ $(0 \le x \le d)$의 최댓값은? (단, 상수 a, b, c, d는 $0<a<b<c<d$를 만족한다.)

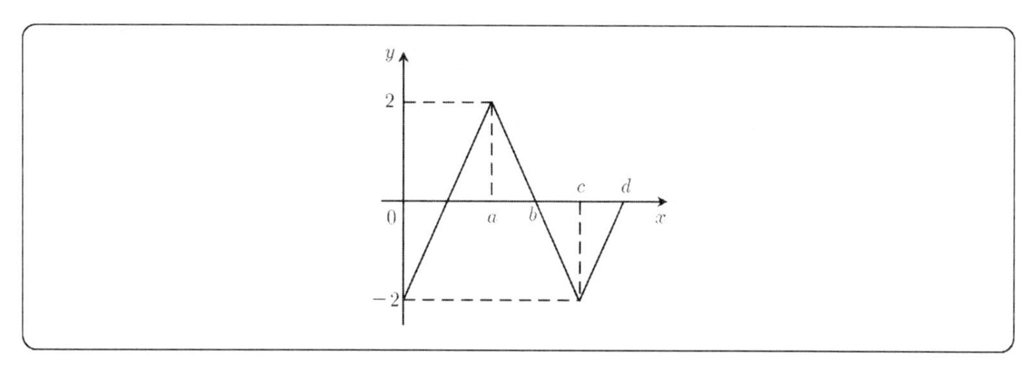

① $g(a)$　　② $g(b)$
③ $g(c)$　　④ $g(d)$

2 사차함수 $f(x)$와 그 도함수 $f'(x)$가 다음 조건을 만족시킬 때, $\dfrac{f(3)}{f(2)}$의 값은?

> (가) $f(1)=f'(1)=0$
> (나) 임의의 실수 α에 대하여 $\int_{-1-\alpha}^{1+\alpha} f'(x)dx=0$이다.

① $\dfrac{64}{9}$　　② $\dfrac{81}{16}$
③ $\dfrac{1}{4}$　　④ $\dfrac{121}{36}$

3 곡선 $y=x^2-2x$와 x축으로 둘러싸인 부분의 넓이는?

① $\frac{1}{3}$ ② $\frac{2}{3}$

③ 1 ④ $\frac{4}{3}$

4 이차함수 $y=f(x)$의 그래프가 아래로 볼록이고 두 점 (1, 0), (3, 0)을 지난다.
함수 $g(x)=\int_0^x f(t)dt$의 극댓값이 4일 때, $f(x)$의 최솟값은?

① -1 ② -2

③ -3 ④ -4

5 곡선 $y=x^3+x^2-2x$와 x축으로 둘러싸인 도형의 넓이는?

① $\frac{37}{12}$ ② 3

③ $\frac{35}{12}$ ④ $\frac{19}{6}$

6 $y=(x-1)(x-k)$와 x축, y축으로 둘러싸인 두 부분의 넓이가 같을 때, k의 값은? (단, $k>1$)

① $\frac{3}{2}$ ② 2

③ $\frac{5}{2}$ ④ 3

7 곡선 $y=x(x-2)^2$과 x축으로 둘러싸인 부분의 넓이를 구하면?

① $\frac{2}{3}$　　② $\frac{4}{3}$

③ 2　　④ $\frac{8}{3}$

8 원점을 출발하여 수직선 위를 움직이는 점 P의 시각 t에서의 속도가 $v(t)=2t^2-8t+6$일 때, 점 P가 움직인 후 처음으로 진행 방향을 바꾸는 시각에서의 점 P의 좌표는?

① $\frac{7}{3}$　　② 3

③ $\frac{8}{3}$　　④ $\frac{10}{3}$

9 다음 그림과 같이 포물선 $y=x^2-4x+k$와 좌표축으로 둘러싸인 두 부분 A, B의 넓이의 비가 $A:B=1:2$일 때, k의 값은?

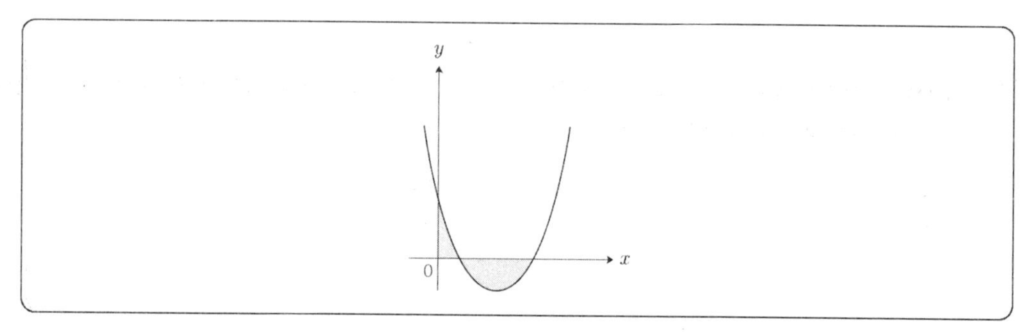

① $\frac{8}{3}$　　② $\frac{11}{3}$

③ $\frac{13}{3}$　　④ $\frac{17}{3}$

10 원점을 출발하여 수직선 위를 7초 동안 움직이는 점 P의 t초 후의 속도 $v(t)$가 다음 그림과 같을 때, 〈보기〉의 설명 중 옳은 것을 모두 고르면?

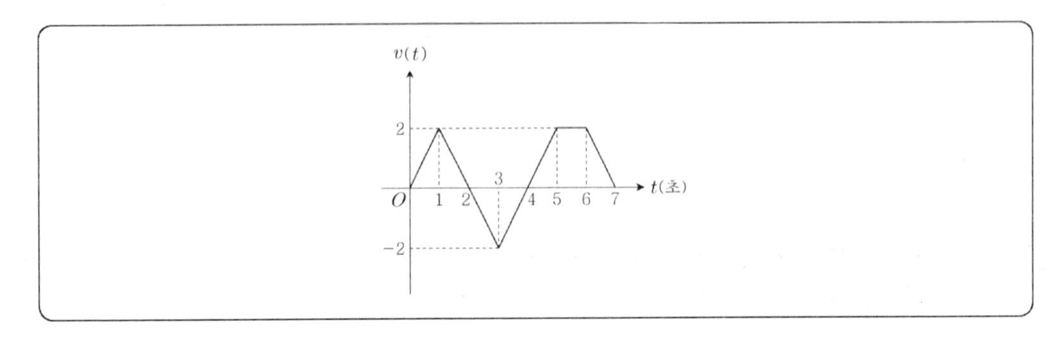

〈보기〉

㉠ 점 P는 출발하고 나서 1초 동안 멈춘 적이 있다.
㉡ 점 P는 움직이는 동안 방향을 3번 바꾸었다.
㉢ 점 P는 출발하고 나서 4초가 지났을 때 출발점에 있었다.

① ㉠ ② ㉢
③ ㉠, ㉡ ④ ㉠, ㉢

11 A 지점을 통과한 물체의 t초 후의 속도가 $2t-3(\mathrm{m}/초)$이다. 이 물체가 A 지점에서 40m 떨어진 B 지점에 도달하는 데 걸리는 시간은?

① 5초 ② 6초
③ 7초 ④ 8초

순열과 조합

1 경우의 수와 순열

☞ 정답 및 해설 P.191

1 다섯 개의 숫자 1, 2, 3, 4, 5를 한 번씩 써서 만들 수 있는 다섯 자리 자연수를 작은 수부터 차례로 나열할 때, 73번째 나타나는 수는?

① 34512　　② 35124
③ 41235　　④ 41325

2 100원짜리 동전 1개, 50원짜리 동전 3개, 10원짜리 동전 3개의 일부 또는 전부를 사용하여 지불할 수 있는 금액의 수는?

① 18　　② 23
③ 24　　④ 32

3 자연수 300의 양의 약수의 개수를 구하면?

① 12　　② 15
③ 18　　④ 21

4 방정식 $x+2y+3z=10$을 만족하는 양의 정수 x, y, z의 순서쌍 $(x,\ y,\ z)$의 개수는?

① 4　　② 5
③ 6　　④ 7

5 5개의 문자 a, b, c, d, e를 일렬로 배열할 때, a, b가 서로 이웃하지 않는 경우의 수는?

① 24 ② 36
③ 72 ④ 96

6 $triangle$의 모든 문자를 써서 만든 순열 중에서 적어도 한쪽 끝에 자음이 오는 것은 몇 개인가?

① 31000 ② 32000
③ 34000 ④ 36000

7 1, 2, 3, 4, 5, 6 중 서로 다른 숫자를 사용하여 만든 네 자리 정수 중 9의 배수인 것의 개수는?

① 21 ② 23
③ 24 ④ 25

8 0, 1, 2, 3의 네 숫자를 사용하여 만들 수 있는 3자리 정수의 개수는? (단, 숫자를 중복하여 사용할 수 있다.)

① 24 ② 48
③ 64 ④ 72

9 a, a, a, b, b, c의 6개의 문자 중 3개의 문자를 선택해서 만든 순열의 수는?

① 12 ② 17
③ 19 ④ 21

10 0, 1, 2, ⋯, 9의 10개의 숫자를 사용하여 1부터 1996까지 쓰는 데 사용된 숫자 4의 개수는 몇 개인가?

① 300개　② 400개
③ 500개　④ 600개

11 부모를 포함하여 6명의 가족이 원탁에 둘러앉을 때, 부모가 이웃하는 방법의 수는?

① 24　② 48
③ 60　④ 120

12 아래 그림과 같은 도로망이 있다. A지점에서 출발하여 P지점을 지나지 않고 B지점까지 최단 거리로 가는 방법의 수는?

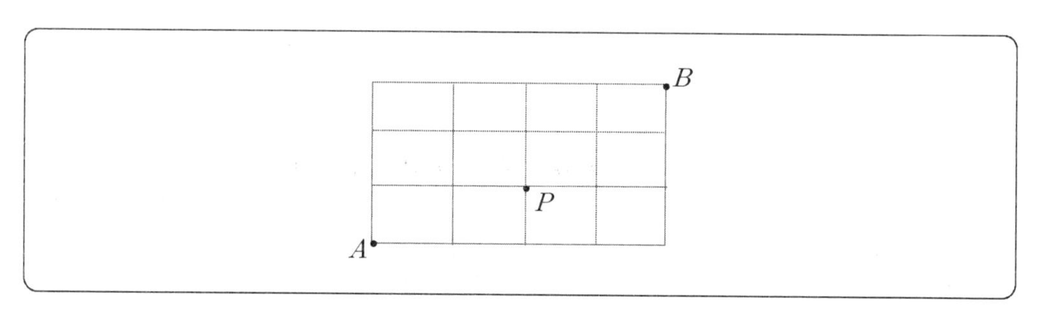

① 12　② 17
③ 18　④ 35

2 조합

☞ 정답 및 해설 P.192

1 1부터 10까지의 자연수 중에서 서로 다른 두 개의 수를 임의로 택하여 곱할 때, 두 수의 곱이 3의 배수가 되도록 택하는 경우의 수는?

① 24　② 25
③ 26　④ 27
⑤ 28

2 9명의 씨름 선수가 다음 대진표와 같이 시합을 가진다고 할 때, 대진표를 작성하는 방법의 수를 구하면?

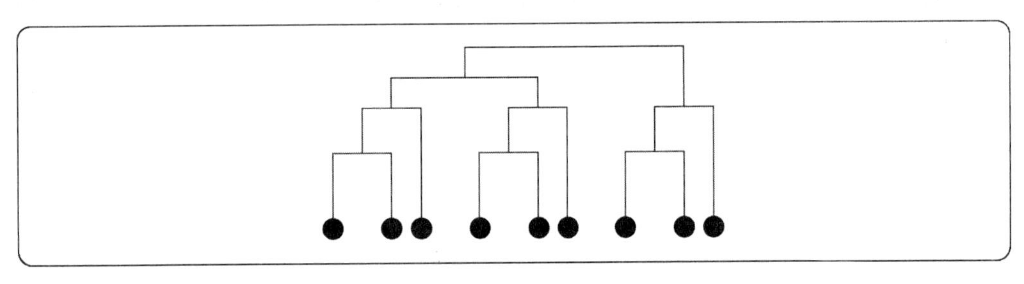

① 22680　② 23680
③ 24680　④ 25680

3 50,000원권 지폐 8장이 있다. 이것을 A, B, C, D 네 사람에게 적어도 한 장씩 나누어 주려고 한다. C, D 두 사람에게는 같은 액수를 주기로 할 때, 나누어 줄 수 있는 모든 경우의 수는?

① 9　② 10
③ 11　④ 12

4 부등식 $x+y+z \leq 2$를 만족하는 음이 아닌 정수 x, y, z의 순서쌍 $(x,\ y,\ z)$의 개수는?

① 7
② 10
③ 13
④ 16

5 $x \geq 3$, $y \geq 1$, $z \geq 2$에 대하여 방정식 $x+y+z=14$를 만족하는 양의 정수의 순서쌍 $(x,\ y,\ z)$의 개수는?

① 36
② 40
③ 42
④ 45

6 두 집합 $A=\{a,\ b,\ c,\ d\}$, $B=\{1,\ 2,\ 3,\ 4,\ 5,\ 6\}$에 대하여 함수 $f: A \rightarrow B$가 다음 조건을 만족한다. 이때, 함수 f의 개수는?

$$f(a) \leq f(b) \leq f(c) \leq f(d)$$

① 108
② 114
③ 120
④ 126

7 네 명의 학생에게 같은 종류의 사탕 10개를 각 학생에게 적어도 한 개의 사탕을 나누어 주는 방법의 수는? (단, 사탕 10개를 모두 나누어 준다.)

① 72
② 84
③ 96
④ 108

8 두 집합 $A=\{1,\ 2,\ 3,\ 4,\ 5\}$, $B=\{6,\ 7,\ 8,\ 9,\ 10\}$에 대하여 함수 $f:A\to B$가 다음 두 조건을 만족한다. 이때, 함수 f의 개수는?

> (가) $f(3)=9$
> (나) 임의의 $x_1\in A$, $x_2\in A$에 대하여 $x_1<x_2$이면 $f(x_1)\le f(x_2)$이다.

① 26 ② 28
③ 30 ④ 32

9 $\left(4x^2+\dfrac{1}{2x}\right)^5$의 전개식에서 x의 계수는?

① 12 ② 14
③ 16 ④ 20

10 다항식 $(1-x)^4(2-x)^3$의 전개식에서 x^2의 계수는?

① 90 ② 100
③ 102 ④ 105

11 다음 부등식을 만족하는 모든 자연수 n의 값의 합은?

$$50 < {}_{2n}C_0 + {}_{2n}C_2 + {}_{2n}C_4 + \cdots + {}_{2n}C_{2n} < 1000$$

① 4　　② 5
③ 8　　④ 9

12 5의 분할의 수는?

① 5　　② 6
③ 7　　④ 8

13 집합의 분할에서 $S(6,2)$의 값은?

① 28　　② 29
③ 30　　④ 31

CHAPTER 13

확률

☞ 정답 및 해설 P.194

1 영업팀 직원 2명, 재무팀 직원 3명, 인사팀 직원 4명으로 구성된 동호회 회원들을 일렬로 세울 때, 인사팀 직원끼리 서로 이웃하지 않을 확률은?

① $\frac{5}{99}$ ② $\frac{5}{42}$

③ $\frac{5}{36}$ ④ $\frac{5}{18}$

2 두 사건 A, B에 대하여 $\mathrm{P}(A|B)=\mathrm{P}(B|A)=\frac{1}{2}$, $\mathrm{P}(A\cap B)=3\mathrm{P}(A)\cdot\mathrm{P}(B)$가 성립할 때, $\mathrm{P}(A\cup B)$의 값은? (단, $\mathrm{P}(A)\neq 0$, $\mathrm{P}(B)\neq 0$)

① $\frac{1}{4}$ ② $\frac{5}{12}$

③ $\frac{7}{12}$ ④ $\frac{3}{4}$

3 두 사건 A, B에 대하여 $P(A\cap B^c)=0.3$, $P(A^c\cap B)=0.4$, $P(A^c\cap B^c)=0.1$일 때, $P(A|B)$의 값은?

① $\frac{1}{12}$ ② $\frac{1}{6}$

③ $\frac{1}{5}$ ④ $\frac{1}{3}$

4 어느 고등학교에서 안경을 낀 학생은 전체 학생의 40%이고, 남학생은 전체 학생의 50%이며, 안경을 낀 남학생은 전체 학생의 25%라고 한다. 이 학교의 여학생 중에서 임의로 한 명을 뽑았을 때, 그 학생이 안경을 끼고 있을 확률은?

① $\frac{1}{10}$　② $\frac{1}{5}$
③ $\frac{3}{10}$　④ $\frac{2}{5}$

5 A, B, C, D, E, F 여섯 명의 학생이 한 줄로 설 때, A, B 사이에 세 명이 서 있을 확률은?

① $\frac{1}{4}$　② $\frac{2}{15}$
③ $\frac{1}{5}$　④ $\frac{4}{15}$

6 두 사건 A, B에 대하여 두 사건 A^c, B^c는 서로 배반사건이고,
$\mathrm{P}(A^c)=\frac{5}{7}\mathrm{P}(B)$, $\mathrm{P}(B^c)=\frac{3}{5}\mathrm{P}(A)$를 만족할 때, $\mathrm{P}(A\cap B)$의 값은?

① $\frac{1}{7}$　② $\frac{1}{6}$
③ $\frac{1}{5}$　④ $\frac{1}{4}$

7 서로 독립인 두 사건 A, B에 대하여 $\mathrm{P}(A\cup B)=\frac{3}{4}$, $\mathrm{P}(A)=\frac{1}{4}$일 때, $\mathrm{P}(B|A)$의 값은?

① $\frac{1}{6}$　② $\frac{1}{3}$
③ $\frac{1}{2}$　④ $\frac{2}{3}$

8 진서와 윤서는 각각 주사위를 한 개씩 한 번만 던져서 더 큰 수의 눈이 나온 사람이 이기고, 같은 수의 눈이 나오면 비기는 것으로 하였다. 진서가 던진 주사위가 홀수인 눈이 나왔을 때, 진서가 이길 확률은?

① $\frac{1}{3}$
② $\frac{2}{5}$
③ $\frac{5}{12}$
④ $\frac{1}{2}$

9 어느 고등학교에서 남학생 400명과 여학생 600명을 대상으로 아이돌 그룹 A, B에 대한 선호도 조사를 실시한 결과 남학생의 55%가 A그룹을 선호하고 여학생의 55%가 B그룹을 선호하였다. 이 학교의 학생 중 임의로 선택한 학생이 A그룹을 선호하는 학생이었을 때, 그 학생이 남학생일 확률은? (단, 무응답은 없고, A, B그룹 중 반드시 한 그룹을 선호한다.)

① $\frac{19}{49}$
② $\frac{20}{49}$
③ $\frac{3}{7}$
④ $\frac{22}{49}$

10 어떤 공장에서 생산된 제품에 대하여 불량품 검사를 실시한다. 이 검사에서 불량품을 불량품이라고 판정할 확률이 0.9이고, 정상제품을 불량품이라고 판정할 확률이 0.01이다. 90%의 정상제품과 10%의 불량품이 섞여 있는 제품들 중에서 임의로 하나의 제품을 택하여 검사하였다. 이 제품을 불량품이라고 판정했을 때, 실제로 불량품일 확률은?

① $\frac{8}{9}$
② $\frac{9}{10}$
③ $\frac{10}{11}$
④ $\frac{11}{12}$

11 주머니 속에 검은 공 4개와 흰 공 3개가 들어 있다. 갑이 먼저 임의로 공 2개를 꺼낸 후, 을이 남은 공 5개중 2개를 꺼냈다. 을이 꺼낸 공이 모두 흰 공이었을 때, 갑이 꺼낸 공이 모두 검은 공일 확률은?

① $\frac{1}{5}$ ② $\frac{3}{10}$

③ $\frac{2}{5}$ ④ $\frac{3}{5}$

12 어느 고등학교에서 선택과목별로 반편성을 하려고 한다. A, B과목 중 한 과목과 C, D과목 중 한 과목을 반드시 선택하도록 하여 희망 과목을 조사하였더니 표와 같았다. D과목을 희망한 학생 중 임의로 1명을 뽑을 때, 그 학생이 A과목을 희망한 학생일 확률은?

과목	A	B	계
C	24	20	44
D	30	26	56
계	54	46	100

① $\frac{5}{11}$ ② $\frac{6}{11}$

③ $\frac{13}{28}$ ④ $\frac{15}{28}$

13 2개의 당첨제비가 포함된 5개의 제비 중에서 A가 제비를 1개씩 3번 뽑을 때, 2번 당첨제비를 뽑을 확률은? (단, A가 뽑은 제비를 다시 넣고 뽑는다.)

① $\frac{72}{125}$ ② $\frac{48}{125}$

③ $\frac{36}{125}$ ④ $\frac{24}{125}$

통계

1 이산확률분포

☞ 정답 및 해설 P.196

1 아래 표와 같은 확률분포를 갖는 확률변수 X가 있다. X의 평균과 분산이 각각 $E(X)=2$, $V(X)=\frac{1}{2}$일 때, 확률 $P(X=3)$은?

X	1	2	3	합계
$P(X=x)$	a	b	c	1

① $\frac{1}{6}$　　② $\frac{1}{4}$

③ $\frac{1}{3}$　　④ $\frac{1}{2}$

2 확률변수 X의 확률질량함수가 $\mathrm{P}(X=i)=\frac{a}{(2i-1)(2i+1)}$ $(i=1,\ 2,\ 3,\ \cdots,\ 10)$으로 주어질 때, 상수 a의 값은?

① $\frac{3}{2}$　　② $\frac{17}{10}$

③ $\frac{19}{10}$　　④ $\frac{21}{10}$

3 다음 확률분포표에서 확률변수 X의 평균은?

X	2	3	4	6	계
$\mathrm{P}(X)$	a	$\frac{1}{3}$	a	$\frac{1}{6}$	1

① 5
② $\frac{9}{2}$
③ $\frac{17}{4}$
④ $\frac{7}{2}$

4 표는 확률변수 X의 확률분포를 나타낸 것이다. 확률변수 X의 평균을 $\frac{q}{p}$라 할 때, $p+q$의 값은? (단, p, q는 서로소인 자연수이다.)

X	0	1	2	3	합계
$\mathrm{P}(X=x)$	$\frac{2}{5}$	$20a^2$	$10a^2$	$3a$	1

① 21
② 22
③ 23
④ 24

5 다음은 이산확률변수 X에 대한 확률분포표이다. $E(X)=4$일 때, $V(X)$의 값은?

X	2	4	a	계
$\mathrm{P}(X=x)$	b	$\frac{1}{4}$	$\frac{1}{4}$	1

① 6
② 7
③ 8
④ 9

6 5지선다형 문항 50개가 있다. 모든 문항 각각에 대하여 답을 임의로 하나씩만 택할 때, 맞힌 문항의 개수를 확률변수 X라 하자. 이때, X^2의 평균은? (단, 각 문항의 정답은 1개다.)

① 98　　② 100
③ 104　　④ 108

7 확률변수 X는 이항분포 $\mathrm{B}(3,\ p)$를 따르고 확률변수 Y는 이항분포 $\mathrm{B}(4,\ 2p)$를 따른다고 한다. 이때, $10\mathrm{P}(X=3)=\mathrm{P}(Y\geq 3)$을 만족시키는 양수 p의 값은 $\frac{n}{m}$이다. $m+n$의 값은? (단, m, n은 서로소인 자연수이다.)

① 20　　② 25
③ 30　　④ 35

8 X는 $0, 1, 2, \cdots, n$의 값을 가지는 확률변수이고 X의 확률분포는 $P(X=r)={}_nC_rp^r(1-p)^{n-r}$ $(r=0,\ 1,\ 2,\ \cdots,\ n)$이다. X의 평균과 분산이 각각 $E(X)=90$, $V(X)=36$일 때, $\frac{n}{p}$의 값은?

① 180　　② 250
③ 320　　④ 360

9 주머니 속에 흰 공이 두 개, 검은 공이 한 개 들어 있다. 주사위를 한 번 던진 후 다음과 같은 규칙에 따라 주머니에서 공을 꺼내는 시행이 있다. 이때, 흰 공을 꺼낼 때마다 10점을 받고, 검은 공을 꺼낼 때마다 0점을 받는다고 한다. 이 시행을 한 번 할 때, 받을 수 있는 점수의 기댓값은?

(가) 3 이하의 눈이 나오면 주머니에서 한 개의 공을 꺼낸다.
(나) 4 이상의 눈이 나오면 주머니에서 복원추출로 한 개씩 두 번 공을 꺼낸다.

① 8　　② 10
③ 12　　④ 14

2 연속확률분포

☞ 정답 및 해설 P.197

1 연속확률변수 X의 확률밀도함수가 $f(x)=\begin{cases} ax(1-x) & (0 \le x \le 1) \\ 0 & (x<0 \text{ 또는 } x>1) \end{cases}$일 때,

확률 $\mathrm{P}\left(0 \le X \le \frac{3}{4}\right)$의 값은? (단, a는 양의 상수이다.)

① $\frac{9}{16}$　　② $\frac{21}{32}$

③ $\frac{3}{4}$　　④ $\frac{27}{32}$

2 확률변수 X가 정규분포 $\mathrm{N}(50,\ 15^2)$을 따를 때, 주어진 표준정규분포표를 이용하여 구한 확률 $\mathrm{P}(X \ge 80)$의 값은?

z	$\mathrm{P}(0 \le Z \le z)$
1.0	0.3413
1.5	0.4332
2.0	0.4772

① 0.0228　　② 0.0668

③ 0.3413　　④ 0.4772

3 한 개의 동전을 64번 던질 때, 앞면이 28번 이상 36번 이하로 나올 확률을 표준정규분포표를 이용하여 구한 것은?

z	$\mathrm{P}(0 \le Z \le z)$
0.5	0.1915
1.0	0.3413
1.5	0.4332
2.0	0.4772

① 0.5328
② 0.6826
③ 0.7745
④ 0.8664

4 연속확률변수 X의 확률밀도함수 $f(x)$가 $f(x)=ax(x-2)$ (단, $0 \le x \le 2$)일 때, 상수 a의 값은?

① 1
② $\frac{3}{4}$
③ $-\frac{3}{4}$
④ -1

5 두 확률변수 X, Y가 각각 정규분포 $\mathrm{N}(50,\ 10^2)$, $\mathrm{N}(40,\ 8^2)$을 따른다고 한다. 이때, $\mathrm{P}(50 \le X \le k) = \mathrm{P}(24 \le Y \le 40)$을 만족시키는 k의 값은?

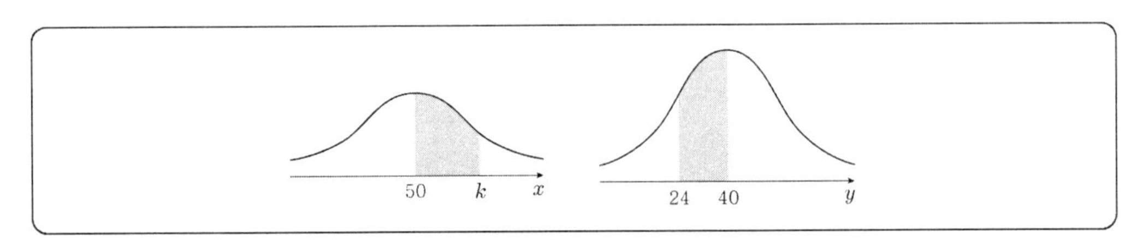

① 60
② 65
③ 70
④ 75

6 확률변수 X와 Y는 각각 정규분포 $\mathrm{N}(0,\ 1^2)$과 $\mathrm{N}(1,\ 2^2)$을 따르고, 확률 $a,\ b,\ c$는 다음과 같다. 이때, $a,\ b,\ c$의 대소 관계는?

$a=\mathrm{P}(-1<\mathrm{X}<1)$
$b=\mathrm{P}(1<\mathrm{Y}<5)$
$c=\mathrm{P}(-5<\mathrm{Y}<-1)$

① $a=b=c$ ② $b=c<a$
③ $a<b<c$ ④ $c<b<a$

7 그림은 정규분포 $\mathrm{N}(40,\ 10^2)$, $\mathrm{N}(50,\ 5^2)$을 따르는 두 확률변수 X, Y의 정규분포곡선을 나타낸 것이다. 그림과 같이 $40 \le x \le 50$인 범위에서 두 곡선과 직선 $x=40$으로 둘러싸인 부분의 넓이를 S_1, 두 곡선과 직선 $x=50$으로 둘러싸인 부분의 넓이를 S_2라 할 때, S_2-S_1의 값을 아래의 표준정규분포표를 이용하여 구한 것은?

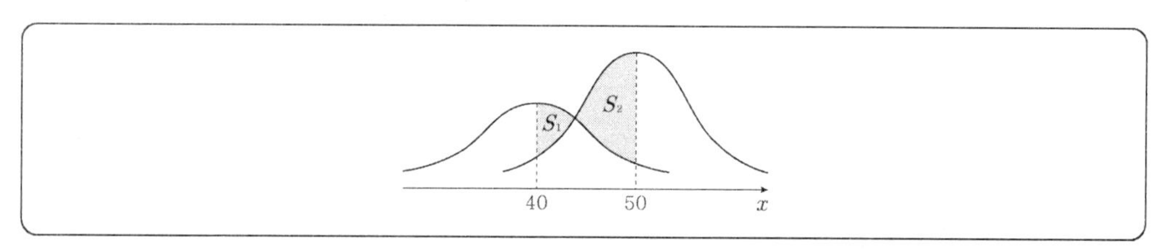

z	$\mathrm{P}(0 \le Z \le z)$
1	0.3413
2	0.4772
3	0.4987

① 0.1248 ② 0.1359
③ 0.1575 ④ 0.1684

8 한 개의 동전을 400번 던질 때, 앞면이 나온 횟수를 확률변수 X라 하자. $\mathrm{P}(X \le k) = 0.9772$를 만족시키는 상수 k의 값을 주어진 표준정규분포표를 이용하여 구하면?

z	$\mathrm{P}(0 \le Z \le z)$
1	0.3413
2	0.4772
3	0.4987

① 200　② 210
③ 220　④ 240

9 어느 회사 직원들이 일주일 동안 운동하는 시간은 평균 65분, 표준편차 15분인 정규분포를 따른다고 한다. 이 회사 직원 중 임의추출한 25명이 일주일동안 운동하는 시간의 평균이 68분 이상일 확률을 아래의 표준정규분포를 이용하여 구하면?

z	$\mathrm{P}(0 \le Z \le z)$
0.5	0.1915
1.0	0.3413
1.5	0.4332
2.0	0.4772

① 0.0228　② 0.0668
③ 0.1587　④ 0.3085

10 어느 시험에 응시한 수험생 10만 명의 시험 점수가 정규분포 $N(50,\ 20^2)$을 이룬다고 한다. 아래 표준정규분포표를 이용할 때, 성적이 상위 4% 이내에 속하려면 시험 점수가 최소 몇 점 이상이어야 하는가?

z	$\mathrm{P}(0 \le Z \le z)$
1.28	0.40
1.75	0.46
2.05	0.48

① 85　② 87
③ 89　④ 91

11 확률변수 X는 정규분포 $\mathrm{N}(m,\ \sigma^2)$을 따른다. $\frac{1}{5}X$의 분산이 1이고 $\mathrm{P}(X \leq 80) = \mathrm{P}(X \geq 120)$ 일 때, $m+\sigma^2$의 값은?

① 105
② 110
③ 115
④ 125

12 해수욕장이 있는 어느 지역의 7월 1일부터 7월 31일 까지 강수량은 평균이 196.5mm, 표준편차가 45mm인 정규분포를 따른다고 한다. 이 지역의 상인조합은 2012년 여름휴가 기간 동안 비가 많이 올 것에 대비하여 날씨 보험에 가입하려 한다. 보험상품의 가입비는 받게 될 보험금의 기댓값에 20%의 수수료를 포함하여 결정되는데, 7월 1일부터 7월 31일까지 강수량이 241.5mm이상 309mm 이하인 경우에만 15억 원의 보험금을 받는 보험 상품의 가입비를 아래의 표준정규분포를 이용하야 구하면?

z	$\mathrm{P}(0 \leq Z \leq z)$
1.0	0.34
2.0	0.48
3.0	0.49

① 2.4억 원
② 2.5억 원
③ 2.6억 원
④ 2.7억 원

3 통계적 추정

☞ 정답 및 해설 P.199

1 **어떤 공장에서 생산되는 제품의 유통기한은 평균이 100일, 표준편차가 10일인 정규분포를 따른다고 한다. 이 회사의 제품 중 16개를 임의추출하여 그 표본평균을 $\overline{X}$라고 할 때, 확률 $\mathrm{P}(\overline{X} \geq 95)$의 값은?**

z	$\mathrm{P}(0 \leq Z \leq z)$
0.5	0.19
1.0	0.34
1.5	0.43
2.0	0.48
2.5	0.49

① 0.84　② 0.93
③ 0.98　④ 0.99

2 **5지택일형으로 출제된 객관식 100문제의 답을 모두 임의로 선택했을 때, 30문제 이상이 정답일 확률을 아래의 표준정규분포표를 이용하여 구하면?**

z	$\mathrm{P}(0 \leq Z \leq z)$
0.5	0.19
1.0	0.34
1.5	0.43
2.0	0.47
2.5	0.49

① 1%　② 1.5%
③ 2%　④ 2.5%
⑤ 3%

3 다음은 어느 모집단의 확률분포표이다. 이 모집단에서 크기가 16인 표본을 임의추출할 때, 표본평균 $\overline{X}$의 표준편차는? (단, a는 상수이다.)

X	-2	0	1	계
$\mathrm{P}(X=x)$	$\frac{1}{4}$	a	$\frac{1}{2}$	1

① $\frac{\sqrt{6}}{8}$
② $\frac{\sqrt{6}}{6}$
③ $\frac{\sqrt{6}}{4}$
④ $\frac{\sqrt{6}}{2}$

4 다음은 확률변수 X의 확률분포를 표로 나타낸 것이고, $\frac{1}{4}$, a, b는 이 순서대로 등차수열을 이룬다. 이 모집단에서 크기가 4인 표본을 임의추출할 때, 표본평균 $\overline{X}$의 표준편차는? (단, a, b는 양의 상수이다.)

X	0	2	4	계
$\mathrm{P}(X=x)$	$\frac{1}{4}$	a	b	1

① $\frac{\sqrt{19}}{6}$
② $\frac{\sqrt{21}}{6}$
③ $\frac{\sqrt{23}}{6}$
④ $\frac{5}{6}$

5 어떤 햄버거 가게에서 파는 햄버거 한 개의 무게는 평균이 200g, 표준편차는 20g인 정규분포를 따른다고 한다. 이 가게에서 만든 햄버거 중에서 임의추출한 16개의 햄버거의 무게의 평균을 $\overline{X}$라 할 때, $\overline{X}$가 190g 이상 205g 이하일 확률은? (단, 아래의 표준정규분포표를 이용한다.)

z	$\mathrm{P}(0 \le Z \le z)$
1.0	0.3413
1.5	0.4332
2.0	0.4772
2.5	0.4938

① 0.7745
② 0.8185
③ 0.8413
④ 0.9104

6 20대 남성이 물건을 들어 올리는 힘은 평균이 675N이고 표준편차가 170N인 정규분포를 따른다고 한다. 임의로 20대 남성 16명을 택하여 물건을 들어 올리는 힘을 측정한 표본평균을 $\overline{X}$라 할 때, $\mathrm{P}(658 \le \overline{X} \le 692)$의 값을 다음 표준정규분포표를 이용하여 구하면? (단, N은 힘의 단위이다.)

z	$\mathrm{P}(0 \le Z \le z)$
0.3	0.1179
0.4	0.1554
0.5	0.1915
0.6	0.2257

① 0.2358
② 0.3108
③ 0.3830
④ 0.4514

7 20세 남성들의 손 너비는 평균이 8.5이고 표준편차가 4.2인 정규분포를 따른다고 한다. 20세 남성 중에서 임의로 n명의 표본을 뽑아 구한 표본평균을 $\overline{X}$라 하자. $P(6.4 \le \overline{X} \le 10.6) \ge 0.9544$을 만족하는 자연수 n의 최솟값을 다음 정규분포표를 이용하여 구하면? (단, 길이의 단위는 cm이다.)

z	$\mathrm{P}(0 \le Z \le z)$
1.0	0.3413
1.5	0.4332
2.0	0.4772
2.5	0.4938

① 9
② 16
③ 25
④ 36

8 야구공을 만드는 어떤 공장에서 생산되는 야구공 64개를 임의 추출하여 무게를 조사해 본 결과 평균이 145g, 표준편차가 4g이었다고 한다. 이 공장에서 생산되는 야구공의 무게의 평균에 대한 99%의 신뢰구간은? (단, Z가 표준정규분포를 따를 때, $\mathrm{P}(0 \le Z \le 2.58) = 0.4950$이다.)

① [142.42, 147.58]
② [143.04, 146.96]
③ [143.71, 146.29]
④ [144.02, 145.98]

9 분산이 9인 정규분포를 따르는 모집단에서 크기가 n 인 표본을 임의추출하여 신뢰도 99%로 추정한 모평균의 신뢰구간이 $[\alpha,\ \beta]$ 이다. $\beta-\alpha \le 3$을 만족시키는 n의 최솟값은? (단, Z가 표준정규분포를 따를 때, $\mathrm{P}\left(0 \le Z \le 2.58\right)=0.4950$로 계산한다.)

① 24 ② 27
③ 30 ④ 33

10 전국 연합학력평가 후 응시생 1600명을 임의로 추출하여 가채점 하였더니 수리영역 점수의 표준편차가 16점이었다. 수험생 전체 수리영역의 평균점수 m을 95%의 신뢰도로 추정한 신뢰구간이 $\alpha \le m \le \beta$일 때, $\beta-\alpha$의 값은? (단, $\mathrm{P}(0 \le \mathrm{Z} \le 1.96)=0.475$)

① 0.784 ② 1.568
③ 2.352 ④ 3.136

11 분산이 σ^2인 정규분포를 따르는 모집단에서 크기 n인 표본을 임의추출하여 모평균 m을 추정한 후 신뢰구간의 길이를 구하고자 한다. 아래 표준정규분포표를 이용하여 구한 모평균 m에 대한 신뢰도 79.6%의 신뢰구간의 길이가 l 이고, 모평균 m에 대한 신뢰도 $\sigma\%$ 의 신뢰구간의 길이는 $2l$이다. 이때, α의 값은?

z	$\mathrm{P}(0 \le Z \le z)$
1.27	0.3980
1.69	0.4545
1.96	0.4750
2.54	0.4945
3.29	0.4995

① 87.3 ② 90.9
③ 95.0 ④ 98.9

12 모비율이 $\frac{4}{5}$인 모집단에서 크기가 100인 표본을 임의추출할 때, 표본비율이 0.9 이상일 확률을 아래 표준정규분포표를 이용하여 구하면?

z	$P(0 \le Z \le z)$
1.0	0.34
1.5	0.43
2.0	0.47
2.5	0.49

① 0.01%
② 1%
③ 3%
④ 7%

13 어느 고등학교 학생 100명을 임의추출하여 과목 선호도를 조사하였더니 50명이 수학을 좋아하였다. 이 학교의 전체 학생 중에서 수학을 좋아하는 비율 p의 신뢰도 95%의 신뢰구간은?

① $0.242 \le p \le 0.758$
② $0.304 \le p \le 0.696$
③ $0.402 \le p \le 0.598$
④ $0.371 \le p \le 0.629$

정답 및 해설

1 다항식

1. 다항식과 나머지정리

1 ④

$(x-y)^2=(x+y)^2-4xy=20-16=4$
$\Rightarrow x-y=2\ (\because x>y)$
$\therefore \frac{x}{y}-\frac{y}{x}=\frac{x^2-y^2}{xy}=\frac{(x+y)(x-y)}{xy}$
$=\frac{2\sqrt{5}\cdot 2}{4}=\sqrt{5}$

2 ④

주어진 다항식을 $f(x)=x^3-2x^2-4x+2$라 할 때,
$f(x)$를 $x+2$로 나눈 나머지는
$f(-2)=-8-8+8+2=-6$

3 ②

$a^3=5\sqrt{2}+7,\ b^3=5\sqrt{2}-7$에 대하여
$a^3-b^3=14,\ a^3b^3=(ab)^3=1 \Rightarrow ab=1$
$a^3-b^3=(a-b)(a^2+ab+b^2)$
$=(a-b)\{(a-b)^2+3ab\}$
$=(a-b)^3+3(a-b)\ (\because ab=1)$
$=14$
$a-b=x$라 하면
방정식 $x^3+3x-14=0$의 해가 $x=2$이므로
$\therefore a-b=2$

4 ②

다항식 $f(x)=x^3+ax^2+bx+1$에 대하여
나머지 정리에 의해 $f(-1)=a-b=-2$,
$f(1)=a+b+2=2$를 만족하므로 연립하여 풀면
$a=-1,\ b=1$
$\therefore ab=-1$

5 ①

다항식 $f(x)$를 $x-\alpha$로 나눈 나머지는
$[f,\ \alpha]=f(\alpha)$이다.
다항식 $f(x)=x^3+x^2-3x-1$에 대하여
$[f,\ a]=f(a)=a^3+a^2-3a-1$,
$[f,\ -a]=f(-a)=-a^3+a^2+3a-1$이 성립한다.
$[f,\ a]=[f,\ -a]+4$
$\Rightarrow a^3+a^2-3a-1=-a^3+a^2+3a-1+4$
$\Rightarrow 2a^3-6a-4=0$
$\Rightarrow a^3-3a-2=0$
$\Rightarrow (a+1)^2(a-2)=0$
$\Rightarrow a=-1,\ 2$
a가 양수이므로 $a=2$이고
$\therefore \left[f,\ \frac{a}{2}\right]=[f,\ 1]=f(1)=-2$이다.

6 ②

다항식 $f(x)$를 $x-3,\ x-4$으로 나눈 나머지가
각각 3, 2이므로 다항식의 나머지정리에 의해
$f(3)=3,\ f(4)=2$가 된다.
새로운 다항식 $f(x+1)$를 x^2-5x+6으로
나누었을 때의 몫을 $Q(x)$, 나머지를 $R(x)$라 하면
나머지는 일차식이 되므로
$R(x)=ax+b$라 놓을 수 있다.
$f(x+1)=(x^2-5x+6)Q(x)+ax+b$
$=(x-2)(x-3)Q(x)+ax+b$
이 식은 x에 대한 항등식이므로
$x=2,\ 3$을 대입하여 나머지를 구한다.
$x=2$를 대입하면 $f(2+1)=2a+b=3$ ······ ㉠
$x=3$을 대입하면 $f(3+1)=3a+b=2$ ······ ㉡
㉠, ㉡을 연립하여 풀면
$a=-1,\ b=5 \Rightarrow R(x)=-x+5$
$\therefore R(1)=4$

7 ④

세 면의 넓이가 각각 ab, bc, ca이므로 $ab=12$, $bc=9$, $ca=3$

$$\left.\begin{array}{l}\dfrac{ab}{ca}=\dfrac{b}{c}=4 \Rightarrow b=4c \\ bc=9 \Rightarrow 4c^2=9\end{array}\right] \Rightarrow c=\frac{3}{2},\ b=2,\ a=6$$

$\therefore a+b+c=\dfrac{19}{2}$

8 ⑤

다항식 $f(x)$를 x, $x-3$으로 나눈 나머지가 각각 25, 18이므로 $f(0)=25$, $f(3)=18$이다.
다항식 $f(4-x)+f(x-1)$를 $x-4$로 나눈 나머지는 나머지정리에 의해 $x=4$를 대입한 값과 같으므로
$\therefore f(0)+f(3)=25+18=43$

9 ①

$$\left(x+\frac{1}{x}\right)^2=x^2+\frac{1}{x^2}+2=4+2=6$$

그런데 $x>0$이므로 $x+\dfrac{1}{x}=\sqrt{6}$

$$x^3+\frac{1}{x^3}=\left(x+\frac{1}{x}\right)^3-3x\cdot\frac{1}{x}\left(x+\frac{1}{x}\right)$$
$$=(\sqrt{6})^3-3\cdot1\cdot\sqrt{6}=3\sqrt{6}$$

10 ③

직육면체의 가로의 길이, 세로의 길이, 높이를 각각 a, b, c라 하면 모든 모서리의 길이의 합이 48이므로
$4(a+b+c)=48 \Rightarrow a+b+c=12$
또, 대각선의 길이가 $\sqrt{54}$
$\sqrt{a^2+b^2+c^2}=\sqrt{54} \Rightarrow a^2+b^2+c^2=54$
직육면체의 겉넓이는 $2(ab+bc+ca)$이고
$(a+b+c)^2=a^2+b^2+c^2+2(ab+bc+ca)$이므로
$12^2=54+2(ab+bc+ca)$
$\therefore 2(ab+bc+ca)=90$

11 ③

$f(x)=x^3-x^2-3x+6$이라 할 때,
$a(x-1)^3+b(x-1)^2+c(x-1)+d$
$=(x-1)\{a(x-1)^2+b(x-1)+c\}+d$ …… ㉠
$=(x-1)[(x-1)\{a(x-1)+b\}+c]+d$ …… ㉡

㉠에서 $f(x)$를 $x-1$로 나누었을 때의
몫은 $a(x-1)^2+b(x-1)+c$, 나머지는 d이다.
또, ㉡에서 $a(x-1)^2+b(x-1)+c$를 $x-1$로 나누었을 때의 몫은 $a(x-1)+b$, 나머지는 c이고,
$a(x-1)+b$를 $x-1$로 나누었을 때의
몫은 a, 나머지는 b이다.
따라서 다음과 같이 조립제법을 반복하여 이용하면

1	1	−1	−3	6
		1	0	−3
1	1	0	−3	3 $=d$
		1	1	
1	1	1	−2 $=c$	
		1		
	1 $=a$	2 $=b$		

$\therefore abcd=1\cdot2\cdot(-2)\cdot3=-12$

12 ②

직접 나눗셈을 하면

$$\begin{array}{r|l} & x-1 \\ \hline x^2+2x-1 & x^3+x^2-5x+4 \\ & x^3+2x^2-x \\ \hline & -x^2-4x+4 \\ & -x^2-2x+1 \\ \hline & -2x+3 \end{array}$$

(몫) : $x-1$, (나머지) : $-2x+3$
$\therefore$ (몫)+(나머지)$=x-1+(-2x+3)=-x+2$

13 ③

주어진 등식의 양변에
좌변을 0으로 하는 값 $x=1$을 대입하면
$0=1+a+b+8 \Rightarrow a+b=-9$ …… ㉠
마찬가지로 좌변을 0으로 하는 값 $x=2$를 대입하면
$0=32+4a+2b+8 \Rightarrow 2a+b=-20$ …… ㉡
㉠, ㉡을 연립하면 $a=-11$, $b=2$
$\therefore a-b=-13$

14 ④

주어진 식의 양변에 $x=2$를 대입하면 $2^{10}+1$
$=a_1+a_2(2-1)+a_3(2-1)^2+\cdots+a_{11}(2-1)^{10}$
$=a_1+a_2+a_3+\cdots+a_{11}$
$\therefore a_1+a_2+a_3+\cdots+a_{11}=2^{10}+1$

15 ③

$a+b$, ab의 값을 구하면
$a+b=2+i+2-i=4$
$ab=(2+i)(1-i)=5$
$\therefore a^3+b^3=(a+b)^3-3ab(a+b)$
$=4^3-3\cdot5\cdot4$
$=64-60=4$

16 ②

9, 11, 101, 10001을 각각 10을 사용하여 나타내면
$10-1$, $10+1$, 10^2+1, 10^4+1
$\therefore 9\times11\times101\times10001$
$=(10-1)(10+1)(10^2+1)(10^4+1)$
$=(10^2-1)(10^2+1)(10^4+1)$
$=(10^4-1)(10^4+1)$
$=10^8-1$

17 ②

$f(x)-2x^2$이 $x+2$로 나누어떨어지므로
인수정리에 의해 $f(-2)-2\cdot(-2)^2=0$
$\Rightarrow f(-2)=8$
$f(x)=x^3+ax^2+3x+10$에서
$f(-2)=-8+4a-6+10=8 \Rightarrow 4a=12$
$\therefore a=3$

18 ③

$f(x)=(x^2+1)q(x)+x-1$
$f(-1)=6$
$f(x)=(x^2+1)(x+1)h(x)+R(x)$ ⋯ ①
$R(x)=ax^2+bx+c=a(x^2+1)+x-1$
$f(-1)=R(-1)=6 \Rightarrow 2a-2=6 \Rightarrow a=4$
$R(x)=4(x^2+1)+x-1=4x^2+x+3$
$\therefore R(-1)=6$
[다른 풀이] ①에서 바로 $f(-1)=R(-1)=6$

19 ②

$x^2-ax(x-1)-b(x-1)+c$
$=(1-a)x^2+(a-b)x+(b+c)=0$이
x에 대한 항등식이므로

계수비교법에서 $\begin{cases}1-a=0\\a-b=0\\b+c=0\end{cases}$ 즉 $a=b=1$, $c=-1$

따라서 $10a+5b+c=10+5-1=14$

2. 인수분해

1 ③

다항식 $2x^5+ax^4+bx+1$이 x^4-1를 인수로 가지므로 일차다항식 $Q(x)$에 대해 다음 식이 성립한다.
$2x^5+ax^4+bx+1=(x^4-1)Q(x)$
$=(x^2+1)(x+1)(x-1)Q(x)$
이 항등식에 $x=-1$, $x=1$을 각각 대입하면
$a-b-1=0$, $a+b+3=0$
따라서 $a=-1$, $b=-2$이므로 $\dfrac{a}{b}=\dfrac{1}{2}$이다.

2 ③

두 함수 $f(x)$, $g(x)$에 대해 $f=g$이기 위해서는 정의역에 있는 모든 원소 x에 대해 $f(x)=g(x)$이어야 한다.
$x^3+1=3x-1$
$x^3-3x+2=0$
$(x-1)^2(x+2)=0$
$\therefore x=1, -2$
따라서 정의역이 될 수 있는 것은
$X=\{-2\}$, $\{1\}$, $\{-2, 1\}$의 3개이다.

3 ①

x^4+ax+b가 $(x-1)^2$을 인수로 가지므로
$1+a+b=0 \Rightarrow b=-a-1$ ⋯⋯ ㉠
$f(x)=x^4+ax-a-1$로 놓으면 $f(1)=0$이므로
조립제법을 이용하여 인수분해하면

1	1	0	0	a	$-a-1$
		1	1	1	$a+1$
	1	1	1	$a+1$	0

$f(x)=(x-1)(x^3+x^2+x+a+1)$
이때, $x^3+x^2+x+a+1$도 $x-1$을 인수로 가지므로
인수정리에 의하여
$1+1+1+a+1=0$
$\Rightarrow a=-4$
$a=-4$를 ㉠에 대입하면 $b=3$
$\therefore ab=-12$

4 ④

다음 식을 인수분해 하면

$(x-1)(x+2)(x-3)(x+4)+24$
$=(x^2+x-2)(x^2+x-12)+24$
$=(x^2+x)^2-14(x^2+x)+48$
$=(x^2+x-6)(x^2+x-8)$
$=(x-2)(x+3)(x^2+x-8)$

5 ④

$a^3c+a^2bc-ac^3+ab^2c+b^3c-bc^3$
$=a^2c(a+b)+ac(b^2-c^2)+bc(b^2-c^2)$
$=a^2c(a+b)+(b^2-c^2)(ac+bc)$
$=a^2c(a+b)+c(b^2-c^2)(a+b)$
$=c(a+b)\{a^2+(b^2-c^2)\}$
$=0$
$\therefore a^2+b^2=c^2$
따라서 $\triangle ABC$는 변 C가 빗변인 직각삼각형이다.

6 ②

$17^3+9\times17^2+27\times17+27$
$=17^3+3\times17^2\times3+3\times17\times3^2+3^3$
$=(17+3)^3=20^3=8000$

7 ③

$x^3+3x^2-4=(x^3-1)+3(x^2-1)$
$=(x-1)(x^2+x+1)+3(x-1)(x+1)$
$=(x-1)(x^2+4x+4)=(x-1)(x+2)^2$
따라서 $a=-1$, $b=2$, $c=2$ 즉 $a+b+c=3$

8 ③

$a^3+b^3+c^3-3abc=(a+b+c)$
$\{a^2+b^2+c^2-(ab+bc+ca)\}$에서
$9-3abc=(a+b+c)\times(3-3)$ 따라서 $abc=3$
$9-3abc=(a+b+c)$
$\times\{(a^2+b^2+c^2)-(a^2+b^2+c^2)\}=0$
따라서 $abc=3$

9 ④

$a^2(b-c)+b^2(c-a)+c^2(b-a)$
$=a^2(b-c)-a(b+c)(b-c)+bc(b-c)$
$=(b-c)(a-b)(a-c)=0$
에서 $a=b$ 또는 $b=c$ 또는 $c=a$이므로 이등변삼각형

10 ③

7로 나누었을 때 나머지가 5인 자연수는
$7n+5$(n은 음이 아닌 정수)의 꼴로 나타낼 수 있다.
이때, 음이 아닌 정수 n은
$3k$, $3k+1$, $3k+2$(k는 음이 아닌 정수) 중 어느 하나의 꼴로 나타낼 수 있으므로 이것을 $7n+5$에 대입하면
$7\cdot3k+5=3(7k+1)+2$
$7(3k+1)+5=3(7k+4)$
$7(3k+2)+5=3(7k+6)+1$
따라서 7로 나누었을 때 나머지가 5이고, 3으로 나누었을 때 나머지가 2인 자연수는 $7\cdot3k+5$
즉, $21k+5$의 꼴이므로 이 중 100 이하인 것은
5, 26, 47, 68, 89의 5개다.

11 ③

$x^2-x-n=(x+a)(x-b)$ (a, b는 자연수)라 하면
$b=a+1$, $ab=n$ $(1\le x\le100)$

a	1	2	3	4	5	6	7	8	9
b	2	3	4	5	6	7	8	9	10
$n=ab$	2	6	12	20	30	42	56	72	90

$\therefore$ 9(개)

12 ④

$1+2x+3x^2+4x^3=A$라 하면
$(1+2x+3x^2+4x^3)^4=A^4$에서 이 식을 다시
$1+a_1x+a_2x^2+\cdots+a_9x^9+\cdots+a_{12}x^{12}$이라 하면
이 식에서 x^9의 계수가 k이므로 $a_9=k$
$(x+2x^2+3x^3+4x^4)^4=(Ax)^4=A^4x^4$
$=x^4+a_1x^5+a_2x^6+\cdots+a_9x^{13}+\cdots+a_{12}x^{16}$
따라서 x^{13}의 계수는 a_9이므로 k이다.

2 방정식과 부등식

1. 복소수

1 ③

복소수 $z=xy+(x+y)i$에 대하여

$z+\bar{z}=xy+(x+y)i+xy-(x+y)i$
$=2xy=4$

$\therefore xy=2$

$z\bar{z}=\{xy+(x+y)i\}\{xy-(x+y)i\}$
$=(xy)^2+(x+y)^2$
$=(xy)^2+x^2+2xy+y^2$
$=x^2+y^2+8=13$

$\therefore x^2+y^2=5$

2 ③

$\frac{a}{1+i}+\frac{b}{1-i}=\frac{a(1-i)}{2}+\frac{b(1+i)}{2}=2-i$

$a-ai+b+bi=4-2i \Rightarrow \begin{cases} a+b=4 \\ -a+b=-2 \end{cases}$

$2b=2 \Rightarrow b=1,\ a=3$

$\therefore a^2-b^2=9-1=8$

3 ③

$\frac{\sqrt{b}}{\sqrt{a}}=\sqrt{\frac{b}{a}}$ 이 성립하지 않을 때는 $a<0, b>0$이므로 $a-b<0$

따라서

$|a|-\sqrt{b^2}+\sqrt{(a-b)^2}=-a-b-(a-b)=-2a$

4 ③

복소수 $z=1+i$에 대하여 $z^2=(1+i)^2=2i$,

$z^4=(z^2)^2=-4,\ z^8=(z^4)^2=16$

$\therefore z^{10}=z^8z^2=16\times 2i=32i$

5 ③

복소수 $z=2x-2-xi$에 대해

$z^2=(2x-2)^2-x^2-2x(2x-2)i$가 음의 실수이므로

$(2x-2)^2-x^2<0 \Rightarrow 2x(2x-2)=0$

이를 만족하는 실수 $x=1$이므로 $z=-i,\ z^2=-1,$

$z^3=z^2z=i,\ z^4=1$이다.

따라서 $z+z^2+z^3+z^4=0$이다.

6 ②

$a+bi=\frac{3+i}{1-i}=\frac{(3+i)(1+i)}{(1-i)(1+i)}=\frac{2+4i}{2}=1+2i$

$\Rightarrow a=1,\ b=2$

$\therefore a+b=3$

7 ③

$\frac{1-i}{1+i}=\frac{(1-i)^2}{(1+i)(1-i)}=\frac{-2i}{2}=-i$

$f\left(\frac{1-i}{1+i}\right)=f(-i)=(-i)^{1998}+(-i)^{2000}$
$=(-i)^{1996}\cdot(-i)^2+(-i)^{2000}$
$=-1+1=0$

8 ④

$(2+i)^2x+(2-i)^2y=0$의 좌변을 정리하면

$(4+4i-1)x+(4-4i-1)y=0$에서

$(3x+3y)+(4x-4y)i=0$

$a,\ b$가 실수일 때 $a+bi=0$이면 $a=b=0$이므로

$3x+3y=0,\ 4x-4y=0$

$\therefore x+y=0$

9 ④

$\frac{\sqrt{5}}{\sqrt{-2}}=\frac{\sqrt{5}}{\sqrt{2}i}=\frac{\sqrt{5}i}{\sqrt{2}i^2}=\frac{\sqrt{5}i}{-\sqrt{2}}=-\sqrt{\frac{5}{2}}$

10 ②

곱셈에 대한 역원은 $\frac{2-3i}{1+2i}$이므로

$\frac{2-3i}{1+2i}=\frac{(2-3i)(1-2i)}{(1+2i)(1-2i)}=\frac{-4-7i}{5}=-\frac{4}{5}-\frac{7}{5}i$

11 ④

$(x+1)+(2x-y)i=3+6i$

$\Rightarrow x+1=3,\ 2x-y=6$

$\therefore x=2,\ y=-2$

12 ④

$|x+1|+2|3y-6|i=2+6i$

$x+1=\pm2,\ 3y-6=\pm3$

$x=1,\ -3,\ y=3,\ 1$

따라서 $xy=1,\ 3,\ -3, -9$이므로 최댓값은 3이다.

13 ②

$$x^2+y^2=(2+\sqrt{3}i)^2+(2-\sqrt{3}i)^2$$
$$=4+4\sqrt{3}i+3i^2+4-4\sqrt{3}i+3i^2$$
$$=8-6=2$$

14 ④

$(1+3i)x+(2+2i)y=1+7i$에서
좌변을 실수부와 허수부로 나누어 정리하면
$(x+2y)+(3x+2y)i=1+7i$
복소수 상등에 관한 정의에 의해
$x+2y=1,\ 3x+2y=7$
두 식을 연립하려 풀면 $x=3,\ y=-1$
$\therefore x+y=2$

15 ③

$(1+i)z+i\bar{z}=1+i$이므로
복소수 $z=a+bi$를 식에 대입하면
$(1+i)(a+bi)+i(a-bi)$
$=a-b+(a+b)i+ai+b$
$=a+(2a+b)i=1+i$
$a=1,\ 2a+b=1$
즉, $a=1,\ b=-1$이므로 $z=1-i$이다.
$z^2=(1-i)(1-i)=1-2i-1=-2i$
$z^3=-2i(1-i)=-2i-2$
$z^4=(-2i-2)(1-i)=-4$
따라서 $z^4=-4$이므로 최초로 양수가 되는 z^n은
$z^8=(z^4)^2=(-4)^2=16$에서 $n=8$이다.

2. 이차방정식

1 ①

이차방정식의 근이 1이므로
$1+(k+2)+(k-1)p+q-1=0$이다.
정리하면 $(1+p)k-p+q+2=0$이 되고
이 식은 실수 k에 관계없이 성립하므로
$1+p=0,\ -p+q+2=0$이 된다.
따라서 $p=-1,\ q=-3$이므로
$\therefore p+q=-4$

2 ④

방정식 $f(x)=-g(x)$은 $f(x)+g(x)=0$과 같고
이 방정식의 해집합이 $\{3,\ a\}$이면
$f(3)+g(3)=0$ …… ㉠
또한 방정식 $f(x)g(x)=0$의 해집합이
$\{3,\ 5,\ 9\}$이므로 $f(3)g(3)=0$ …… ㉡
㉠에서 $g(3)=-f(3)$이고 이를 ㉡에 대입하면
$f(3)(-f(3))=0$이므로 $f(3)=0,\ g(3)=0$이 된다.
따라서 최고차항의 계수가 1인
이차식 $f(x),\ g(x)$는 인수정리에 의해
$f(x)=(x-3)(x-\alpha),\ g(x)=(x-3)(x-\beta)$로
표현할 수 있으며, 방정식 $f(x)g(x)=0$의
해집합은 $\{3,\ \alpha,\ \beta\}$가 되어
$\alpha=5,\ \beta=9$ 또는 $\alpha=9,\ \beta=5$가 된다.
이 두 가지 경우 모두 방정식 $f(x)+g(x)=0$의 해는
$(x-3)(x-\alpha)+(x-3)(x-\beta)=0$
$\Rightarrow (x-3)\{2x-(\alpha+\beta)\}=0$
$\Rightarrow (x-3)(2x-14)=0$
$\Rightarrow 2(x-3)(x-7)=0$
$\Rightarrow x=3,\ 7$
그러므로 $a=7$이다.

3 ②

이차방정식 $x^2+3x+1=0$의 두 근을 $\alpha,\ \beta$라고 할 때,
근과 계수와의 관계로부터 $\alpha+\beta=-3,\ \alpha\beta=1$이므로 $\alpha<0,\ \beta<0$이어야 한다.
따라서 $\sqrt{\alpha}\sqrt{\beta}=-\sqrt{\alpha\beta}$이므로
$$\therefore (\sqrt{\alpha}+\sqrt{\beta})^2=(\sqrt{\alpha})^2+(\sqrt{\beta})^2+2\sqrt{\alpha}\sqrt{\beta}$$
$$=\alpha+\beta-2\sqrt{\alpha\beta}=-3-2=-5$$

4 ①

$a^2x+1=x+a \Rightarrow (a^2-1)x=a-1$
$\Rightarrow (a-1)(a+1)x=a-1$
(ⅰ) $a=1$이면 $0\cdot x=0$이므로 해가 무수히 많다.
(ⅱ) $a=-1$이면 $0\cdot x=-2$이므로
해가 존재하지 않는다.
(ⅰ), (ⅱ)에서 해자 존재하지 않으려면 $a=-1$

5 ③

$ax-b=2x-1$에서 $(a-2)x=b-1$
㉠ $a\neq 2,\ b=1$이면 $(a-2)x=0 \Rightarrow x=0$
즉, 오직 한 개의 해를 갖는다. (거짓)
㉡ $a=2,\ b\neq 1$이면 $0\cdot x=b-1$이므로
해가 없다. (참)
㉢ $a=2,\ b=1$이면 $0\cdot x=0$이므로
해가 무수히 많다. (참)
㉣ $a\neq 2,\ b\neq 1$이면 $x=\dfrac{b-1}{a-2}$이므로
오직 한 개의 해를 갖는다. (거짓)
따라서 옳은 것은 ㉡, ㉢이다.

6 ④

$|x-1|+|2x-5|=10$에서

(i) $x<1$일 때, $-(x-1)-(2x-5)=10$

$\Rightarrow -3x=4 \Rightarrow x=-\frac{4}{3}$

(ii) $1 \le x < \frac{5}{2}$일 때, $x-1-(2x-5)=10$

$\Rightarrow x=-6$ 그런데 $1 \le x < \frac{5}{2}$이므로

$x=-6$은 해가 아니다.

(iii) $x \ge \frac{5}{2}$일 때, $x-1+2x-5=10$

$\Rightarrow 3x=16 \Rightarrow x=\frac{16}{3}$

(i), (ii), (iii)에서 $x=-\frac{4}{3}$ 또는 $x=\frac{16}{3}$이므로

그 합은 $\frac{16}{3}-\frac{4}{3}=\frac{12}{3}=4$

7 ④

$(x◎x)-(x◎1)=4$

$\Rightarrow x^2-x-x-(x-x-1)=4$

$\Rightarrow x^2-2x-3=0 \Rightarrow (x-3)(x+1)=0$

$x=3,\ x=-1$

따라서 주어진 식을 만족하는 모든 x의 값의 합은 2

8 ③

$x^2-|x|-2=\sqrt{(x-1)^2} \Rightarrow \sqrt{(x-1)^2}=|x-1|$

$\Rightarrow x^2-|x|-2=|x-1|$

(i) $x<0$일 때, $x^2+x-2=-(x-1)$

$\Rightarrow x^2+2x-3=0 \Rightarrow (x+3)(x-1)=0$

$\Rightarrow x=-3\ (\because x<0)$

(ii) $0 \le x<1$일 때, $x^2-x-2=-(x-1)$

$\Rightarrow x^2-3=0 \Rightarrow x=\pm\sqrt{3}$

그런데 $0 \le x<1$이므로 해가 존재하지 않는다.

(iii) $x \ge 1$일 때, $x^2-x-2=x-1$

$\Rightarrow x^2-2x-1=0 \Rightarrow x=1\pm\sqrt{2}$

그런데 $x \ge 1$이므로 $x=1+\sqrt{2}$

(i), (ii), (iii)에서 $x=-3$ 또는 $x=1+\sqrt{2}$이므로

모든 근의 합은 $-2+\sqrt{2}$이다.

9 ③

주어진 식의 양변에 $1-i$를 곱하면

$(1-i)(1+i)x^2+(1-i)^2x+2(1-i)(1+i)=0$

$2x^2-2ix+4=0$

$x^2-ix+2=0$

근의 공식에 의하여

$x=\frac{i\pm\sqrt{(-i)^2-4\cdot 2}}{2}=\frac{i\pm 3i}{2}$

$\therefore x=2i$ 또는 $x=-i$

10 ④

$2x^2+mx+2m+1=0$의 한 근이 -1이므로

$2\cdot(-1)^2+m\cdot(-1)+2m+1=0 \Rightarrow m=-3$

$m=-3$을 주어진 방정식에 대입하면

$2x^2-3x-5=0$

$(x+1)(2x-5)=0$

$x=-1$ 또는 $x=\frac{5}{2}$

따라서 다른 한 근은 $\frac{5}{2}$이다.

11 ④

$x^2-ax+2=0$의 한 근이 $1+\sqrt{3}$이므로

$(1+\sqrt{3})^2-a(1+\sqrt{3})+2=0$

$1+2\sqrt{3}+3-a(1+\sqrt{3})+2=0$

$a(1+\sqrt{3})=6+2\sqrt{3}$

$\therefore a=\frac{6+2\sqrt{3}}{1+\sqrt{3}}=\frac{(6+2\sqrt{3})(1-\sqrt{3})}{(1+\sqrt{3})(1-\sqrt{3})}=\frac{-4\sqrt{3}}{-2}$

$=2\sqrt{3}$

12 ①

$x^2+(k+1)x+2=0$의 한 근이 다른 근의 2배이므로 두 근을 α, 2α라고 하면

근과 계수의 관계에 의해

$\alpha+2\alpha=-(k+1) \Rightarrow 3\alpha=-k-1$ …… ㉠

$\alpha\cdot 2\alpha=2$ …… ㉡

㉡에서 $\alpha^2=1 \Rightarrow \alpha=-1$ 또는 $\alpha=1$ …… ㉢

㉢을 ㉠에 대입하면 $k=2$ 또는 $k=-4$

그런데 k는 자연수이므로 $k=2$

13 ④

이차방정식 $\frac{1}{2}x^2+x+1=0$

즉, $x^2+2x+2=0$의 근은

$x=-1\pm\sqrt{1^2-1\cdot 2}=-1\pm i$

$\therefore \frac{1}{2}x^2+x+1$

$=\frac{1}{2}\{x-(-1+i)\}\{x-(-1-i)\}$

$=\frac{1}{2}(x+1-i)(x+1+i)$

3. 고차방정식과 연립방정식

1 ④

$x^2-xy-2y^2=(x-2y)(x+y)=0$

$\Rightarrow x=2y \cdots$ ㉠, $x=-y \cdots$ ㉡

㉠을 두 번째 식에 대입하면

$(2y)^2+y^2=50$

$\Rightarrow 5y^2=50$

$\Rightarrow y^2=10$

$\Rightarrow y=\pm\sqrt{10}$, $x=\pm 2\sqrt{10}$

㉡을 두 번째 식에 대입하면

$(-y)^2+y^2=50$

$\Rightarrow 2y^2=50$

$\Rightarrow y^2=25$

$\Rightarrow y=\pm 5$, $x=\mp 5$

각각의 해의 합을 구하면

$\alpha_1+\beta_1=2\sqrt{10}+\sqrt{10}=3\sqrt{10}$

$\alpha_2+\beta_2=-2\sqrt{10}+(-\sqrt{10})=-3\sqrt{10}$

$\alpha_3+\beta_3=5+(-5)=0$

$\alpha_4+\beta_4=-5+5=0$

따라서 $\alpha_i+\beta_i$의 최댓값은 $3\sqrt{10}$이다.

2 ①

$f(x)=x^4-3x^4+3x^2+x-6$으로 놓으면

$f(-1)=0$, $f(2)=0$이므로

조립제법을 이용하여 $f(x)$를 인수분해하면

-1	1	-3	3	1	-6
		-1	4	-7	6
2	1	-4	7	-6	0
		2	-4	6	
	1	-2	3	0	

$f(x)=(x+1)(x-2)(x^2-2x+3)$

$(x+1)(x-2)(x^2-2x+3)=0$

$\therefore x=-1$, $x=2$, $x=1\pm\sqrt{2}i$

3 ④

한 근이 $1-i$이므로 $1+i$도 근이다.

나머지 한 근을 α라고 하면

삼차방정식의 근과 계수의 관계에 의하여

$(1+i)+(1-i)+\alpha=a+1$

$(1+i)(1-i)+(1+i)\alpha+(1-i)\alpha=b$

$(1+i)(1-i)\alpha=a$

위의 세 식을 연립하여 풀면 $\alpha=1$, $\beta=1+i$

$\therefore \alpha+\beta=2+i$

4 ①

$(x+i)(x^2+ax-4)=0$에서 $-i$가 한 근이고

나머지 두 근을 α, β라고 하면

α, β는 $x^2+ax-4=0$의 근이다.

삼차방정식의 근과 계수의 관계에 의하여

$-i+\alpha+\beta=-i-a=6-i$

$\therefore a=-6$

5 ④

$\frac{1}{x}-\frac{1}{y}=\frac{1}{6}$에서 $\frac{y-x}{xy}=\frac{1}{6}$

$6y-6x=xy$, $xy+6x-6y=0$

$(x-6)(y+6)=-36$

그런데 x, y는 양의 정수이므로

$x-6\geq -5$, $y+6\geq 7$

$x-6$	-4	-3	-2	-1
$y+6$	9	12	18	36

따라서 x, y의 값은

$\begin{cases}x=2\\y=3\end{cases}$ 또는 $\begin{cases}x=3\\y=6\end{cases}$ 또는 $\begin{cases}x=4\\y=12\end{cases}$ 또는 $\begin{cases}x=5\\y=30\end{cases}$

따라서 $x+y$의 최댓값은 35이다.

6 ②

두 연립방정식의 해는 $\begin{cases}x+y=7\\x^2+y^2=25\end{cases}$의 해이다.

$x^2+y^2=(x+y)^2-2xy=7^2-2xy=25$

$\Rightarrow xy=12$

$x+y=7$, $xy=12$인 x, y를 두 근으로 하는

이차방정식은 $t^2-7t+12=0$

$\Rightarrow (t-3)(t-4)=0 \Rightarrow t=3$, $t=4$

$\therefore x=3$, $y=4$ 또는 $x=4$, $y=3$

(i) $x=3$, $y=4$를

$ax-y=1$, $x-y=b$에 각각 대입하면

$a=\frac{5}{3}$, $b=-1$ (양수 a, b에 적합하지 않다.)

(ii) $x=4$, $y=3$을

$ax-y=1$, $x-y=b$에 각각 대입하면

$a=1$, $b=1$

(i), (ii)에서 $a+b=1+1=2$

7 ②

$\begin{cases}x^2+y^2+x+y=2 & \cdots\cdots ㉠\\x^2+xy+y^2=1 & \cdots\cdots ㉡\end{cases}$

$x+y=u$, $xy=v$라고 하면

$x^2+y^2=(x+y)^2-2xy=u^2-2v$

㉠에서 $u^2-2v+u=2$ $\cdots\cdots$ ㉢

㉡에서 $u^2-v=1$ $\cdots\cdots$ ㉣

㉢−㉣을 하면 $u-v=1$
$\Rightarrow v=u-1$ ...... ㉤
㉤을 ㉣에 대입하면 $u^2-u=0$
$\Rightarrow u(u-1)=0$
$\Rightarrow u=0$ 또는 $u=1$
$\therefore u=0$일 때 $v=-1$, $u=1$일 때 $v=0$
(i) $u=0$, $v=-1$일 때,
x, y는 이차방정식 $t^2-1=0$의 두 근이므로
$t=\pm1$
(ii) $u=1$, $v=0$일 때,
x, y는 이차방정식 $t^2-t=0$의 두 근이므로
$t(t-1)=0 \Rightarrow t=0$ 또는 $t=1$
(i), (ii)에서
$\begin{cases}x=1\\y=-1\end{cases}$ 또는 $\begin{cases}x=-1\\y=1\end{cases}$ 또는 $\begin{cases}x=0\\y=1\end{cases}$ 또는 $\begin{cases}x=1\\y=0\end{cases}$
따라서 네 점 $(1, -1)$, $(-1, 1)$, $(0, 1)$, $(1, 0)$을 꼭짓점으로 하는 사각형의 넓이는
$\frac{1}{2}\times2\times2-\frac{1}{2}\times1\times1=\frac{3}{2}$

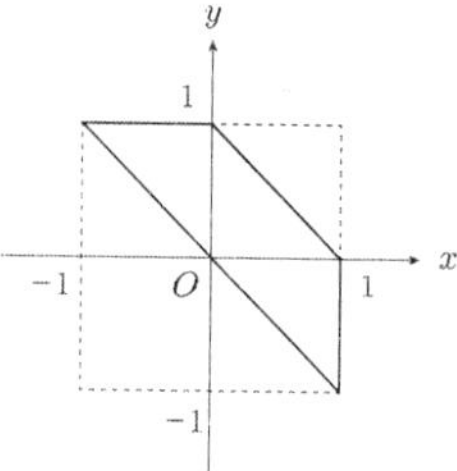

8 ③

$f(x)=x^4-2x^2+3x-2$로 놓으면
$f(1)=0$, $f(-2)=0$이므로
조립제법을 이용하여 $f(x)$를 인수분해하면

1	1	0	−2	3	−2
		1	1	−1	2
−2	1	1	−1	2	0
		−2	2	−2	
	1	−1	1	0	

$f(x)=(x-1)(x+2)(x^2-x+1)$
이때, $x^2-x+1=0$은 허근을 가지므로
한 허근 α에 대하여 $\alpha^2-\alpha+1=0$
양변을 $\alpha\,(\alpha\neq0)$로 나누면 $\alpha-1+\frac{1}{\alpha}=0$
$\therefore \alpha+\frac{1}{\alpha}=1$

9 ④

$\begin{cases}3x+2z=8 & \cdots\cdots ㉠\\3y+z=10 & \cdots\cdots ㉡\\5x+y-z=12 & \cdots\cdots ㉢\end{cases}$
㉠×5−㉢×3을 하면 $-3y+13z=4$ ...... ㉣
㉡+㉣을 하면 $14z=14 \Rightarrow z=1$
이 값을 ㉠, ㉡에 대입하면 $x=2$, $y=3$
$\therefore x+y+z=6$

10 ③

두 방정식의 공통근을 α라고 하면
$\begin{cases}2\alpha^2-(k+1)\alpha+4k=0 & \cdots\cdots ㉠\\2\alpha^2+(2k-1)\alpha+k=0 & \cdots\cdots ㉡\end{cases}$
㉠−㉡을 하면 $-3k(\alpha-1)=0 \Rightarrow k=0$, $\alpha=1$
그런데 $k=0$이면 주어진 두 이차방정식이 일치하므로 단 하나의 공통근을 가질 수 없다.
따라서 $\alpha=1$이고 이를 ㉠에 대입하면
$2-(k+1)+4k=0 \Rightarrow 3k+1=0$
$\therefore k=-\frac{1}{3}$

4. 부등식

1 ②

주어진 이차부등식의 해가 존재하지 않을 조건은
이차방정식 $-x^2+(k+2)x-(2k+1)=0$의 판별식이 $D<0$이어야 한다.
$D=(k+2)^2-4(2k+1)=k^2-4k<0$
$\therefore 0<k<4$
그러므로 정수 k의 개수는 3개이다.

2 ①

조건 '$x\geq6$'의 진리집합을 P,
조건 '$2x+a\leq3x-2a$'의 진리집합을 Q라 할 때,
주어진 명제가 참이 되기 위해서는 $P\subset Q$이어야 한다.
부등식 $2x+a\leq3x-2a$의 해가 $x\geq3a$이므로
$P\subset Q$이기 위해서는 다음 그림과 같이
$3a\leq6 \Rightarrow a\leq2$이어야 한다.

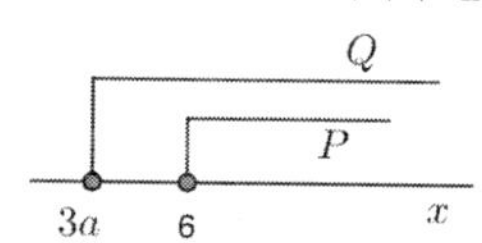

3 ④

$a^2x-a\geq16x-3$에서 $(a^2-16)x\geq a-3$
이 부등식의 해가 존재하지 않으려면
$0\cdot x\geq$(양수)의 꼴이 되어야하므로
$a^2-16=0$, $a-3>0$
즉, $a=\pm4$, $a>3$이므로 $\therefore a=4$

4 ①

$a(2x-1)>b(x-1)$에서 $(2a-b)x>a-b$
이 부등식의 해가 모든 실수이므로
$2a-b=0$, $a-b<0$
즉, $b=2a$이고, $-a<0$에서 $a>0$, $b>0$
$ax+2b>2a-bx$에서 $(a+b)x>2a-2b$
$b=2a$를 대입하면 $3ax>-2a$
$\therefore x>-\frac{2}{3}$ ($\because a>0$)

5 ③

$|2x-4|<6$에서 $-6<2x-4<6$
$-2<2x<10 \Rightarrow -1<x<5$
따라서 $a=-1$, $b=5$이므로 $\therefore b-a=6$

6 ①

$|2x+2|+|x-1|<6$에서
(i) $x<-1$일 때, $-(2x+2)-(x-1)<6$
$\Rightarrow -3x-1<6 \Rightarrow -3x<7 \Rightarrow x>-\frac{7}{3}$
그런데 $x<-1$이므로 $-\frac{7}{3}<x<-1$
(ii) $-1\le x<1$일 때, $2x+2-(x-1)<6$
$\Rightarrow x<3$
그런데 $-1\le x<1$이므로 $-1\le x<1$
(iii) $x\ge 1$일 때, $2x+2+x-1<6$
$3x+1<6$, $3x<5 \Rightarrow x<\frac{5}{3}$
그런데 $x\ge 1$이므로 $1\le x<\frac{5}{3}$
(i), (ii), (iii)에서 $-\frac{7}{3}<x<\frac{5}{3}$이므로
모든 정수 x의 값의 합은
$-2+(-1)+0+1=-2$

7 ④

$a(2x-1)>bx$에서 $(2a-b)x>a$
이 부등식의 해가 $x<1$이므로 $2a-b<0$ …… ㉠
$x<\frac{a}{2a-b}$에서 $\frac{a}{2a-b}=1$이므로 $a=2a-b$
$\Rightarrow a=b$ …… ㉡
㉠, ㉡에서 $a<0$, $b<0$
㉡을 $ax>b$에 대입하면 $ax>a$
$\therefore x<1$ ($\because a<0$)

8 ①

$x^2+2(a-2)x+a^2-4a\le 0$
$\Rightarrow x^2+2(a-2)x+a(x-4)\le 0$
$\Rightarrow (x+a)(x+a-4)\le 0$
$\Rightarrow -a\le x\le -a+4$
이때, 모든 정수 x의 값의 합이 5이므로
$\Rightarrow -a+(-a+1)+(-a+2)+(-a+3)+(-a+4)=5$
$\Rightarrow -5a=-5$
$\therefore a=1$

9 ②

$a^2+bx+c>0$의 해가 $\frac{1}{2}<x<\frac{1}{7}$이므로 $a<0$
해가 $\frac{1}{2}<x<\frac{1}{7}$이고 이차항의 계수가 1인
이차부등식은 $\left(x-\frac{1}{2}\right)\left(x-\frac{1}{7}\right)<0$
$\Rightarrow x^2-\frac{9}{14}x+\frac{1}{14}<0$
양변에 a를 곱하면 $ax^2-\frac{9}{14}ax+\frac{1}{14}a>0$
$b=-\frac{9}{14}a$, $c=\frac{1}{14}a$
$4cx^2+2bx+a>0$
$\Rightarrow 4\cdot\frac{1}{14}ax^2+2\left(-\frac{9}{14}a\right)x+a>0$
$\Rightarrow \frac{2}{7}x^2-\frac{9}{7}x+1<0$ ($\because a<0$)
$\Rightarrow 2x^2-9x+7<0$
$\Rightarrow (2x-7)(x-1)<0$
$\Rightarrow 1<x<\frac{7}{2}$
따라서 정수 x는 2, 3이고 그 합은 $2+3=5$

10 ④

부등식 $x^2+ax+b<0$의 해가 $-1<x<2$이므로
$(x+1)(x-2)<0$
$\Rightarrow x^2-x-2<0$
$\Rightarrow a=-1$, $b=-2$
$x^2-bx-a<0$
$\Rightarrow x^2+2x+1<0$
$\Rightarrow (x+1)^2<0$
따라서 주어진 부등식의 해는 존재하지 않는다.

11 ②

모든 실수 x에 대하여

$\sqrt{kx^2-2kx-2}$ 가 허수가 되려면

$kx^2-2kx-2<0$이 성립해야 한다.

(i) $k=0$일 때,

$0\cdot x^2+0\cdot x-2=-2<0$

$\Rightarrow k=0$

(ii) $k\neq0$일 때,

$k<0$ ······ ㉠

$\frac{D}{4}=k^2+2k<0,\ k(k+2)<0$

$\Rightarrow -2<k<0$ ······ ㉡

㉠, ㉡의 공통 범위를 구하면

$-2<k<0$

(i), (ii)에 의하여 $-2<k\leq0$

12 ③

$|x-6|\leq4$에서 $2\leq x\leq10$이고,

$x^2-6x+5\leq0$에서 $1\leq x\leq5$

$\therefore \begin{cases}|x-6|\leq4\\x^2-6x+5\leq0\end{cases}$의 해는 $2\leq x\leq5$

즉 $m=2, M=5$

따라서 $m+M=2+5=7$

13 ②

$x^2+(a+3)x+3a=(x+3)(x+a)<0$에서

(i) $a<3$이면 $-3<x<-a$이고, 정수인 해가 1개뿐이므로 정수인 해는 -2이고 a의 범위는 $-2<-a\leq-1$ 즉 $1\leq a<2$이다.

(ii) $a>3$이면 $-a<x<-3$이고, 정수인 해가 1개뿐이므로 정수인 해는 -4이고 a의 범위는 $-5\leq-a<-4$ 즉 $4<a\leq5$이다.

(iii) $a=3$일 때는 해가 없다.

$\therefore$ a의 값의 범위는 $1\leq a<2$ 또는 $4<a\leq5$

$\therefore$ $\alpha\leq1, \beta\geq5$ 즉 α의 최댓값은 $M=1$, β의 최솟값은 $m=5$

따라서 $M+m=1+5=6$

3 도형의 방정식

1. 평면좌표와 직선의 방정식

1 ②

두 점 $A(3,\ 0)$, $B(1,\ 2)$를 지나는 직선의 방정식은 $y=-x+3$이고,

직선 l과의 교점의 좌표를 $(a,\ b)$라 하면

삼각형 OAB의 넓이가 1이므로

$\frac{1}{2}\times3\times b=1 \Rightarrow b=\frac{2}{3}$

또한 점 $(a,\ b)$는 직선 $y=-x+3$ 위에 있는 점이므로

$b=-a+3$

따라서 $a=\frac{7}{3}$이고 이때 직선 l의 기울기는

$\frac{b}{a}=\frac{\frac{2}{3}}{\frac{7}{3}}=\frac{2}{7}$이다.

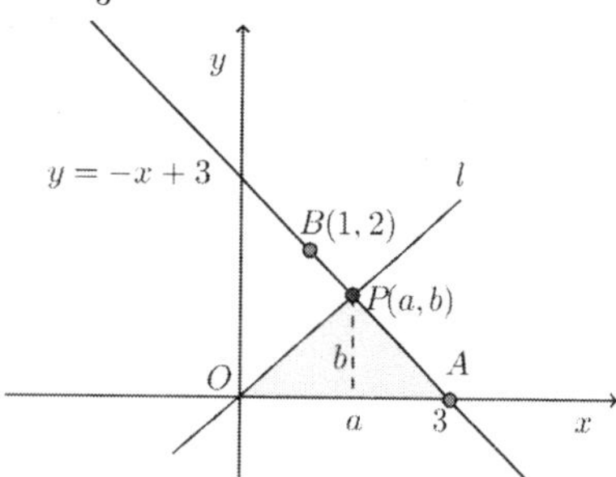

2 ③

서로 다른 세 점 A, B, C가 동일 직선 위에 있으면 직선 $\overline{AB}$의 기울기와 직선 $\overline{AC}$의 기울기는 같다.

$\frac{-3}{a-4}=\frac{3}{3a} \Rightarrow -9a=3a-12$

$\therefore a=1$

3 ③

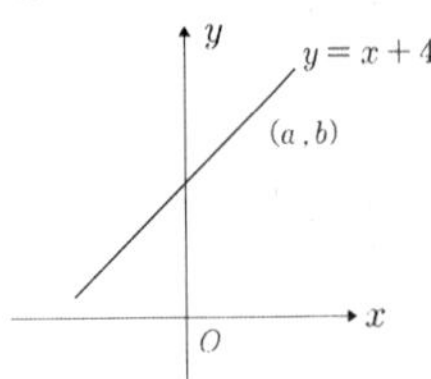

직선 $y=x+4$ 위의 점 (a, b)에 대해 a^2+b^2은 원점과의 거리 $\sqrt{a^2+b^2}$의 제곱과 같으므로
a^2+b^2의 최솟값은 원점에서 직선 $x-y+4=0$에 이르는 거리의 제곱이다.
따라서 원점에서 직선에 이르는 거리 d는
$d=\dfrac{|0-0+4|}{\sqrt{1+1}}=\dfrac{4}{\sqrt{2}}=2\sqrt{2}$ 이고,
구하고자 하는 최솟값은 $d^2=8$이다.

4 ④

삼각형 ABC의 넓이는 밑변을 $\overline{BC}$로 보면
$\dfrac{1}{2}\times\overline{BC}\times 2=6$이다.
점 B에서 x축에 내린 수선의 발을 D라 하고, 직선 $y=k$와 삼각형 ABC와의 교점을 E, F라 하면
삼각형 ADC와 삼각형 EFC는 닮음 삼각형이 된다.
닮음비에 의해 $\overline{AD}:\overline{DC}=\overline{EF}:\overline{FC}$
$\Rightarrow 2:8=\overline{EF}:8-k \Rightarrow \overline{EF}=\dfrac{8-k}{4}$
따라서 삼각형 EFC의 넓이는
$\dfrac{1}{2}\left(\dfrac{8-k}{4}\right)(8-k)=3 \Rightarrow (8-k)^2=24$
$\Rightarrow k=8\pm2\sqrt{6}$
$\therefore k=8-2\sqrt{6}$ ($\because 0<k<8$)

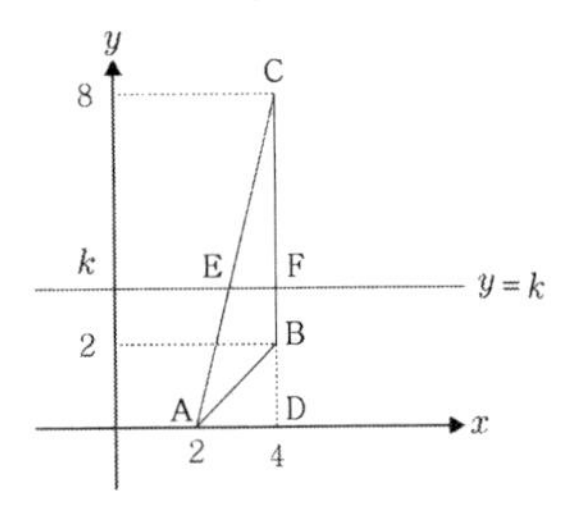

5 ③

P$(x, 0)$라 하면 두 점 사이의 거리 공식에 의하여
$\sqrt{(x+3)^2+(2-0)^2}=\sqrt{(x-4)^2+(5-0)^2}$
$\Rightarrow 14x=28 \Rightarrow x=2$
$\therefore$ P$(2, 0)$

6 ①

D(a, b)라 하면 평행사변형의 특징으로
대각선 $\overline{AD}$의 중점과 $\overline{BC}$의 중점은 일치한다.
$\left(\dfrac{1}{2}, 0\right)=\left(\dfrac{a-3}{2}, \dfrac{b-2}{2}\right)$
$\therefore a=4,\ b=2$

7 ②

내분점
$P\left(\dfrac{2\times2+1\times(-1)}{2+1}, \dfrac{2\times1+1\times1}{2+1}\right)=(1, 1)$
외분점
$Q\left(\dfrac{2\times2-3(-1)}{-1}, \dfrac{2\times1-3\times1}{-1}\right)=(-7, 1)$
세 점 $P(1, 1)$, $Q(-7, 1)$, $(0, 0)$으로
이루어지는 삼각형의 넓이는 $S=8\times1\times\dfrac{1}{2}=4$

8 ②

점 P의 좌표를 P$(0, b)$라 하면
$\overline{AP}^2+\overline{BP}^2$
$=[\{0-(-2)\}^2+(b-5)^2]+\{(0-1)^2+(b-1)^2\}$
$=2b^2-12b+31$
$=2(b-3)^2+13$
따라서 $\overline{AP}^2+\overline{BP}^2$은 $b=3$, 즉 점 P의 좌표가 P$(0, 3)$일 때, 최솟값 13을 갖는다.

9 ②

$\dfrac{a+b+5}{3}=a,\ \dfrac{8+a+b}{3}=3$
$a=2,\ b=-1$
따라서 $\overline{BG}=\sqrt{(2+1)^2+(3-2)^2}=\sqrt{10}$

10 ④

$\angle$OAC$=\angle$BAC이므로
$\overline{AO}:\overline{AB}=\overline{OC}:\overline{CB}$가 성립한다.
$\overline{AO}=\sqrt{6^2+8^2}=10$
$\overline{AB}=\sqrt{(9-6)^2+(4-8)^2}=5$
점 C는 $\overline{OB}$를 10:5, 즉 2:1로 내분하는 점이다.
따라서 점 C의 좌표는
$C\left(\dfrac{2\cdot9+1\cdot0}{2+1}, \dfrac{2\cdot4+1\cdot0}{2+1}\right) \Rightarrow C\left(6, \dfrac{8}{3}\right)$
$\therefore ab=6\cdot\dfrac{8}{3}=16$

11 ④

$3\overline{AB}=2\overline{BC}$이므로 $\overline{AB}:\overline{BC}=2:3$

점 C는 점 B의 방향으로 그은 $\overline{AB}$의 연장선 위에 있으므로 아래 그림에서 점 B는 두 점 A, C를 이은 선분 AC를 2 : 3으로 내분하는 점이다.

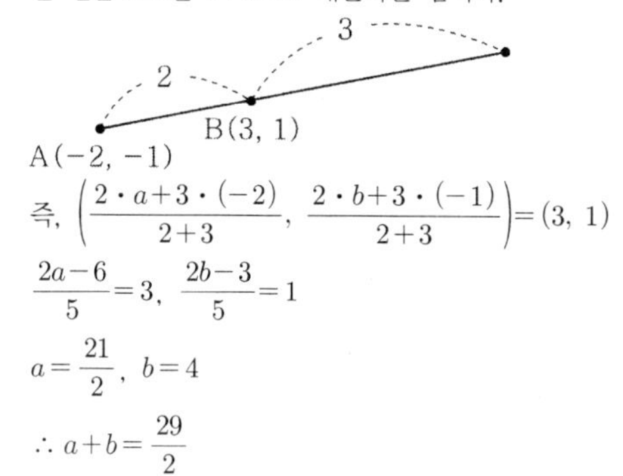

즉, $\left(\frac{2\cdot a+3\cdot(-2)}{2+3}, \frac{2\cdot b+3\cdot(-1)}{2+3}\right)=(3, 1)$

$\frac{2a-6}{5}=3$, $\frac{2b-3}{5}=1$

$a=\frac{21}{2}$, $b=4$

$\therefore a+b=\frac{29}{2}$

12 ④

$A\cap B=\varnothing$이려면 두 직선 $2x+(a+3)y-1=0$, $(a-2)x+ay+2=0$이 평행해야 하므로

$\frac{2}{a-2}=\frac{a+3}{a}\neq\frac{-1}{2}$

$(a-2)(a+3)=2a$, $(a+2)(a-3)=0$

$a=-2$ 또는 $a=3$

그런데 $\frac{a+3}{a}\neq\frac{-1}{2}$에서 $a\neq-2$이므로

구하는 a의 값은 3이다.

13 ④

$(k-3)x+(k-1)y+2=0$을 k에 대하여 정리하면

$k(x+y)+(-3x-y+2)=0$

이 식이 k의 값에 관계없이 항상 성립해야 하므로

$x+y=0$, $-3x-y+2=0$

두 식을 연립하여 풀면 $x=1$, $y=-1$

따라서 점 $(1, -1)$과 직선 $x+2y-4=0$ 사이의 거리는 $\frac{|1\cdot1+2\cdot(-1)-4|}{\sqrt{1^2+2^2}}=\frac{5}{\sqrt{5}}=\sqrt{5}$

14 ②

두 직선이 이루는 각의 이등분선 위의 점을 $P(x, y)$라 하면 점 P에서 두 직선 $2x-y-1=0$, $x+2y-1=0$까지의 거리가 같으므로

$\frac{|2x-y-1|}{\sqrt{2^2+(-1)^2}}=\frac{|x+2y-1|}{\sqrt{1^2+2^2}}$

$|2x-y-1|=|x+2y-1|$

$2x-y-1=\pm(x+2y-1)$

$x-3y=0$ 또는 $3x+y-2=0$

이 두 직선이 점 $(3, a)$를 지나므로

$3-3a=0 \Rightarrow a=1$

$9+a-2=0 \Rightarrow a=-7$

따라서 a의 값의 합은 $1-7=-6$

2. 원의 방정식

1 ①

점 P의 좌표를 (x, y)라 하면

$2\overline{PO}=3\overline{PA}$로부터 $2\sqrt{x^2+y^2}=3\sqrt{(x-5)^2+y^2}$

$\therefore (x-9)^2+y^2=36$

따라서 점 P가 그리는 도형은 중심이 $(9, 0)$이고 반지름이 6인 원이므로 도형의 길이는 12π이다.

2 ②

직선 $mx-y+n=0$에서 $(0, 0)$, $(3, 0)$까지의 거리가 각각 1이므로 점과 직선 사이의 거리 공식에 의하여

$\frac{|n|}{\sqrt{m^2+1}}=1 \cdots$ ㉠, $\frac{|3m+n|}{\sqrt{m^2+1}}=1$

$\Rightarrow |n|=|3m+n|$에서 기울기가 양수이어야 하므로

$n=-(3m+n) \Rightarrow 3m=-2n \Rightarrow m=-\frac{2}{3}n \cdots$ ㉡

㉡을 ㉠에 대입하면 $|n|=\sqrt{m^2+1} \Rightarrow n^2=m^2+1$

$\Rightarrow n^2=\left(-\frac{2}{3}n\right)^2+1 \Rightarrow n^2=\frac{4}{9}n^2+1 \Rightarrow \frac{5}{9}n^2=1$

$\Rightarrow n^2=\frac{9}{5} \Rightarrow n=-\frac{3}{\sqrt{5}}$ $(\because n<0) \cdots$ ㉢

㉢을 ㉡에 대입하면 $m=\frac{2}{\sqrt{5}}$

$\therefore mn=\frac{2}{\sqrt{5}}\times\left(-\frac{3}{\sqrt{5}}\right)=-\frac{6}{5}$

3 ②

원과 직선이 서로 다른 두 점에서 만나기 위해서는 원의 중심 $(3, 2)$에서 직선 $2x-y+k=0$에 이르는 거리가 원의 반지름 $r=\sqrt{5}$보다 작아야 한다.

$\frac{|6-2+k|}{\sqrt{4+1}}<\sqrt{5}$

$|k+4|<5$

$\therefore -9<k<1$

그러므로 정수 k의 개수는 9개이다.

4 ④

그림과 같이 원의 중심 (0, 0)에서 직선 $x-y+4=0$에 그은 수선의 발을 H라 하면

$\overline{OH}=\dfrac{|4|}{\sqrt{2}}=2\sqrt{2}$ 이고 $\overline{AH}=\sqrt{25-8}=\sqrt{17}$ 이다.

따라서 선분 $\overline{AB}$의 길이는 $\overline{AB}=2\overline{AH}=2\sqrt{17}$ 이다.

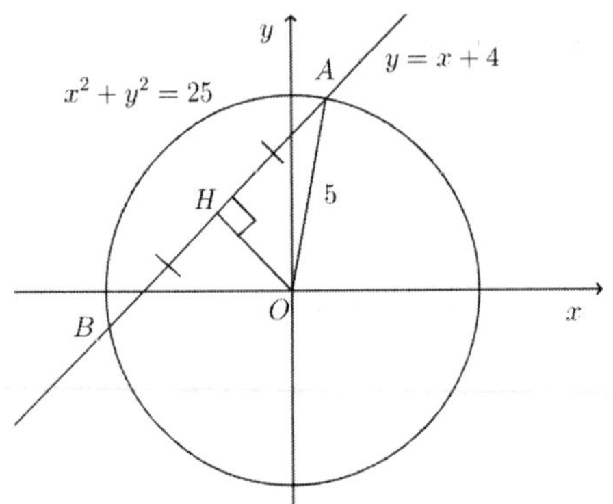

5 ③

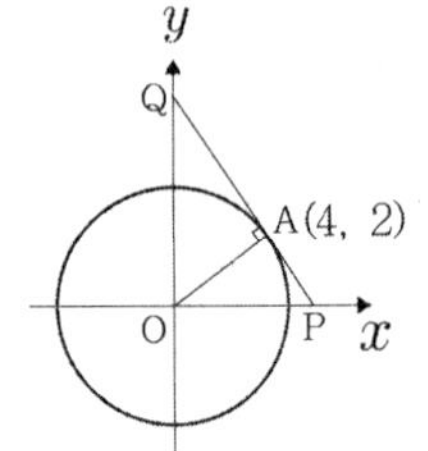

점 A에서의 접선과 선분 OA는 수직이고, 선분 OA의 기울기는 $\dfrac{2}{4}=\dfrac{1}{2}$이므로 접선의 기울기는 -2이다.

따라서 접선의 방정식은 $y-2=-2(x-4)$

$\Rightarrow y=-2x+10$이다.

이 접선의 x절편은 5, y절편은 10이므로

삼각형 OPQ의 넓이는 $\triangle OPQ=\dfrac{1}{2}\times5\times10=25$

6 ④

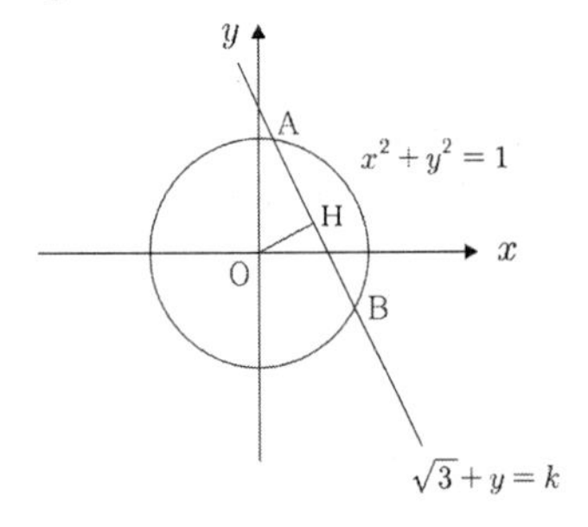

그림과 같이 원점에서 직선 $\sqrt{3}x+y=k$에 내린 수선의 발을 H라 하고

선분 OH의 길이를 $a\,(0<a<1)$라 하면

$\overline{AB}=2\overline{AH}$, $\overline{AH}=\sqrt{1-a^2}$ 가 되므로

삼각형 OAB의 넓이를 S라 하면

$S=\dfrac{1}{2}\times\overline{AB}\times\overline{OH}=a\sqrt{1-a^2}$

$a^2=t\,(0<t<1)$로 치환하면

$S=\sqrt{t}\sqrt{1-t}$

$=\sqrt{-t^2+t}=\sqrt{-\left(t-\dfrac{1}{2}\right)^2+\dfrac{1}{4}}$

넓이 S가 최대가 되는 것은 $t=\dfrac{1}{2}$인 경우,

즉 $a=\dfrac{1}{\sqrt{2}}$일 때이다.

이때, $\overline{OH}=a$는 원점과 직선 $\sqrt{3}x+y=k$ 사이의 거리이므로 $\dfrac{|-k|}{\sqrt{3+1}}=\dfrac{1}{\sqrt{2}}$

따라서 $|k|=\sqrt{2}$ 이므로 $k^2=2$이다.

7 ①

두 점 (2, 1), $(-2, 4)$를 지나는 직선의 방정식은 $3x+4y-10=0$이고, 원 $(x+2)^2+(y+1)^2=1$ 위의 점 P에서 직선까지의 거리의 최솟값은 원의 중심에서 직선까지의 거리에서 원의 반지름을 뺀 것과 같다.

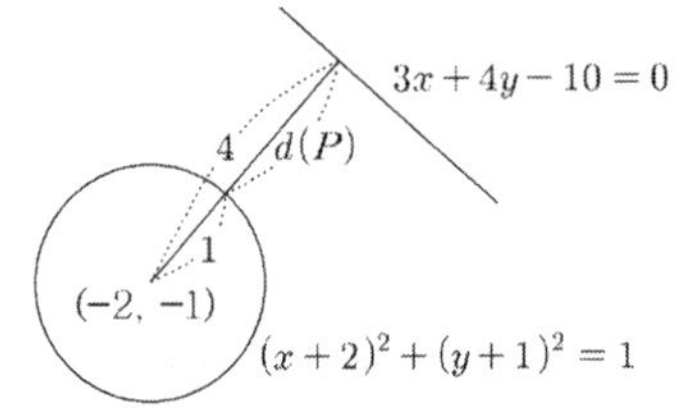

원의 중심$(-2, -1)$에서 직선 $3x+4y-10=0$까지의 거리는 $\dfrac{|-6-4-10|}{\sqrt{9+16}}=4$이고

원의 반지름은 1이므로 구하는 최솟값은

$4-1=3$이다.

8 ②

$x^2+y^2-4x+6y-3=0$

$\Rightarrow (x-2)^2+(y+3)^2=4^2 \Rightarrow$ 원의 중심 $(2, -3)$

$(x-2)^2+(y+3)^2=r^2$

또 이 원이 (3, 0)을 지나므로 대입하면 $r^2=10$

$(x-2)^2+(y+3)^2=10$

$x^2+y^2-4x+6y+3=0$

$A=-4,\ B=6,\ C=3$

$\therefore A+B+C=5$

9 ②

$A(-2,\ 3)$, $B(4,\ -1)$의 중점 $(1,\ 1)$이 원의 중심이고 중심에서 $(-2,\ 3)$에 이르는 거리 $\sqrt{13}$ 이 이 원의 반지름이다.

10 ③

$\frac{3+a}{2}=1,\ \frac{4+b}{2}=1$

$a=-1,\ b=-2$

반지름은 중심 $(-1,\ -2)$와 $(3,\ 4)$와의 거리이므로

$\sqrt{(3-1)^2+(4-1)^2}=\sqrt{13}$

11 ④

주어진 식을 변형하면

$(x-2)^2+(y-2)^2=16$

따라서 중심은 $(2,\ 2)$이다.

또 이 중심이 A, B의 중점이므로

$\frac{a}{2}=2,\ \frac{b}{2}=2$

$a=4,\ b=4$

$\therefore\ a+b=8$

12 ②

외접하려면 두 원의 반지름의 합과

두 원의 중심사이의 거리가 같아야 한다.

두 원의 중심사이의 거리는

$\sqrt{(4-1)^2+(-3-1)^2}=5$

반지름의 합은 $1+\sqrt{25-k}$

$1+\sqrt{25-k}=5$

$\therefore\ k=9$

13 ③

주어진 두 원은 제4사분면의 $(2,\ -1)$을 지나므로 중심은 $(a,\ -a)$, 반지름은 a라 할 수 있다.

따라서 두 원은

$(x-a)^2+(y+a)^2=a^2$이고 $(2,\ -1)$를 지나므로

$(2-a)^2+(-1+a)^2=a^2$

$a^2-6a+5=0 \Rightarrow a=1,\ 5$

따라서 두 원의 중심은 각각 $(5,\ -5)$, $(1,\ -1)$이므로 두 원의 중심사이의 거리는

$\sqrt{(5-1)^2+(-5+1)^2}=4\sqrt{2}$

14 ②

원의 중심 $(0,\ 0)$에서 직선에 이르는 거리를 구한 후 반지름 $\sqrt{5}$ 를 빼면 된다.

$\frac{|-9|}{\sqrt{2^2+1}}-\sqrt{5}=\frac{4\sqrt{5}}{5}$

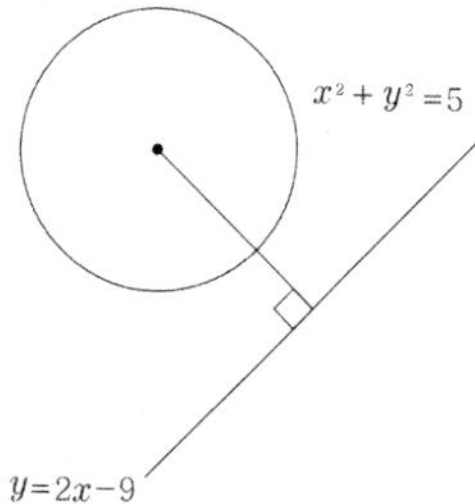

15 ①

$(1,\ 1)$에서 원의 중심 $(4,\ 5)$를 지나서 원과 만날 때까지가 최대이다.

$\sqrt{(4-1)^2+(5-1)^2}+r=8$

$\therefore\ r=3$

16 ④

$x^2+y^2-6x-8y+21=0$

$\Rightarrow (x-3)^2+(y-4)^2=4$

선분 AB가 최댓값이다.

$OB=\frac{3+4+1}{\sqrt{1^2+1^2}}=4\sqrt{2}$

반지름이 2이므로 $AB=4\sqrt{2}+2$

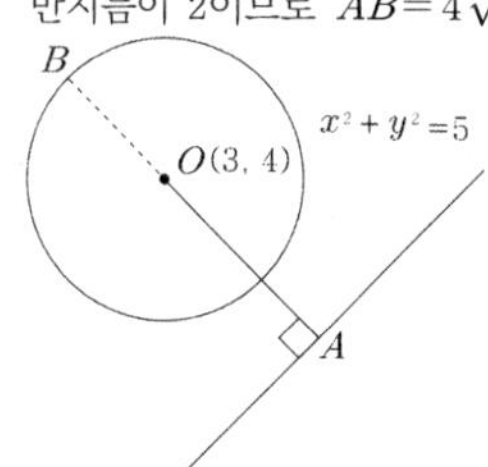

3. 도형의 이동

1 ④

$2(x-a)-(y-b)+1=2x-y-4$

$2x-2a-y+b+1=2x-y-4$

$\therefore 2a-b=5$

2 ①

$(2, 2)$가 $(5, -1)$로 옮겨지는 평행이동은

x축에 대하여 3만큼, y축에 대하여 -3만큼 평행이동한 것이다.

따라서 $y=2x^2-4x+1$에

x 대신 $x-3$, y 대신 $y+3$을 대입하면 된다.

$y+3=2(x-3)^2-4(x-3)+1$

$\Rightarrow 2x^2-16x+28$

3 ④

직선 $x-2y+1=0$을 x축 방향으로 1만큼, y축 방향으로 k만큼 평행이동하면

$(x-1)-2(y-k)+1=0$

$\Rightarrow x-2y+2k=0$

$\Rightarrow 2k=-1$

$\therefore k=-\dfrac{1}{2}$

4 ②

주어진 식을 변형하면 $(x-3)^2+(y+3)^2=16$

x 대신 $x+2$, y 대신 $y-3$을 대입하면

$(x-1)^2+y^2=4^2$

따라서 반지름은 4이다.

5 ④

$x'=2x,\ y'=y+1$

$x=\dfrac{x'}{2},\ y=y'-1$

$x^2+y^2=1$

$\Rightarrow \left(\dfrac{x'}{2}\right)^2+(y'-1)^2=1$

$\Rightarrow \dfrac{x'^2}{4}+(y'-1)^2=1$

$\Rightarrow \dfrac{x^2}{4}+(y-1)^2=1$

6 ①

직선 $l: y=x+1$에 대한 $A(3,\ 2)$의 대칭점을 $A'(a,\ b)$라 하면 $AA'\perp l$이어야 하므로

$\dfrac{b-1}{a-2}=-1 \Rightarrow a+b=5 \cdots$ ㉠

또, $A(3,\ 2)$와 $A'(a,\ b)$의 중점

$M\left(\dfrac{a+3}{2},\ \dfrac{b+2}{2}\right)$이 직선 l 위에 있어야 하므로

$\dfrac{b+2}{2}=\dfrac{a+3}{2}+1$

$\Rightarrow a-b=-3 \cdots$ ㉡

㉠, ㉡을 연립하면 $A'(1,\ 4)$

7 ②

점 $B(4,\ 1)$의 x축에 대한 대칭점 $B'(4,\ -1)$와 점 $A(-1,\ 3)$을 연결한 직선이 $\overline{AP}+\overline{BP}$의 최솟값이다.

$\therefore AB'=\sqrt{(4+1)^2+(-1-3)^2}=\sqrt{41}$

8 ④

$A(1,\ 2)$의 $y=x$에 대해 대칭이동한 $A'(2,\ 1)$와 $B(3,\ 5)$을 연결한 $\overline{A'B}$가 $\overline{AP}+\overline{PB}$의 최솟값이다.

따라서 직선 BA'와 $y=x$와의 교점이 P이다.

한편 직선 BA'의 직선은 $y-1=4(x-2)$이므로

$\Rightarrow 4x-y-7=0 \quad \therefore P\left(\dfrac{7}{3},\ \dfrac{7}{3}\right)$

9 ②

$x^2-2x+y^2+4x-4=0 \Leftrightarrow (x-1)^2+(y+2)^2=9$

원의 중심 $(1,\ -2)$를 $x-y+1=0$에 대칭이동한 점이 이동된 원의 중심이 되고 반지름은 대칭이동과는 관계가 없으므로 3이다.

$(1,\ -2)$의 $y=x+1$에 대한 대칭점을 $(a,\ b)$라 하면

$a=y-1,\ b=x+1$

즉, $a=-2-1=-3,\ b=1+1=2$

$\Rightarrow (a,\ b)=(-3,\ 2)$

따라서 대칭이동된 원은 $(x+3)^2+(y-2)^2=9$

정리하면 $x^2+6x+y^2-4y+4=0$

10 ②

$x=2$에 대칭이므로 x 대신 $2\times2-x$를 대입한다.
$y=3(4-x)-2$
$\therefore y=-3x+10$
[참고] $x=a$에 대한 대칭이동은 x 대신 $2a-x$를 대입한다.

11 ③

$y=mx+n$ ············ ㉠
변환 f에 의하여 $y-4=mx+n$이 되므로
$y=mx+n+4$
이 직선이 $y=-\frac{1}{2}x+3$과 수직이므로
$-\frac{1}{2}\times m=-1 \Rightarrow m=2$
$y=2x+n+4$ ············ ㉡
또, ㉡이 직선 $y=-\frac{1}{2}x+3$과 y축 위에서 수직이므로
$(0,\ 3)$을 지난다. $n+4=3 \Rightarrow n=-1$
따라서 ㉠은 $y=2x-1$
또, $y=2x-1$이 $x=1$에 대하여 대칭이동하면
x 대신 $2-x$를 대입하면 된다.
$y=2(2-x)-1$
$\therefore y=-2x+3$

4. 부등식의 영역

1 ④

부등식 $x^2+y^2\le4$를 만족하는 점 $(x,\ y)$는 중심이 원점이고 반지름이 2인 원의 내부이다.
한편 부등식 $x^2-3y^2\le0$
$\Rightarrow (x+\sqrt{3}y)(x-\sqrt{3}y)\le0$의 해는
$x+\sqrt{3}y\ge0,\ x-\sqrt{3}y\le0$
또는 $x+\sqrt{3}y\le0,\ x-\sqrt{3}y\ge0$이다.
따라서 연립부등식의 해 $(x,\ y)$를 좌표평면에 나타내면 다음 그림과 같이 색칠한 영역이 된다.

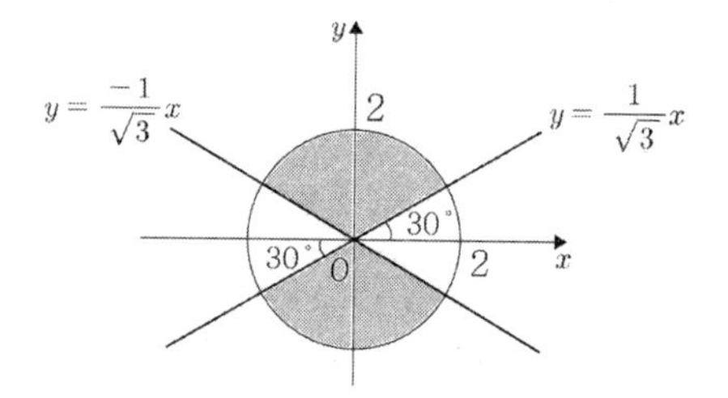

따라서 색칠한 영역의 넓이는 반지름이 2이고 중심각이 120°인 부채꼴의 넓이의 2배와 같으므로
$2\times2^2\pi\times\frac{120°}{360°}=\frac{8}{3}\pi$이다.

2 ④

$x^2+y^2-2x-4y-4\le0$에서 표준형으로 고치면
$(x-1)^2+(y-2)^2\le9$이므로
$y=x+1$은 원의 중심을 지난다.
따라서 영역의 넓이는 $\frac{9}{2}\pi$

3 ①

$(k,\ 5)$가 $y=x^2-2x-3$ 위의 점이기 위해서는
$(k,\ 5)$가 $y\ge x^2-2x-3$을 만족하면 된다.
$5\ge k^2-2k-3$
$\therefore -2\le k\le4$

4 ①

$x-y=k$라 하면 $y=x-k$이다. 그림을 참조하면
$(2,\ 0)$을 지날 때, $-k$가 최소이다.
따라서 $(2,\ 0)$을 지날 때, k는 최대가 된다.
$\therefore k=2$

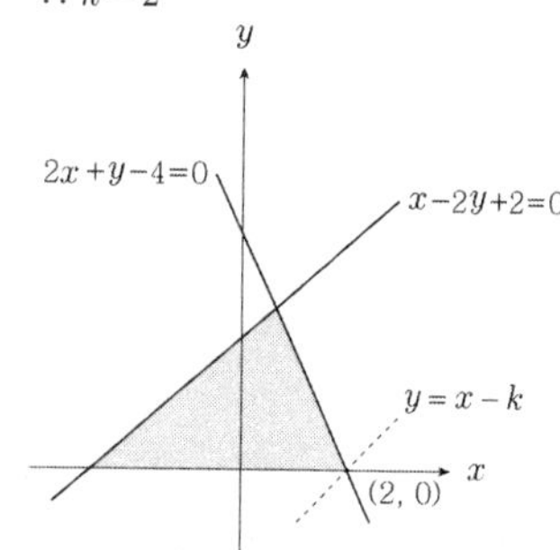

5 ②

$y-x=k$라 하면 $y=x+k$
그림에서 직선이 원에 접할 때 k의 값이 최대이다.
따라서 원점에서 $x-y+k=0$에 이르는 거리를 구하면 된다.
$d=\frac{|k|}{\sqrt{2}}=1 \Rightarrow k=\pm\sqrt{2}$
$\therefore k=\sqrt{2}$

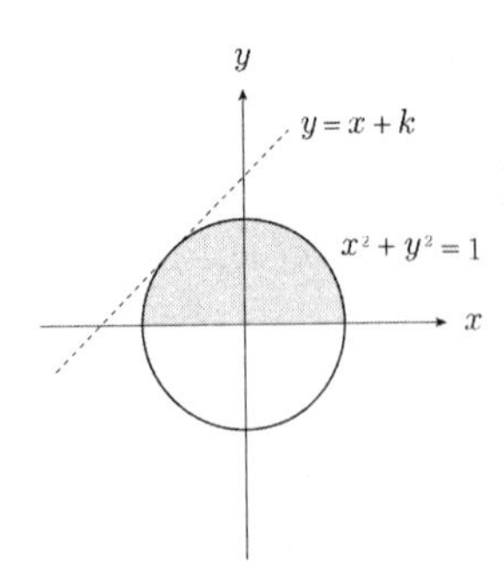

6 ④

점과 직선 사이의 거리에서 $\dfrac{|-k|}{\sqrt{4^2+3^2}} > 2$

$\therefore |k| > 10$

7 ④

주어진 연립부등식을 만족하는 영역은 아래 그림의 어두운 부분과 같다. 따라서 구하는 넓이는

$\left(\pi \times 3^2 \times \dfrac{60^\circ}{360^\circ}\right) \times 2 = 3\pi$

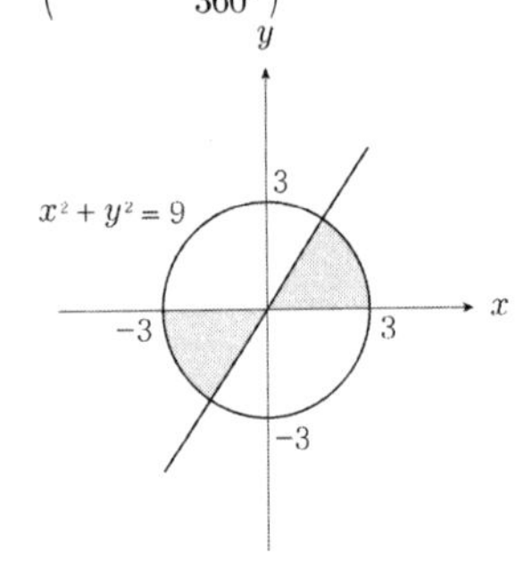

8 ②

주어진 집합 A, B, C의 영역은 다음 그림과 같다.

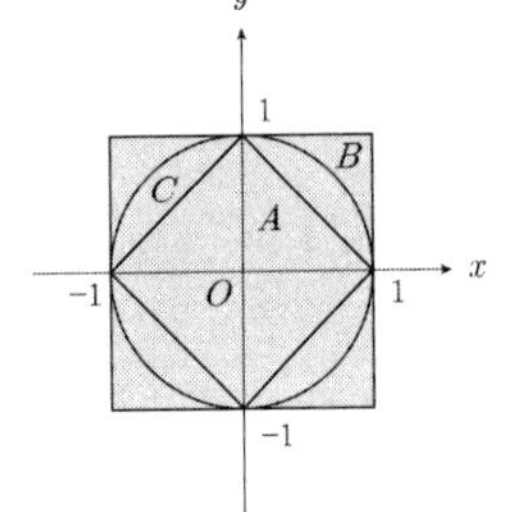

따라서 포함 관계는 $A \subset C \subset B$

9 ④

$(3,\ k) \in A \cap B \Leftrightarrow (3,\ k) \in A$이고 $(3,\ k) \in B$

(ⅰ) $(3,\ k) \in A$에서 $k \geq 3$

(ⅱ) $(3,\ k) \in B$에서 $3^2 + k^2 < 25 \Rightarrow -4 < k < 4$

(ⅰ), (ⅱ)에서 $3 \leq k < 4$

10 ②

A, B의 생산량을 각각 x, y (단, x, y는 자연수)라 하면 $8x+3y \leq 240$, $2x+3y \leq 120$

또 매상은 $20x+15y=k$라 두면

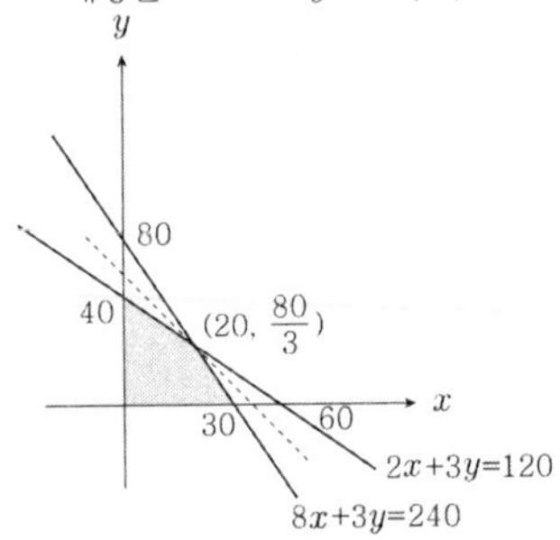

그림을 참조하면 $x=20$, $y=\dfrac{80}{3}$

그런데 x, y는 자연수이므로 $x=20$, $y=26$일 때, $20x+15y$의 최댓값은 $20\times20+15\times26=790$이다.

11 ④

A, B의 개수를 각각 x, y라 하면

$x+2y \geq 5$, $4x+3y \geq 10$이다.

부등식의 영역을 그려서 생각하면

$x+2y=5$와 $4x+3y=10$의 교점 $(1,\ 2)$에서

섭취량 $200x+300y$의 최솟값 800을 갖는다.

4 집합과 명제

1. 집합

1 ④

① $n(A\cup B)=n(A)+n(B)-n(A\cap B)$ (×)

② $n(A\cup B^c)=n(U)-n(B\cap A^c)$ (×)

③ $n(A-B)=n(A)-n(A\cap B)$ (×)

④ $n(A^c\cap B^c)=n((A\cup B)^c)=n(U)-n(A\cup B)$ (○)

2 ④

① $A\cap B=\{1,\ 4\}\neq\varnothing$이므로 두 집합은 서로소가 아니다.
② $A\cup B=\{1,\ 2,\ 3,\ 4,\ 7\}$
③ $A-B=\{2,\ 3\}$

3 ②

$A\neq B$, $A-B=\varnothing$이면 $A\subset B$이므로

$$\begin{aligned}B-(B-A)&=B-(B\cap A^c)=B\cap(B\cap A^c)^c\\&=B\cap\left(B^c\cup(A^c)^c\right)=B\cap(B^c\cup A)\\&=(B\cap B^c)\cup(B\cap A)=\varnothing\cup(B\cap A)\\&=B\cap A=A\ (\because A\subset B)\end{aligned}$$

4 ②

전체집합 $U=\{1,\ 2,\ 3,\ 4,\ 5,\ 6,\ 7\}$에 대하여
$B^c=\{1,\ 3,\ 5,\ 6\}$이므로 $A-B^c=\{2,\ 4\}$이다.
따라서 $A-B^c$의 모든 원소의 합은 $2+4=6$이다.

5 ②

집합 $A=\{a,\ b,\ \{c\}\}$의 원소는 $a,\ b,\ \{c\}$이다.
따라서 ② $\{a,\ \{c\}\}\subset A$이다.

6 ④

$A\cap B=\{2\}$이므로 $\{2\}\subset A$, $\{2\}\subset B$
$\{2\}\subset B$에서 $2\in B$이므로 $a^2-2a-1=2$
$\Rightarrow a^2-2a-3=0$
$\Rightarrow (a+1)(a-3)=0$
$a=-1$ 또는 $a=3$을 집합 A의 원소에 대입하면
(i) $a=-1$일 때, $A=\{2,\ 3,\ 5\}$, $B=\{2,\ 3\}$
$\therefore A\cap B=\{2,\ 3\}$
(ii) $a=3$일 때, $A=\{1,\ 2,\ 15\}$, $B=\{2,\ 3\}$
$\therefore A\cap B=\{2\}$
여기서 $A\cap B=\{2\}$를 만족하는 것은 $a=3$이므로
$$\begin{aligned}(A-B)\cup(B-A)&=\{1,\ 15\}\cup\{3\}\\&=\{1,\ 3,\ 15\}\end{aligned}$$
따라서 $(A-B)\cup(B-A)$의 모든 원소들의 합은
$1+3+15=19$

7 ④

집합 A의 부분집합 중 원소 2 또는 3을 포함하는 부분집합의 개수는 집합 A의 부분집합의 개수에서 원소 2, 3을 포함하지 않는 부분집합의 개수를 뺀 것과 같다.
$\therefore 2^6-2^{6-2}=64-16=48$(개)

8 ③

$A\oplus B=\{x\,|\,x=2a-b,\ a\in A,\ b\in B\}$
$a=0,\ b=1\Rightarrow x=-1$
$a=0,\ b=2\Rightarrow x=-2$
$a=1,\ b=1\Rightarrow x=1$
$a=1,\ b=2\Rightarrow x=0$
$\therefore A\oplus B=\{-2,\ -1,\ 0,\ 1\}$
$M\subset(A\oplus B)$에서 집합 M은 $A\oplus B$의 부분집합이므로 집합 M의 개수는 $2^4=16$(개)

9 ②

학생 전체의 집합을 U,
1교시에 졸았던 학생의 집합을 A,
2교시에 졸았던 학생의 수를 B,
3교시에 졸았던 학생의 수를 C라 하면
$n(U)=40,\ n(A)=10,\ n(B)=9,\ n(C)=12$
1, 2교시에 졸았던 학생의 집합은 $A\cap B$,
1, 3교시에 졸았던 학생의 집합은 $A\cap C$,
2, 3교시에 졸았던 학생의 집합은 $B\cap C$이므로
$n(A\cap B)=4,\ n(A\cap C)=3,\ n(B\cap C)=3$
또한 1, 2, 3교시에 모두 졸았던 학생의 집합은 $A\cap B\cap C$이므로 $n(A\cap B\cap C)=2$
세 유한집합의 원소의 개수를 구하는 공식
$$\begin{aligned}n(A\cup B\cup C)=&\,n(A)+n(B)+n(C)\\&-n(A\cap B)-n(A\cap C)-n(B\cap C)\\&+n(A\cap B\cap C)\end{aligned}$$
이 식에 주어진 조건을 대입하면
$n(A\cup B\cup C)=10+9+12-4-3-3+2=23$
따라서 1, 2, 3교시에 졸지 않은 학생의 집합은 $(A\cup B\cup C)^c$이므로
$$\begin{aligned}n(A\cup B\cup C)^c&=n(U)-n(A\cup B\cup C)\\&=40-23=17(\text{명})\end{aligned}$$

10 ④

$$\begin{aligned}A\circ B&=(A-B)\cup(B-A)\\&=(A\cup B)-(A\cap B)=\{a,\ b,\ d\}\end{aligned}$$
이를 벤 다이어그램으로 나타내면 아래 그림과 같다.

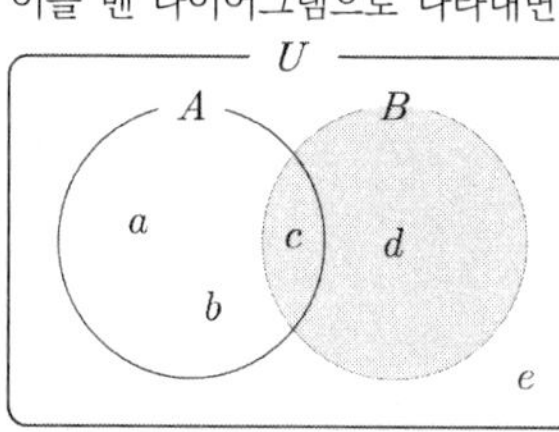

$\therefore B=\{c,\ d\}$

11 ②

$P=\{x|x\in A$이고 $x\notin B\}$에서 $P=A\cap B^c$
$Q=\{x|x\notin A$이고 $x\in B\}$에서 $Q=A^c\cap B$
$R=\{x|x\notin A$이고 $x\notin B\}$에서 $R=A^c\cap B^c$

$$\begin{aligned}\therefore P\cup Q\cup R&=(A\cap B^c)\cup(A^c\cap B)\cup(A^c\cap B^c)\\&=(A\cap B^c)\cup[A^c\cap(B\cup B^c)]\\&=(A\cap B^c)\cup(A^c\cap U)\\&=(A\cap B^c)\cup A^c\\&=(A\cup A^c)\cap(B^c\cup A^c)\\&=U\cap(A^c\cup B^c)\\&=A^c\cup B^c=(A\cap B)^c\end{aligned}$$

12 ②

$N_{12}\cup N_{15}\subset N_k \Rightarrow N_{12}\subset N_k$, $N_{15}\subset N_k$에서
k는 12와 15의 최대공약수이므로 $a=3$
$N_3\cap N_4\supset N_k$를 만족하는 최소의 정수는
3과 4의 최소공배수이므로 $b=12$
$\therefore a+b=15$

13 ④

④ $\{4,\ 5\}$는 집합 A의 원소이므로
$\{4,\ 5\}\in A$, $\{\{4,\ 5\}\}\subset A$

14 ①

집합 $B=\{-1,\ 0,\ 1,\ 2\}$의 부분집합 중에서
-1을 반드시 포함하는 부분집합은 $2^{4-1}=8$(개)
0을 반드시 포함하는 부분집합은 $2^{4-1}=8$(개)
1을 반드시 포함하는 부분집합은 $2^{4-1}=8$(개)
2를 반드시 포함하는 부분집합은 $2^{4-1}=8$(개)
따라서 B_1, B_2, $\cdots$, B_{16} 중 원소 -1, 0, 1, 2를 포함하는 집합은 각각 8개씩이므로
구하는 모든 원소의 총합은
$a_1+a_2+\cdots+a_{16}=8(-1+0+1+2)=16$

2. 명제

1 정답 없음

①의 역은 "두 대각선의 길이가 같은 사각형은 직사각형이다"인데 등변사다리꼴은 두 대각선 길이는 같지만 직사각형은 아니므로 거짓이다.
②의 역은 "$x+y$가 실수이면 x, y가 실수이다"인데 $x=i$, $y=-i$인 경우 $x+y=0$은 실수이지만 x, y는 허수이므로 거짓이다.
③에서 무한소수 중 순환소수는 유리수이므로 명제가 거짓, 따라서 대우도 거짓이다.
④에서 $x=y=i=\sqrt{-1}$인 경우 $xy=-1<0$이지만 절댓값의 크기를 비교할 수 없으므로 명제가 성립하지 않는다. 따라서 거짓이다.

2 ④

① [반례] $x=-1$
② [반례] $x=-1$, $y=-2$
③ [반례] $x=0$
④ x, y가 자연수일 때, xy가 홀수이면 x, y가 모두 홀수가 되어야 하므로 참이다.

3 ②

명제의 반례가 되는 집합은
$P\cap Q^c=\{x\,|\,x\in P$이고 $x\in Q^c\}$
반례가 속하는 집합은 ② $P\cap Q^c$이다.

4 ②

명제 $p\to q$의 역, 이, 대우가 모두 참이 되기 위해서는 명제 $p\to q$와 명제의 역 $q\to p$가 참이 되면 된다.
즉, 조건 p, q를 만족하는 집합을 각각 P, Q라 하면 $P\subset Q$이고 $Q\subset P$이어야 하므로
$P=Q$를 만족해야 한다.
① [반례] 등변사다리꼴도 대각선의 길이가 같다.
② 명제 「직사각형은 모든 각의 크기가 직각이다.」에서 {직사각형}={모든 각의 크기가 직각인 사각형}이므로 역, 이, 대우가 모두 참이 된다.
③ [역] $a+b$가 정수이면 a, b도 정수이다. (거짓)
[반례] $a=\frac{1}{2}$, $b=\frac{1}{2}$이면 $a+b=1$(정수)이지만 a, b는 정수가 아니다.
④ [역] ab가 유리수이면 a, b도 유리수이다. (거짓)
[반례] $a=\sqrt{2}$, $b=\sqrt{2}$이면 $ab=2$(유리수)이지만 a, b는 유리수가 아니다.

5 ④

주어진 명제를 모두 연관 지으면 $p\to q\to \sim r$
$\therefore p\to\sim r$, $r\to\sim p$

6 ④

「방화범은 반드시 건물 안에 있었다.」가 참이라 하여 「건물 안에 있던 사람이 방화범이다.」는 참이라 할 수 없다. 즉, 명제 「$p\to q$」가 참이라 하여 그 역인 「$q\to p$」가 반드시 참이 되는 것은 아니다.

7 ④

(대우) $x^2 \neq 9$이면 $x \neq 3$이다.

명제의 진릿값이 참이므로 대우도 참이다.

④ 명제 p의 이는 "② $x \neq 3$이면 $x^2 \neq 9$이다. (거짓)"가 되어야 한다.

8 ④

역인 명제

① $xy=0$이면 $x=0$ (거짓) (반례 : $x=1,\ y=0$)

② $x^2 \geq 1$이면 $x \geq 1$ (거짓) (반례 : $x=-2$)

③ $x+y \leq 2$이면 $x \leq 1$이고 $y \leq 1$ (거짓)
(반례 : $x=-5,\ y=2$)

④ $a \neq 0$ 또는 $b \neq 0$이면 $a^2+b^2>0$ (참)

9 ④

m 또는 n이 3의 배수가 아니면 m과 n중 적어도 하나는 $3k+1$ 또는 (가) $3k+2$의 꼴이다.

(i) $3k+1$에서 $(3k+1)^2=3($(나) $3k^2+2k$$)+1$

(ii) (가) $3k+2$에서

$($(가) $3k+2$$)^2=3(3k^2+4k+1)+1$

(i), (ii)에서 3의 배수가 아닌 수의 제곱을 3으로 나눈 나머지는 1이다.

따라서 m 또는 n이 3의 배수가 아니면 m^2+n^2을 3으로 나눈 나머지는 (다) 1 또는 2이다.

따라서 m 또는 n이 3의 배수가 아니면 m^2+n^2은 3의 배수가 아니다.

그러므로 m^2+n^2이 3의 배수이면 m과 n은 모두 3의 배수이다.

10 ③

조건 $p,\ q$를 만족하는 집합을 각각 $P,\ Q$라 하면 명제 $p \Rightarrow q$가 성립하므로 $P \subset Q$를 만족한다.

이때, $P=\{x|x \geq 1\},\ Q=\{x|x \geq -3a\}$이므로 이를 수직선 위에 나타내면

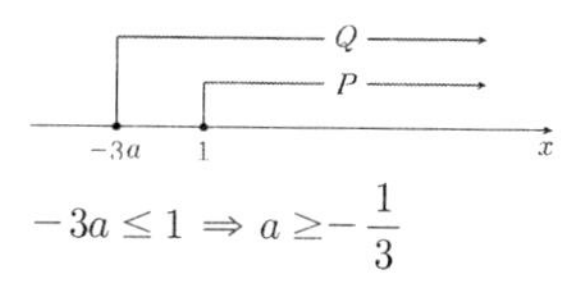

$-3a \leq 1 \Rightarrow a \geq -\dfrac{1}{3}$

따라서 실수 a의 최솟값은 $-\dfrac{1}{3}$이다.

11 ④

$a,\ b,\ c$가 실수일 때, $(a-b)^2+(b-c)^2=0$이면

$(a-b)^2 \geq 0$이고 $(b-c)^2 \geq 0$이므로

$\Rightarrow (a-b)^2=0,\ (b-c)^2=0$

$\Rightarrow a-b=0,\ b-c=0 \Rightarrow a=b=c$

이때, 「$a=b=c$」의 부정을 구하면

$a \neq b$ 또는 $b \neq c$ 또는 $c \neq a$이므로

「$a,\ b,\ c$중 다른 것이 있다.」와 같은 표현이다.

12 ②

산술평균과 기하평균의 관계에 의하여

$2x^2+8y^2 \geq 2\sqrt{2x^2 \cdot 8y^2}=8xy$

$2x^2+8y^2=5$이므로

$5 \geq 8xy \Rightarrow xy \leq \dfrac{5}{8}$

이때, 등호는 $2x^2=8y^2$

즉, $x=2y$ ($\because x>0,\ y>0$)일 때 성립하므로

$x=2y$를 $xy=\dfrac{5}{8}$에 대입하면

$2y^2=\dfrac{5}{8} \Rightarrow y^2=\dfrac{5}{16}$

$x=\dfrac{\sqrt{5}}{2},\ y=\dfrac{\sqrt{5}}{4}$

$\therefore \alpha\beta+\gamma=\dfrac{\sqrt{5}}{2} \cdot \dfrac{\sqrt{5}}{4}+\dfrac{5}{8}=\dfrac{5}{4}$

13 ①

$\left(x+\dfrac{3}{y}\right)\left(y+\dfrac{3}{x}\right)=xy+\dfrac{9}{xy}+6$

$xy+\dfrac{9}{xy} \geq 2 \cdot 3$ (산술기하 평균)

$xy+\dfrac{9}{xy}+6 \geq 2 \cdot 3+6$

$\therefore xy+\dfrac{9}{xy}+6 \geq 12$

5 함수

1. 함수

1 ④

① 함수의 그래프가 되는 것은 ㈎, ㈏, ㈐ 3개이다.
② ㈏는 상수함수이고 항등함수는 $y=x$이다.
③ 상수함수는 ㈏이다.
④ ㈎는 증가함수로서 일대일함수이다. ㈏, ㈐는 일대일함수가 아니다.

2 ③

㉠ X의 원소 2에 대응하는 Y의 원소가 2개이므로 함수가 아니다.
㉢ X의 원소 3에 대응하는 Y의 원소가 없으므로 함수가 아니다.

3 ③

$(g\circ f)^{-1}(x)=f^{-1}(x)\circ g^{-1}(x)=2x$
$\Rightarrow f^{-1}(x)\circ g^{-1}(x)\circ g(x)=2x\circ g(x)$
$\Rightarrow f^{-1}(x)=2g(x)$
$\Rightarrow g(x)=\frac{1}{2}f^{-1}(x)$
$\therefore g(2)=\frac{1}{2}f^{-1}(2)=\frac{1}{4}\ (\because f^{-1}(2)=\frac{1}{2})$

4 ①

일단 $f(x)=11$이 되는 x를 찾아보면 $3x+2=11$
$\Rightarrow x=3$, 즉 $f(3)=11$이다.
$(g\circ f)(3)=g(f(3))=g(11)$이므로
$(g\circ f)(3)=3^2+1=10$이다.
따라서 $g(11)=10$이다.

5 ①

함수 $f(x)=x^2+1$, $(h\circ g)(x)=3x-1$에 대하여 합성함수는 결합법칙이 성립하므로
$h\circ(g\circ f)=(h\circ g)\circ f$이다.
$(h\circ(g\circ f))(-1)=((h\circ g)\circ f)(-1)$
$=(h\circ g)(f(-1))$
$=(h\circ g)(2)\ (\because f(-1)=2)$
$=3\times2-1=5$

6 ②

집합 X에 대하여 $(f\circ f)(x)=x$이므로
$(f\circ f)(1)=f(f(1))=f(3)=1$
$(f\circ f)(2)=f(f(2))=f(4)=2$
또한 함수 $f(x)$는 X에서 X로의 일대일함수이므로
$f(5)=5$
이를 그림으로 나타내면 다음과 같다.

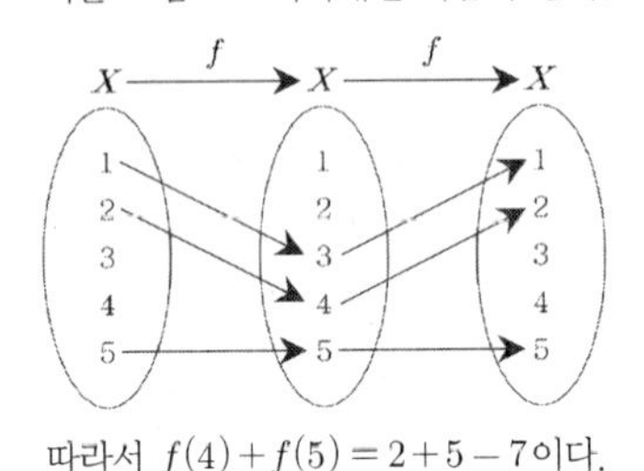

따라서 $f(4)+f(5)=2+5=7$이다.

7 ①

$(g\circ f)(1)=g(f(1))=g(1)=3$

8 ①

$f\circ g=2(ax-1)+6=2ax+4$
$g\circ f=a(2x+6)-1=2ax+6a-1$
$6a-1=4$
$\therefore a=\frac{5}{6}$

9 ③

$f(\sqrt{2})=1-\sqrt{2}$
$f(1-\sqrt{2})=1-(1-\sqrt{2})=\sqrt{2}$
$\therefore f(\sqrt{2})+f(1-\sqrt{2})=1$

10 ④

분수함수 $f(x)=\frac{ax+b}{cx+d}$의
역함수는 $f^{-1}(x)=\frac{dx-b}{-cx+a}$
따라서 $f(x)=\frac{x-1}{x+2}$의
역함수는 $f^{-1}(x)=\frac{-2x-1}{x-1}$
$a=-2,\ b=-1,\ c=-1$
$\therefore a+b+c=-4$

11 ②

$x=\sqrt{y-1} \Rightarrow x^2=y-1 \Rightarrow y=x^2+1$
그런데 $y=\sqrt{x-1}$의 치역이 $(y \geq 0)$이므로
역함수의 정의역은 $x \geq 0$이다.
$\therefore y=x^2+1\ (x \geq 0)$

12 ③

㉠ 일대일대응이어야 하므로
$f(x)=x^2-4x \Rightarrow f(x)=(x-2)^2-4$
$a \geq 2$ (대칭축 조건)
㉡ $f: X \to X$이므로 $a^2-4a=a$
$\therefore a=5\ (\because a \geq 2)$

13 ③

$(g \circ (f \circ g)^{-1} \circ g)(2)$
$=(g \circ g^{-1} \circ f^{-1} \circ g)(2)$
$=(f^{-1} \circ g)(2)=f^{-1}(g(2))=f^{-1}(8)$
$f^{-1}(8)=a$라 하면 $f(a)=8 \Rightarrow 2a^2=8$
$\therefore a=2$

14 ②

$g(3)=5$이므로 $(f^{-1} \circ g)(3)=f^{-1}(5)=a$
$f(a)=5 \Rightarrow \therefore a=2$

2. 유리식과 무리식

1 ③

$$\frac{x+2}{x^2+x}-\frac{3+x}{x^2-1}=\frac{x+2}{x(x+1)}-\frac{3+x}{(x-1)(x+1)}$$
$$=\frac{(x+2)(x-1)-x(3+x)}{x(x-1)(x+1)}$$
$$=\frac{(x^2+x-2)-(3x+x^2)}{x(x-1)(x+2)}$$
$$=\frac{-2(x+1)}{x(x-1)(x+2)}$$
$$=\frac{-2}{x(x-1)}$$

2 ②

좌변의 분모를 통분하면
$$\frac{a}{x-2}+\frac{b}{x+1}=\frac{a(x+1)+b(x-2)}{(x-2)(x+1)}$$
$$=\frac{(a+b)x+a-2b}{x^2-x-2}$$
따라서 주어진 등식은
$$\frac{(a+b)x+a-2b}{x^2-x-2}=\frac{5x+2}{x^2-x-2}$$
이 식이 x에 대한 항등식이므로
$a+b=5,\ a-2b=2$
$a=4,\ b=1$
$\therefore ab=4$

3 ②

② $\sqrt{3}<3$이므로 $\sqrt{(\sqrt{3}-3)^2}-\sqrt{(\sqrt{3}+3)^2}$
$=-(\sqrt{3}-3)-(\sqrt{3}+3)$
$=-2\sqrt{3}$

4 ③

$$\frac{1}{1-\frac{1}{1+\frac{1}{x}}}+\frac{1}{1-\frac{1}{1-\frac{1}{x}}}$$
$$=\frac{1}{1-\frac{x}{x+1}}+\frac{1}{1-\frac{x}{x-1}}$$
$$=\frac{x+1}{x+1-x}+\frac{x-1}{x-1-x}$$
$$=x+1-(x-1)$$
$$=2$$

5 ③

$$1+\frac{23}{100}=1+\frac{1}{\frac{100}{23}}=1+\frac{1}{4+\frac{8}{23}}$$
$$=1+\frac{1}{4+\frac{1}{\frac{23}{8}}}=1+\frac{1}{4+\frac{1}{2+\frac{7}{8}}}$$
$a=4,\ b=2$
$\therefore a+b=6$

6 ②

$x+y-z=2x+3y-2z$에서
$x+2y=z$ …㉠
$x+y-z=-x-2y+2z$에서
$2x+3y=3z$ …㉡
㉠×2−㉡을 하면 $y=-z$
$y=-z$를 ㉠에 대입하면
$x-2z=z$
$x=3z$
$x:y:z=3z:-z:z=3:-1:1$
$x=3k,\ y=-k,\ z=k\ (k\neq0)$로 놓으면
$\therefore (x+2y):(y+2z):(z+2x)$
$=k:k:7k$
$=1:1:7$

7 ③

$T(1)+T(2)+T(3)+\cdots+T(9)$
$=\frac{1}{1\cdot2}+\frac{1}{2\cdot3}+\frac{1}{3\cdot4}+\cdots+\frac{1}{9\cdot10}$
$=\left(\frac{1}{1}-\frac{1}{2}\right)+\left(\frac{1}{2}-\frac{1}{3}\right)+\left(\frac{1}{3}-\frac{1}{4}\right)+\cdots+\left(\frac{1}{9}-\frac{1}{10}\right)$
$=1-\frac{1}{10}$
$=\frac{9}{10}$
$\frac{1}{a(a+1)}=\frac{9}{10}$, $9a(a+1)=10$
$9a^2+9a-10=0$, $(3a+5)(3a-2)=0$
$\therefore a=\frac{2}{3}\ (\because a>0)$

8 ②

$\frac{4}{\sqrt{5}+1}=\sqrt{5}-1=1.\times\times\times$
따라서 정수 부분 $a=1$,
소수 부분 $b=(\sqrt{5}-1)-1=\sqrt{5}-2$
$\therefore \frac{1}{a+b+2}-\frac{1}{a+b}=\frac{1}{\sqrt{5}+1}-\frac{1}{\sqrt{5}-1}$
$=\frac{\sqrt{5}-1-(\sqrt{5}+1)}{4}$
$=-\frac{1}{2}$

9 ④

$x=\frac{1}{\sqrt{2}+1}=\sqrt{2}-1,\ y=\frac{1}{\sqrt{2}-1}=\frac{1}{\sqrt{2}-1}$
$=\sqrt{2}+1$
$x+y=2\sqrt{2}$, $xy=1$
$x^2+y^2=(x+y)^2-2xy=6$
$\therefore x^4+x^2y^2+y^4=(x^2+y^2+xy)(x^2+y^2-xy)$
$=(6+1)(6-1)$
$=35$

3. 유리함수와 무리함수

1 ②

함수 $y=f(x)=\frac{x-1}{x-2}$의 역함수는
$x=\frac{y-1}{y-2}$
$\Rightarrow xy-2x=y-1$
$\Rightarrow (x-1)y=2x-1$
$\Rightarrow y=f^{-1}(x)=\frac{2x-1}{x-1}$
$a=-1,\ b=1,\ c=-1$
$\therefore a+b+c=-1$

2 ②

$f(1)=\frac{b-7}{a+1}=-1 \Rightarrow b-7=a+1 \Rightarrow a+b=6$ …㉠
$f^{-1}(1)=4 \Rightarrow f(4)=\frac{4b-7}{4a+1}=1 \Rightarrow 4b-7=4a+1$
$\Rightarrow a-b=-2$ …㉡
㉠과 ㉡을 연립하면 $a=2,\ b=4$
$\therefore ab=8$

3 ①

먼저 두 함수 $y=2x^2$과 $y=\sqrt{\frac{x}{2}}$의 그래프의 교점을 구한다.
방정식 $2x^2=\sqrt{\frac{x}{2}}$를 풀기 위해 양변을 제곱하면
$4x^4=\frac{x}{2}$
$\Rightarrow x=0,\ x=\frac{1}{2}$

그림과 같이 교점의 좌표는 (0, 0), $\left(\frac{1}{2}, \frac{1}{2}\right)$이므로

따라서 두 교점 사이의 거리는 $\sqrt{\frac{1}{4}+\frac{1}{4}}=\frac{\sqrt{2}}{2}$ 이다.

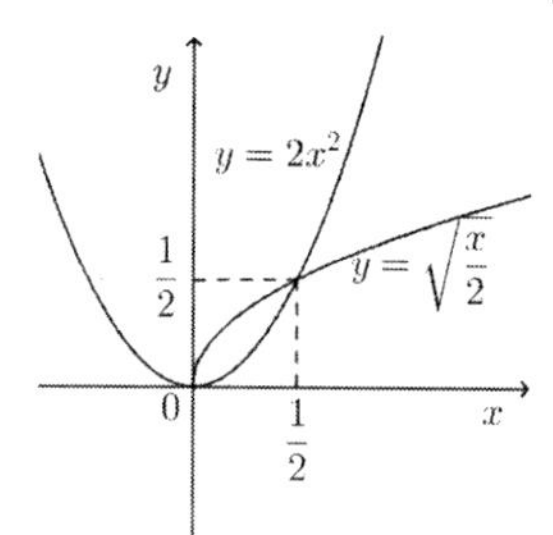

4 ③

함수 $y=\sqrt{x+2}$ 를 y축에 대하여 대칭이동하면
$y=\sqrt{-x+2}$ 가 되고, 다시 x축 양의 방향으로
1만큼 평행이동한 식은 x대신 $x-1$를 대입한 것과
같으므로 $y=\sqrt{-(x-1)+2}=\sqrt{-x+3}$ 이 된다.
이 함수의 그래프가 $(a,\ 3)$을 지나므로
$3=\sqrt{-a+3} \Rightarrow 9=-a+3 \Rightarrow \therefore a=-6$

5 ②

함수 $f(x)=\frac{x-1}{x}$ 에 대해

$$f^2(x)=f(f(x))=\frac{f(x)-1}{f(x)}=\frac{\frac{x-1}{x}-1}{\frac{x-1}{x}}=\frac{-1}{x-1},$$

$$f^3(x)=f(f^2(x))=\frac{f^2(x)-1}{f^2(x)}=\frac{\frac{-1}{x-1}-1}{\frac{-1}{x-1}}=x,$$

$f^4(x)=f(f^3(x))=f(x),\ \cdots$
같은 방법으로 $f^1=f^4=f^7=\cdots=f^{2014}=\cdots,$
$f^2=f^5=f^8=\cdots,\ f^3=f^6=f^9=\cdots$
$\therefore f^{2014}(2014)=f(2014)=\frac{2014-1}{2014}=\frac{2013}{2014}$

6 ②

②의 경우 $y=\frac{x}{x-1}$

$\Rightarrow y=\frac{x-1+1}{x-1}$

$\Rightarrow y=1+\frac{1}{x-1}$

따라서 이 그래프는 $y=\frac{1}{x}$ 의 그래프가
x축으로 1만큼, y축으로 1만큼 평행이동한 것이다.

7 ②

$f(x)$의 그래프가 (1, 2)에 대칭이면
$x=1,\ y=2$가 점근선이다.
따라서 $x=-b=1,\ y=a=2$
$a=2,\ b=-1$
$f(x)=\frac{2x+2}{x-1} \Rightarrow \therefore f(2)=6$

8 ①

$\left(2,\ \frac{5}{2}\right)$를 지나므로 $\frac{5}{2}=\frac{2+3}{2a+b}$
$\Rightarrow 2a+b=2$ ······ ㉠
또 점근선의 조건에서 $x=-\frac{b}{a}=4$
$\Rightarrow b=-4a$ ······ ㉡
㉠㉡을 연립하면 $a=-1,\ b=4$
$\therefore a+b=3$

9 ③

$y=\frac{x-3}{x-1}=\frac{-2}{x-1}+1$의 그래프는 아래 그림과 같다.

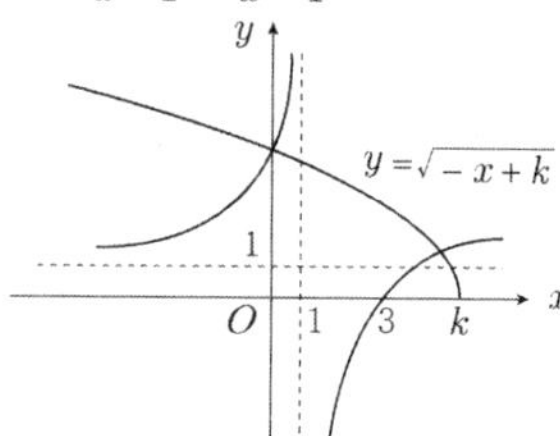

따라서 주어진 분수함수의 그래프와
함수 $y=\sqrt{-x+k}$ 의 그래프가 서로 다른 두 점에서
만나려면 $k\geq 3$이어야 하므로 k의 최솟값은 3이다.

10 ①

$f^{-1}(x)=\frac{x+2}{x-a}$
$\therefore a=1$

11 ④

$$f(x)=\frac{\frac{3}{2}x+2}{x+\frac{1}{2}}$$

$a=\frac{3}{2},\ b=2,\ c=\frac{1}{2}$

$y=2|x-a|+bc$

$\Rightarrow\ y=2\left|x-\frac{3}{2}\right|+1\ (0\le x\le 2)$

$x=0$일 때 최댓값은 4이다.

12 ④

$y=\sqrt{x+1},\ x=\sqrt{y+1}$의 두 함수는 서로 역함수이다.

역함수는 $y=x$에 대하여 대칭이므로

어차피 두 곡선의 교점은 $y=\sqrt{x+1}$와 $y=x$와의 교점이기도 한다. $(x>0)$

두 식을 연립하면 $x=\sqrt{x+1}\Rightarrow x^2-x-1=0$

$x=\frac{1+\sqrt{5}}{2}$

$a=b=\frac{1+\sqrt{5}}{2}$

$\therefore\ a+b=\sqrt{5}+1$

13 ④

$y=1+\sqrt{3-x},\ x=\sqrt{3-y}$는 역함수 관계이므로

$y=1+\sqrt{3-x}$와 $y=x$의 교점을 구하면

$1+\sqrt{3-x}=x$

$\Rightarrow \sqrt{3-x}=x-1$

$\Rightarrow x^2-2x+1=3-x$

$\Rightarrow x^2-x-2=0$

$\Rightarrow (x-2)(x+1)=0$

$\Rightarrow x=2$ 또는 $x=-1$

따라서 교점은 $(2,\ 2)$와 $(-1,\ -1)$인데

$x\ge 1$이므로 $(2,\ 2)$

14 ④

$y=\sqrt{x+4}$와 $y=\sqrt{x}$는 평행이동한 그래프

빗금 친 부분의 넓이는

OCD의 넓이와 OAB의 넓이가 같으므로

□$OABC$의 넓이와 같다.

$\therefore 4\times 2=8$

15 ①

$f(x)=-f(-x)$이므로

$$\begin{aligned}(f\circ f\circ f)\left(-\frac{1}{4}\right)&=f\left(f\left(f\left(-\frac{1}{4}\right)\right)\right)\\&=f\left(f\left(-f\left(\frac{1}{4}\right)\right)\right)\\&=f(f(-b))\\&=f(-f(b))\\&=f(-c)\\&=-f(c)\\&=-d\end{aligned}$$

6 수열

1. 등차수열과 등비수열

1 ②

관계식 $a_{n+1}=2a_n-1$의 양변에 -1를 더하면

$a_{n+1}-1=2(a_n-1)$

따라서 수열 $\{a_n-1\}$은 첫째항이 $a_1-1=1$이고 공비가 2인 등비수열이다.

$a_n-1=2^{n-1}\Rightarrow a_n=2^{n-1}+1$

$\therefore a_{10}=2^9+1=513$

2 ①

처음 방사선 입자의 양을 A라 하고

보호막 n개를 통과한 후

방사선 입자의 양을 a_n이라 하면

$a_1=\frac{2}{5}A,\ a_2=\left(\frac{2}{5}\right)^2A,\ a_3=\left(\frac{2}{5}\right)^3A,\ \cdots$으로

공비가 $\frac{2}{5}$인 등비수열이다.

수열 $\{a_n\}$의 일반항 $a_n=A\left(\frac{2}{5}\right)^n$에 대해

부등식 $a_n\le\frac{1}{100}A$을 풀면

$A\left(\frac{2}{5}\right)^n\le\frac{1}{100}A\Rightarrow\left(\frac{2}{5}\right)^n\le\frac{1}{100}$

양변에 상용로그를 취하면

$\log\left(\frac{2}{5}\right)^n \le \log\frac{1}{100}$

$n(\log 2-\log 5)\le -2$

$n(2\log 2-1)\le -2$

$-0.399n \le -2$

$\therefore n \ge \frac{2}{0.399}=5.\times\times\times$

따라서 방사선 입자의 양이 처음의 $\frac{1}{100}$ 이하가 되기 위해 필요한 최소한의 보호막 개수는 6개이다.

3 ③

등차수열 $\{a_n\}$의 첫째항을 a_1, 공차를 d라 할 때, 일반항 $a_n=a_1+(n-1)d$에 대해

$\begin{cases} a_6=a_1+5d=8 \\ a_{21}=a_1+20d=-22 \end{cases}$이므로

$a_1=18$, $d=-2$이다.

따라서 일반항은 $a_n=-2n+20$이다.

그러므로 음이 되는 항은

$a_n=-2n+20<0$에서 $n>10$이다.

따라서 처음으로 음이 되는 항은 11번째 항이다.

4 ④

등비수열 $\{a_n\}$의 초항을 a_1, 공비를 r라 하면

$a_n=a_1r^{n-1}$이다.

주어진 조건으로부터

$a_1+a_3=a_1+a_1r^2=a_1(1+r^2)=2$ …… ㉠

$a_6+a_8=a_1r^5+a_1r^7=a_1r^5(1+r^2)=486$ …… ㉡

㉠÷㉡으로부터 $r^5=243 \Rightarrow r=3$

㉠에서 $a_1=\frac{1}{5}$이므로 $a_n=\frac{1}{5}3^{n-1}$

따라서 $a_5=\frac{1}{5}3^4=\frac{81}{5}$

5 ④

등차수열 $\{a_n\}$의 첫째항이 6, 공차가 -2이므로

$a_n=6+(n-1)\cdot(-2)=8-2n$

등차수열 $\{b_n\}$이 첫째항이 8, 공차가 -1이므로

$b_n=8+(n-1)\cdot(-1)=9-n$

이때, 주어진 조건에서 $a_k=3b_k$이므로

$8-2k=3(9-k)$

$\therefore k=19$

6 ①

조화수열 $\{a_n\}$에서 각 항의 역수로 이루어진 수열 $\left\{\frac{1}{a_n}\right\}$은 등차수열이므로 등차수열 $\left\{\frac{1}{a_n}\right\}$의 공차를 d라 하면 일반항 $\frac{1}{a_n}$은

$\frac{1}{a_n}=\frac{1}{a_1}+(n-1)d$ …… ㉠

주어진 조건에서 $a_{10}=\frac{1}{24}$, $a_{16}=\frac{1}{36}$이므로

$\frac{1}{a_{10}}=\frac{1}{a_1}+9d=24$

$\frac{1}{a_{16}}=\frac{1}{a_1}+15d=36$

두 식을 연립하면 $\frac{1}{a_1}=6$, $d=2$

이를 ㉠에 대입하면 $\frac{1}{a_n}=6+(n-1)\cdot 2=2n+4$

$\therefore a_n=\frac{1}{2n+4}$

7 ①

$S_n=n^2-3n$에서

(i) $n\ge 2$일 때,

$a_n=S_n-S_{n-1}$

$=n^2-3n-\{(n-1)^2-3(n-1)\}$

$=2n-4$ …… ㉠

(ii) $n=1$일 때,

$a_1=S_1=1-3=-2$

$a_1=-2$는 ㉠에 $n=1$을 대입한 값과 같으므로 수열 $\{a_n\}$은 첫째항부터 등차수열을 이룬다.

$a_n=2n-4\ (n\ge 1)$

$a_4+a_6+a_8+\cdots+a_{2n+2}$

$=4+8+12+\cdots+4n$

$=4(1+2+3+\cdots+n)$

$=4\cdot\frac{n(n+1)}{2}=2n^2+2n$

주어진 조건에서 $2n^2+2n=220$이므로

$n^2+n-110=0, (n+11)(n-10)=0$

$\therefore n=10\ (\because n>0)$

8 ④

8과 32 사이에 n개의 수를 넣어서 만든 등차수열을 $\{a_n\}$이라 하면

수열 $\{a_n\}$은 첫째항이 8, 마지막 항이 32, 항수가 $(n+2)$개인 등차수열이므로 그 합을 S_{n+2}라 하면

$S_{n+2}=\frac{(n+2)(8+32)}{2}=240$

$\Rightarrow n=10$

따라서 마지막 항 32는 제12항이므로

공차를 d라 하면

$a_{12}=8+11d=32$

$\therefore d=\frac{24}{11}$

9 ①

500개의 동심원의 지름의 길이를

$d_1,\ d_2,\ d_3,\ \cdots,\ d_{500}$이라 하면

수열 $\{d_n\}$은 $d_1=2,\ d_{500}=10$인 등차수열이다.

이때, 각각의 동심원에 감긴 옷감의 길이는

$\pi d_1,\ \pi d_2,\ \cdots,\ \pi d_{500}$이므로

전체 옷감의 길이는

$$\begin{aligned}\pi(d_1+d_2+\cdots+d_{500})&=\pi\cdot\frac{500(d_1+d_{500})}{2}\\&=250(2+10)\pi\\&=3000\pi\end{aligned}$$

10 ④

세 수 2, a, b가 이 순서로 등차수열을 이루므로

$a=\frac{2+b}{2}$ …… ㉠

세 수 a, b, 9가 이 순서로 등비수열을 이루므로

$b^2=9a$ …… ㉡

㉠을 ㉡에 대입하면

$b^2=\frac{9(2+b)}{2}$, $2b^2-9b-18=0$

$(2b+3)(b-6)=0$

$b=6$ ($\because b>0$)

이를 ㉠에 대입하면 $a=4$

$\therefore a+b=10$

11 ②

매월 초에 원금 10만 원을 월이율 1%의 복리로 n개월간 적립한 원리합계를 S라 하면

$S=10(1+0.01)+10(1+0.01)^2+\cdots+10(1+0.01)^n$

이는 첫째항이 $10(1+0.01)=10\cdot1.01$,

공비가 $(1+0.01)=1.01$인 등비수열의

첫째항부터 제n항까지의 합이고,

$S=1000$(만 원)이어야 하므로

$S=\frac{10\cdot1.01(1.01^n-1)}{1.01-1}=1000$

$10\cdot1.01(1.01^n-1)=10$

$1.01^n=\frac{2.01}{1.01}$

양변에 상용로그를 취하여 n의 값을 구하면

$n\log1.01=\log2.01-\log1.01$

$$\begin{aligned}\therefore n&=\frac{\log2.01-\log1.01}{\log1.01}=\frac{0.3032-0.0043}{0.0043}\\&=\frac{0.2989}{0.0043}=69.51\times\times\times\end{aligned}$$

따라서 1000만 원을 만들기 위해 최소 70번은 불입해야 한다.

12 ③

주어진 수열은 첫째항이 $\frac{1}{2}$이고, 공비가 $\frac{1}{3}$인 등비수열이므로 첫째항부터 제n항까지의 합 S_n을 구하면

$$S_n=\frac{\frac{1}{2}\left\{1-\left(\frac{1}{3}\right)^n\right\}}{1-\frac{1}{3}}=\frac{3}{4}\left\{1-\left(\frac{1}{3}\right)^n\right\}$$

S_n과 $\frac{3}{4}$의 차가 10^{-3}보다 작아지는 최소의 자연수 n의 값을 구하면

$\left|S_n-\frac{3}{4}\right|=\left|\frac{3}{4}\left\{1-\left(\frac{1}{3}\right)^n\right\}-\frac{3}{4}\right|<10^{-3}$

$\frac{3}{4}\left(\frac{1}{3}\right)^n<10^{-3}$

$\left(\frac{1}{3}\right)^n<\frac{1}{10^3}\cdot\frac{4}{3}$

양변에 상용로그를 취하여 n의 값의 범위를 구하면

$\log\left(\frac{1}{3}\right)^n<\log\left\{\frac{1}{10^3}\cdot\frac{4}{3}\right\}$

$n\log\frac{1}{3}<\log\frac{1}{10^3}+\log\frac{4}{3}$

$-n\log3<-3+\log4-\log3$

$n>\frac{3-2\log2+\log3}{\log3}$

$\therefore n>\frac{3-0.6020+0.4771}{0.4771}=6.02\times\times\times$

따라서 구하는 n의 최솟값은 7이다.

13 ④

두 식을 연립하면 $x^3-9x^2+6x-k=0$

교점의 x좌표가 등비수열을 이루므로

교점의 x좌표는 $a,\ ar,\ ar^2$

$a+ar+ar^2=9$ … ①

$a^2r+a^2r^2+a^2r^3=ar(a+ar+ar^2)=6$ … ②

①을 ②에 대입하면 $ar=\dfrac{2}{3}$

$a\cdot ar\cdot ar^2=(ar)^3=k$이므로

$\left(\dfrac{2}{3}\right)^3=\dfrac{8}{27}k$

14 ②

등비수열 $\{a_n\}$의 첫째항을 a, 공비를 r라 하면

주어진 조건에서

$a_1+a_2+a_3=3,\ a_4+a_5+a_6=12$이므로

$a+ar+ar^2=3$ …… ㉠

$ar^3+ar^4+ar^5=12$ …… ㉡

㉡÷㉠을 하면

$\dfrac{r^3(a+ar+ar^2)}{a+ar+ar^2}=\dfrac{12}{3}\Rightarrow r^3=4$

$\therefore\ \dfrac{a_4+a_6}{a_1+a_3}=\dfrac{ar^3+ar^5}{a+ar^2}=\dfrac{r^3(a+ar^2)}{a+ar^2}=r^3=4$

2. 여러 가지 수열

1 ②

양수 $a,\ b$에 대해

$f(a,b)=\sqrt{a}+\sqrt{b}$

$$\sum_{k=1}^{99}\frac{1}{f(k,\ k+1)}=\sum_{k=1}^{99}\frac{1}{\sqrt{k}+\sqrt{k+1}}$$
$$=-\sum_{k=1}^{99}(\sqrt{k}-\sqrt{k+1})$$
$$=-\left\{\begin{array}{l}(\sqrt{1}-\sqrt{2})+(\sqrt{2}-\sqrt{3})\\+(\sqrt{3}-\sqrt{4})+\cdots\\+(\sqrt{99}-\sqrt{100})\end{array}\right\}$$
$$=-(\sqrt{1}-\sqrt{100})=9$$

2 ③

$$\sum_{k=1}^{10}(k^2+2k)=\sum_{k=1}^{10}k^2+2\sum_{k=1}^{10}k$$
$$=\frac{10\times11\times21}{6}+2\times\frac{10\times11}{2}$$
$$=495$$

3 ②

① 수열 1, 3, 9, 27, 81, …은

첫째항이 1, 공비가 3인 등비수열이므로

일반항은 $1\cdot3^{n-1}=3^{n-1}\neq3^n$ (거짓)

② $1^3+2^3+3^3+\cdots+n^3=\displaystyle\sum_{k=1}^{n}k^3=\left\{\frac{n(n+1)}{2}\right\}^2$

$(1+2+3+\cdots+n)^2=\left(\displaystyle\sum_{k=1}^{n}k\right)^2=\left\{\dfrac{n(n+1)}{2}\right\}^2$

(참)

③ $\displaystyle\sum_{k=1}^{2n}4=4\cdot2n=8n\neq4n$ (거짓)

④ $\displaystyle\sum_{k=1}^{100}k^2=\frac{100\times101\times201}{6}\neq\frac{99\times100\times199}{6}$

(거짓)

4 ③

$\dfrac{1}{1+2},\ \dfrac{1}{1+2+3},\ \cdots$을 수열 $\{a_n\}$이라 하면

일반항 a_n은

$$a_n=\frac{1}{1+2+3+\cdots+n}=\frac{1}{\frac{n(n+1)}{2}}=\frac{2}{n(n+1)}$$

주어진 식은 수열 $\{a_n\}$의 첫째항부터 제 n항까지의 합이므로

$$\sum_{k=1}^{n}a_k=\sum_{k=1}^{n}\frac{2}{n(n+1)}$$
$$=2\sum_{k=1}^{n}\left(\frac{1}{k}-\frac{1}{k+1}\right)$$
$$=2\left\{\left(1-\frac{1}{2}\right)+\left(\frac{1}{2}-\frac{1}{3}\right)+\cdots+\left(\frac{1}{n}-\frac{1}{n+1}\right)\right\}$$
$$=2\left(1-\frac{1}{n+1}\right)=\frac{2n}{n+1}$$

주어진 조건에서 $\displaystyle\sum_{k=1}^{n}a_k=\frac{21}{11}$이므로

$\dfrac{2n}{n+1}=\dfrac{21}{11},\ 22n=21n+21$

$\therefore n=21$

5 ②

주어진 식을 S로 놓으면

$S=1+2\cdot\dfrac{1}{2}+3\cdot\left(\dfrac{1}{2}\right)^2+\cdots+10\cdot\left(\dfrac{1}{2}\right)^9$ … ㉠

이때, S는 (등차수열)×(등비수열) 꼴의 합이므로 멱급수이다.

따라서 등비수열의 공비인 $\dfrac{1}{2}$을 ㉠의 양변에 곱하고

$S-\dfrac{1}{2}S$를 하면

$$S=1+2\cdot\frac{1}{2}+3\cdot\left(\frac{1}{2}\right)^2+\cdots+10\cdot\left(\frac{1}{2}\right)^9$$

$$\frac{1}{2}S=1\cdot\frac{1}{2}+2\cdot\left(\frac{1}{2}\right)^2+\cdots+9\cdot\left(\frac{1}{2}\right)^9+10\cdot\left(\frac{1}{2}\right)^{10}$$

$$S-\frac{1}{2}S=1+\frac{1}{2}+\left(\frac{1}{2}\right)^2+\cdots+\left(\frac{1}{2}\right)^9-10\cdot\left(\frac{1}{2}\right)^{10}$$

$$=\frac{1-\left(\frac{1}{2}\right)^{10}}{1-\frac{1}{2}}-10\cdot\left(\frac{1}{2}\right)^{10}$$

$$=2-3\cdot\left(\frac{1}{2}\right)^8$$

$$\therefore S=4-3\left(\frac{1}{2}\right)^7$$

6 ①

$$\sum_{k=1}^{10}(2k+1)-\sum_{k=0}^{9}(2k+1)$$

$=3+5+7+\cdots+21-(1+3+5+\cdots+19)$

$=21-1=20$

7 ②

$a_n=\log_3\left(1+\frac{1}{n}\right)=\log_3\frac{n+1}{n}$ 이므로

$$\sum_{k=1}^{n}a_k=\sum_{k=1}^{n}\log_3\frac{k+1}{k}$$

$$=\log_3\frac{2}{1}+\log_3\frac{3}{2}+\log_3\frac{4}{3}+\cdots+\log_3\frac{n+1}{n}$$

$$=\log_3\left(\frac{2}{1}\times\frac{3}{2}\times\frac{4}{3}\times\cdots\times\frac{n+1}{n}\right)$$

$$=\log_3(n+1)$$

이때, 주어진 조건에서 $\sum_{k=1}^{n}a_k=3$이므로

$\log_3(n+1)=3$

로그의 정의에 의해

$n+1=3^3$

$\therefore n=26$

8 ②

n일의 세균의 수를 a_n이라 하면,

수열 $\{a_n\}$은 $\{a_n\}:1, 4, 11, 22, \cdots$이므로

$a_2-a_1=3$

$a_3-a_2=7$

$a_4-a_3=11$

$\cdots$

$a_n-a_{n-1}=4n-1$

이므로 각 변을 변변끼리 더하면

$$a_n-a_1=\sum_{k=1}^{n-1}(4k-1)$$

$$\therefore a_n=a_1+\sum_{k=1}^{n-1}(4k-1)=1+\sum_{k=1}^{n-1}(4k-1)$$

$$=1+4\sum_{k=1}^{n-1}k-\sum_{k=1}^{n-1}1$$

$$=1+4\cdot\frac{n(n-1)}{2}-(n-1)$$

$$=2n^2-3n+2$$

$\therefore a_{30}=2\cdot30^2-3\cdot30+2=1712$

9 ③

주어진 수열을 사용된 수의 개수에 따라 군으로 묶어 보면

$\underline{11_{(2)}}$, $\underline{101_{(2)}, 110_{(2)}}$, $\underline{1001_{(2)}, 1010_{(2)}, 1100_{(2)}}$, $\cdots$

제1군 제2군 제3군

제n군의 항의 개수는 n개이므로

제1군의 첫째항부터 제n군의 마지막 항까지의 항의 총 개수는 $1+2+\cdots+n=\sum_{k=1}^{n}k=\frac{n(n+1)}{2}$(개)

$n=10$일 때 $\frac{10\cdot11}{2}=55$(개)

$n=11$일 때 $\frac{11\cdot12}{2}=66$(개)

제10군의 마지막 항까지 총 55개의 항이 있으므로

제56항은 제11군의 첫째항이다.

이때, 제n군의 m번째 항에서 사용된 수의 개수는 $(n+1)$개이고, 1은 뒤에서 m번째에 있으므로

제11군의 첫째항의 수는

$\underbrace{100000000001}_{12개}{}_{(2)}$

이를 십진법의 수로 고치면

$100000000001_{(2)}=2^{11}+1$

10 ①

수열 $\{a_n\}$은

$\{a_n\}:1,\ 2,\ 5,\ 10,\ 17,\ 26,\ \cdots$

$\{b_n\}:\ \ 1,\ 3,\ 5,\ 7,\ 9,\ \cdots$

계차수열 $\{b_n\}$은 첫째항이 1, 공차가 2인 등차수열이므로

$a_2-a_1=1$

$a_3-a_2=3$

$a_4-a_3=5$

$\cdots$

$a_n-a_{n-1}=2n-1$

이므로 각 변을 변변끼리 더하면

$$a_n - a_1 = \sum_{k=1}^{n-1}(2k-1)$$

$$\therefore a_n = a_1 + \sum_{k=1}^{n-1}(2k-1) = 1 + \sum_{k=1}^{n-1}(2k-1)$$

$$= 1 + \sum_{k=1}^{n-1}2k - \sum_{k=1}^{n-1}1$$

$$= 1 + 2 \cdot \frac{n(n-1)}{2} - (n-1)$$

$$= n^2 - 2n + 2$$

주어진 조건에서 $a_1 + a_2 + \cdots + a_n = S_n$ 이므로

$$S_{10} = a_1 + a_2 + \cdots + a_{10}$$

$$= \sum_{k=1}^{10} a_k = \sum_{k=1}^{10}(k^2 - 2k + 2)$$

$$= \sum_{k=1}^{10} k^2 - 2\sum_{k=1}^{10} k + \sum_{k=1}^{10} 2$$

$$= \frac{10 \cdot 11 \cdot 21}{6} - 2 \cdot \frac{10 \cdot 11}{2} + 20$$

$$= 385 - 110 + 20$$

$$= 295$$

11 ③

주어진 수열을 분모가 같은 분수들로 묶어 보면

$\left(\frac{1}{2}\right)$, $\left(\frac{1}{3}, \frac{3}{3}\right)$, $\left(\frac{1}{4}, \frac{3}{4}, \frac{5}{4}\right)$, $\cdots$

제1군 제2군 제3군

제n군의 항의 개수는 n이므로

제1군부터 첫째항부터 제n군의 마지막 항까지의 항의 총 개수는

$$1 + 2 + \cdots + n = \frac{n(n+1)}{2}$$

$n = 11$일 때 $\frac{11 \cdot 12}{2} = 66$(개)

$n = 12$일 때 $\frac{12 \cdot 13}{2} = 78$(개)

제11군의 마지막 항까지의 항의 개수가 66개이고, $70 = 66 + 4$이므로 제70항은 제12군의 4번째 항이다.

이때, 제n군의 k번째 항의 분모는 $n+1$, 분자는 $2k-1$이므로 제12군의 4번째 항의 분모는 13, 분자는 $2 \cdot 4 - 1 = 7$이다.

따라서 제70항은 $\frac{7}{13}$이다.

12 ④

$$\sum_{k=1}^{49}[\sqrt{k}]$$

$$= [\sqrt{1}] + [\sqrt{2}] + [\sqrt{3}] + \cdots + [\sqrt{48}] + [\sqrt{49}]$$

$1 \le k < 4$일 때 $[\sqrt{k}] = 1$

$4 \le k < 9$일 때 $[\sqrt{k}] = 2$

$9 \le k < 16$일 때 $[\sqrt{k}] = 3$

$16 \le k < 25$일 때 $[\sqrt{k}] = 4$

$25 \le k < 36$일 때 $[\sqrt{k}] = 5$

$36 \le k < 49$일 때 $[\sqrt{k}] = 6$

$k = 49$일 때 $[\sqrt{k}] = 7$

$$\therefore \sum_{k=1}^{49}[\sqrt{k}] = (1 \times 3) + (2 \times 5) + (3 \times 7) + (4 \times 9) + (5 \times 11) + (6 \times 13) + 7 = 210$$

3. 수학적 귀납법

1 ③

첫째항부터 제n항까지의 합 $S_n = n^2 + 3n$에 대해

$$a_n = S_n - S_{n-1}\ (n \ge 2)$$

$$= n^2 + 3n - \{(n-1)^2 + 3(n-1)\}$$

$$= 2n + 2$$

$a_1 = S_1 = 4$이므로 수열 $\{a_n\}$은

첫째항이 4이고 공차가 2인 등차수열로

일반항은 $a_n = 2n + 2$이다.

$$\therefore \sum_{k=1}^{8} \frac{40}{a_k a_{k+1}}$$

$$= 40 \sum_{k=1}^{8} \frac{1}{a_{k+1} - a_k}\left(\frac{1}{a_k} - \frac{1}{a_{k+1}}\right)$$

$$= 40 \sum_{k=1}^{8} \frac{1}{2}\left(\frac{1}{a_k} - \frac{1}{a_{k+1}}\right) (\because a_{k+1} - a_k = 2)$$

$$= 20\left\{\left(\frac{1}{a_1} - \frac{1}{a_2}\right) + \left(\frac{1}{a_2} - \frac{1}{a_3}\right) + \cdots + \left(\frac{1}{a_8} - \frac{1}{a_9}\right)\right\}$$

$$= 20\left\{\frac{1}{a_1} - \frac{1}{a_9}\right\}$$

$$= 20\left\{\frac{1}{4} - \frac{1}{20}\right\}$$

$$= 4$$

2 ④

수열 $\{a_n\}$에 대해

$f(n)=a_n+a_{n+1}=3n-1$라고 하면

$\sum_{k=1}^{30} a_k$

$=(a_1+a_2)+(a_3+a_4)+(a_5+a_6)+\cdots+(a_{29}+a_{30})$

$=f(1)+f(3)+f(5)+\cdots+f(29)$

$=\sum_{k=1}^{15} f(2k-1)=\sum_{k=1}^{15}(6k-4)$

$=6\times\frac{15\times16}{2}-15\times4-660$

3 ②

모든 자연수 n에 대하여 $a_{n+1}=a_n+3n$이므로

$a_1=2$

$a_2=a_1+3\times1$

$a_3=a_2+3\times2$

$\vdots$

$a_n=a_{n-1}+3\times(n-1)$

좌변과 우변을 각각 더하면

$a_1+a_2+\cdots+a_{n-1}+a_n$

$=a_1+a_2+\cdots+a_{n-1}+2+3(1+2+\cdots+(n-1))$

따라서 $a_n=2+3\frac{n(n-1)}{2}$

$\Rightarrow a_k=2+3\frac{k(k-1)}{2}=110$이므로 $k=9$이다.

4 ③

점화식 $a_1=3,\ a_{n+1}=2a_n+3\ (n=1,\ 2,\ 3,\ \cdots)$으로 주어진 수열 $\{a_n\}$에 대하여

$a_2=a_1+6$

$a_3=a_1+6+6\times2^1$

$a_4=a_1+6+6\times2^1+6\times2^2$

$a_5=a_1+6+6\times2^1+6\times2^2+6\times2^3$

$\cdots$

$a_{10}=a_1+6(1+2+2^2+2^3+\cdots+2^8)$

$\therefore a_{10}=3+6\frac{(2^9-1)}{2-1}=3(2^{10}-1)$

5 ④

$a_{n+1}=a_n+n$의 양변에 n대신 1, 2, 3, $\cdots$, $n-1$을 차례대로 대입하여 변끼리 더하면

$a_2=a_1+1$

$a_3=a_2+1$

$a_4=a_3+1$

$\vdots$

$a_n=a_{n-1}+(n-1)$

$a_n=a_1+1+2+3+\cdots+(n-1)$

$=1+\sum_{k=1}^{n-1}k$

$=1+\frac{n(n-1)}{2}$

$=\frac{n^2-n+2}{2}$

$\therefore a_{10}=\frac{10^2-10+2}{2}=46$

6 ③

$pa_{n+2}+qa_{n+1}+ra_n=0$꼴의 점화식에서

$p+q+r=0$이면

$a_{n+2}-a_{n+1}=\frac{r}{p}(a_{n+1}-a_n)$

$3a_{n+2}-4a_{n+1}+a_n=0$의 계수의 합이

$3-4+1=0$이므로

$a_{n+2}-a_{n+1}=\frac{1}{3}(a_{n+1}-a_n)$ $\cdots$ ㉠

이때, 수열 $\{a_{n+1}-a_n\}$은 첫째항 $a_2-a_1=1$, 공비 $\frac{1}{3}$인 등비수열이므로

$a_{n+1}-a_n=1\times(\frac{1}{3})^{n-1}=(\frac{1}{3})^{n-1}$이다.

$a_2-a_1=1$

$a_3-a_2=\frac{1}{3}$

$a_4-a_3=(\frac{1}{3})^2$

$\cdots$

$a_n-a_{n-1}=(\frac{1}{3})^{n-2}$

이므로 각 변을 변변끼리 더하면

$a_n-a_1=\sum_{k=1}^{n-1}(\frac{1}{3})^{k-1}$

$\therefore\ a_n=a_1+\sum_{k=1}^{n-1}(\frac{1}{3})^{k-1}=1+\sum_{k=1}^{n-1}(\frac{1}{3})^{k-1}$

$=1+\frac{1-\left(\frac{1}{3}\right)^{n-1}}{1-\frac{1}{3}}$

$=\frac{5}{2}-\frac{3}{2}\left(\frac{1}{3}\right)^{n-1}$

따라서 $A=\frac{5}{2}$, $B=-\frac{3}{2}$, $C=\frac{1}{3}$이므로

$\therefore A+B+C=\frac{5}{2}-\frac{3}{2}+\frac{1}{3}=\frac{4}{3}$

7 ③

a_1, a_2, a_3, …을 구해보면

(i) $n=1$일 때,
1개의 계단을 올라가는 방법은 1가지이므로
$a_1=1$

(ii) $n=2$일 때,
2개의 계단을 올라가는 방법은
(한 계단+한 계단), (두 계단)
$a_2=2$

(iii) $n=3$일 때,
3개의 계단을 올라가는 방법은
(한 계단+한 계단+한 계단),
(두 계단+한 계단), (한 계단+두 계단)
$a_3=3=a_2+a_1$

(iv) $n=4$일 때,
4개의 계단을 올라가는 방법은
(한 계단씩 4번),
(한 계단+한 계단+두 계단)
(한 계단+두 계단+한 계단)
(두 계단+한 계단+한 계단)
(두 계단+두 계단)
$a_4=5=a_2+a_3$
⋮

규칙을 살펴보면
$a_3=a_1+a_2$
$a_4=a_2+a_3$
⋮
$\therefore a_{n+2}=a_n+a_{n+1}(n=1,\ 2,\ 3,\ \cdots)$
따라서 수열 $\{a_n\}$은 피보나치수열이므로
보기 중 옳은 것은
③ $a_{11}=a_9+a_{10}$

[다른 풀이]
$(n+2)$개의 계단을 올라가는 방법은 a_{n+2}이고
(i) $(n+2)$개의 계단 중 먼저 한 계단 올라가고
나머지 $(n+1)$개의 계단을 올라가는 방법은
a_{n+1}이다.
(ii) $(n+2)$개의 계단 중 먼저 두 계단을 올라가고
나머지 n개의 계단을 올라가는 방법은 a_n이다.
즉, $(n+2)$개의 계단을 올라가는 방법은
(i) 또는 (ii)의 방법이므로
$\therefore a_{n+2}=a_{n+1}+a_n\ (n=1,\ 2,\ 3,\ \cdots)$

8 ①

$a<b$인 양의 정수 a, b에 대하여
$a_1=a$, $a_2=b$라 하면
$a_{n+2}=a_n+a_{n+1}$에서
$a_3=a+b$
$a_4=a+2b$
$a_5=2a+3b$
$a_6=3a+5b$
$a_7=5a+8b$
$a_7=120$이므로
$5a+8b=120$을 만족하는 양의 정수 a, b를 구하면
$a=16$, $b=5$ 또는 $a=8$, $b=10$
그런데 $a<b$이므로
$a=8$, $b=10$

$$\begin{aligned}\therefore a_8&=a_6+a_7\\&=(3a+5b)+(5a+8b)\\&=8a+13b\\&=8\cdot 8+13\cdot 10\\&=194\end{aligned}$$

9 ③

$a_{n+1}=2a_n-5$
$a_{n+1}-\alpha=2(a_n-\alpha)$ … ㉠
위와 같은 형태로 변형하기 위해 ㉠을 전개하면
$a_{n+1}=2a_n-\alpha$
이는 $a_{n+1}=2a_n-5$와 같아야 하므로
$-\alpha=-5 \Rightarrow \alpha=5$
$\alpha=5$를 ㉠에 대입하면
$a_{n+1}=2a_n-5 \Rightarrow a_{n+1}-5=2(a_n-5)$ … ㉡
여기서 $a_n-5=b_n$으로 놓으면
$b_{n+1}=a_{n+1}-5$이므로 점화식 ㉡은 $b_{n+1}=2b_n$
따라서 수열 $\{b_n\}$은
첫째항 $b_1=a_1-5=7-5=2$이고,
공비가 2인 등비수열이므로 일반항 b_n은
$b_n=2\cdot 2^{n-1}=2^n$
이때, $b_n=a_n-5$이므로
$a_n-5=2^n \Rightarrow a_n=2^n+5$
$a_n<5000<a_{n+1}$에서
$2^n+5<5000<2^{n+1}+5$
$2^{10}=1024$이므로
$2^{12}=4096$, $2^{13}=8192$
따라서 $n=12$일 때,
$2^{12}+5<5000<2^{13}+5$
자연수 n의 값은 12이다.

10 ③

주어진 점화식의 양변에 역수를 취하면

$$\frac{1}{a_{n+1}}=\frac{2-3a_n}{a_n}$$

$$\frac{1}{a_{n+1}}=\frac{2}{a_n}-3 \cdots ㉠$$

여기서 $\frac{1}{a_n}=b_n$으로 놓으면

$b_{n+1}=\frac{1}{a_{n+1}}$이므로

점화식 ㉠은 $b_{n+1}=2b_n-3$

$b_{n+1}-\alpha=2(b_n-\alpha) \cdots ㉡$

위와 같은 형태로 변형하기 위해 ㉡을 전개하면

$b_{n+1}=2b_n-\alpha$

이는 점화식 $b_{n+1}=2b_n-3$과 같아야 하므로

$-\alpha=-3 \Rightarrow \alpha=3$

$\alpha=3$을 ㉡에 대입하면

$b_{n+1}=2b_n-3 \Rightarrow b_{n+1}-3=2(b_n-3)$

$b_n-3=c_n$으로 놓으면

$c_{n+1}=2c_n$

따라서 수열 $\{c_n\}$은 첫째항 c_1이

$c_1=b_1-3=\frac{1}{a_1}-3=1-3=-2$이고,

공비가 2인 등비수열이므로

일반항 c_n은 $c_n=-2\cdot 2^{n-1}=-2^n$

이때, $c_n-3=-2^n$

$\Rightarrow b_n=3-2^n$

$b_n=\frac{1}{a_n}$이므로

$\frac{1}{a_n}=3-2^n$

$\Rightarrow a_n=\frac{1}{3-2^n}$

따라서 $a_{10}=\frac{1}{3-2^{10}}=\frac{1}{-1021}$이므로

$\therefore \alpha=-1021$

11 ①

$a_1=S_1$이므로

$n=1$을 주어진 식 $2a_n-S_n=3^n$에 대입하면

$2a_1-S_1=2a_1-a_1=3 \Rightarrow a_1=3$

또, $2a_n-S_n=3^n$에 n대신 $n+1$을 대입한 것과 원래의 점화식의 차를 구하면

$2a_{n+1}-S_{n+1}=3^{n+1}$

$2a_n-S_n=3^n$

$2(a_{n+1}-a_n)-(S_{n+1}-S_n)=2\cdot 3^n$

$S_{n+1}-S_n=a_{n+1}$이므로

위의 식에 대입하면

$2(a_{n+1}-a_n)-a_{n+1}=2\cdot 3^n$

$a_{n+1}2a_n=2\cdot 3^n$

양변을 2^{n+1}로 나누면

$$\frac{a_{n+1}}{2^{n+1}}=\frac{a_n}{2^n}=\left(\frac{3}{2}\right)^n \cdots ㉠$$

여기서 $\frac{a_n}{2^n}=b_n$으로 놓으면 $b_{n+1}=\frac{a_{n+1}}{2^{n+1}}$이므로

점화식 ㉠은 $b_{n+1}-b_n=\left(\frac{3}{2}\right)^n$

$b_{n+1}-b_n=c_n$으로 놓으면

$c_n=(\frac{3}{2})^n$이므로

수열 $\{c_n\}$은 수열 $\{b_n\}$의 계차수열이고,

수열 $\{b_n\}$의 첫째항 b_1은 $b_1=\frac{a_1}{2}=\frac{3}{2}$이므로

일반항 b_n은

$$\begin{aligned} b_n &= b_1+\sum_{k=1}^{n-1}c_k \\ &= \frac{3}{2}+\sum_{k=1}^{n-1}(\frac{3}{2})^k \\ &= \frac{3}{2}+\frac{\frac{3}{2}\left\{\left(\frac{3}{2}\right)^{n-1}-1\right\}}{\frac{3}{2}-1} \\ &= 3\left(\frac{3}{2}\right)^{n-1}-\frac{3}{2} \\ &= 2\left(\frac{3}{2}\right)^n-\frac{3}{2} \end{aligned}$$

이때, $b_n=\frac{a_n}{2^n}$이므로

$\frac{a_n}{2^n}=2\left(\frac{3}{2}\right)^n-\frac{3}{2}$

$\therefore a_n=2\cdot 3^n-3\cdot 2^{n-1}$

12 ③

다음과 같이 m행 k열에서 $m+k$의 값이 일정한 수끼리 군으로 묶어 보면

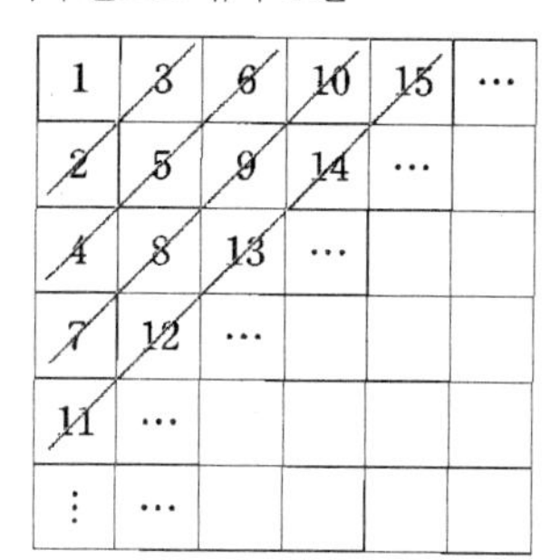

1	3	6	10	15	…
2	5	9	14	…	
4	8	13	…		
7	12	…			
11	…				
⋮	…				

(1), (2, 3), (4, 5, 6), (7, 8, 9, 10), …

이때, m행 k열에 있는 수는

제$(m+k-1)$군의 k번째 항의 수이므로

5행 12열의 위치는 제$(5+12-1)$군,

즉 제16군의 12번째 항이다.

각 군의 첫째항으로 이루어진 수열 $\{a_n\}$은

$\{a_n\}$: 1, 2, 4, 7, …이므로

$a_2-a_1=1$

$a_3-a_2=2$

$a_4-a_3=3$

…

$a_n-a_{n-1}=n-1$

이므로 각 변을 변변끼리 더하면

$a_n-a_1=\sum_{k=1}^{n-1}k$

$\therefore\ a_n=a_1+\sum_{k=1}^{n-1}k=1+\sum_{k=1}^{n-1}k$

$=\frac{1}{2}(n^2-n+2)$

따라서 제16군의 첫째항은 a_{16}이므로

$a_{16}=\frac{1}{2}(16^2-16+2)=121$

각 군의 항은 공차가 1인 등차수열이므로

제16군의 12번째 항은

$121+11=132$

13 ①

$a_{n+1}=4a_n+3$

$a_{k+1}-\alpha=4(a_n-\alpha)$ … ㉠

위와 같은 꼴로 변형하기 위해 ㉠을 전개하면

$a_{n+1}=4a_n-3\alpha$

이는 $a_{n+1}=4a_n+3$과 같아야 하므로

$-3\alpha=3 \Rightarrow \alpha=-1$

$\alpha=-1$을 ㉠에 대입하면

$a_{n+1}=4a_n+3 \Rightarrow a_{n+1}+1=4(a_n+1)$이므로

점화식 ㉡은 $b_{n+1}=4b_n$

따라서 수열 $\{b_n\}$은 첫째항 b_1이

$b_1=a_1+1=3-1=4$이고,

공비가 4인 등비수열이므로 일반항 b_n은

$b_n=4\cdot 4^{n-1}=4^n$

이때, $b_n=a_n+1$이므로

$a_n+1=4^n$

$\log_2(a_k+1)$, $\log_2(a_{k+1}+1)$의 값을 각각 구하면

$\log_2(a_k+1)=\log_2 4^k=2k$

$\log_2(a_{k+1}+1)=\log_2 4^{k+1}=2(k+1)$

$\sum_{k=1}^{n}\frac{1}{\log_2(a_k+1)\cdot\log_2(a_{k+1}+1)}$

$=\sum_{k=1}^{n}\frac{1}{4k(k+1)}$

$=\frac{1}{4}\sum_{k=1}^{n}(\frac{1}{k}-\frac{1}{k+1})$

$=\frac{1}{4}\left\{(1-\frac{1}{2}+\frac{1}{2}-\frac{1}{3}+\cdots+\frac{1}{n}-\frac{1}{n+1})\right\}$

$=\frac{1}{4}(1-\frac{1}{n+1})$

$=\frac{n}{4(n+1)}$

14 ④

a_1, a_2, a_3, a_4, …를 구해 보면
1, 4, 7, 10, …
이는 첫째항이 1, 공차가 3인 등차수열이므로
일반항 a_n은
$a_n=1+(n-1)\cdot 3=3n-2$
이때, 도형을 a_n까지 만들 수 있다고 가정하면
$a_1+a_2+a_3+a_4+\cdots+a_n \le 600$
위의 부등식의 좌변은 첫째항이 1, 끝항이 $3n-2$, 항수가 n인 등차수열의 합이므로
$\frac{n\{1+(3n-2)\}}{2}\le 600$
$\frac{n(3n-1)}{2}\le 600$
$n(3n-1)\le 1200$
$n=20$일 때, $20(20\cdot 3-1)=1180$
$n=21$일 때, $21(21\cdot 3-1)=1302$
따라서 만들 수 있는 도형은 a_{20}까지이므로
그 개수는 20개다.

7 지수와 로그

1. 지수

1 ③

$\sqrt[3]{27}=3,\ \sqrt[5]{243}=\sqrt[5]{3^5}=3,\ \sqrt{(-2)^2}=\sqrt{4}=2,$
$\sqrt[4]{48}=\sqrt[4]{2^4\times 3}=2\sqrt[4]{3},$
$\sqrt[4]{\sqrt[4]{(-3)^4}}=\sqrt[4]{\sqrt[4]{3^4}}=\sqrt[4]{3}$ 이므로
$\sqrt[3]{27}\sqrt[4]{\sqrt[5]{243}}+\sqrt{(-2)^2}\sqrt[4]{48}-\sqrt[4]{\sqrt[4]{(-3)^4}}$
$=3\sqrt[4]{3}+4\sqrt[4]{3}-\sqrt[4]{3}=6\sqrt[4]{3}$

2 ③

$(a^{\frac{1}{3}}+a^{-\frac{1}{3}})(a^{\frac{2}{3}}-1+a^{-\frac{2}{3}})=(a^{\frac{1}{3}})^3+(a^{-\frac{1}{3}})^3$
$=a+a^{-1}=a+\frac{1}{a}\ge 2\sqrt{a\times\frac{1}{a}}=2$
$\therefore\ a=1$일 때 최솟값 2를 갖는다.
따라서 $p=1, m=2$ 즉 $p+m=3$

3 ③

$5^x=16=2^4$에서 $2^{\frac{4}{x}}=5$ …㉠,
$40^y=32=2^5$에서 $2^{\frac{5}{y}}=40$ …㉡
㉠÷㉡하면 $2^{\frac{4}{x}-\frac{5}{y}}=\frac{5}{40}=2^{-3}$
따라서 $\frac{4}{x}-\frac{5}{y}=-3$

4 ③

② $\left(-\frac{1}{5}\right)^{-2}=(-5)^2=25$ ($\therefore$ 참)
③ $\sqrt[4]{(-3)^4}=\sqrt[4]{3^4}=3$ ($\therefore$ 거짓)
④ $\sqrt[3]{16}-\sqrt[9]{8}-\sqrt[3]{2}=\sqrt[3]{2^4}-\sqrt[9]{2^3}-\sqrt[3]{2}$
$=2\sqrt[3]{2}-\sqrt[3]{2}-\sqrt[3]{2}$
$=0$ ($\therefore$ 참)

5 ①

$f(x)=\frac{a^x+a^{-x}}{a^x-a^{-x}}=\frac{a^{2x}+1}{a^{2x}-1}=\frac{3}{2}$에서 $a^{2x}=5$
$f(2x)=\frac{a^{2x}+a^{-2x}}{a^{2x}-a^{-2x}}=\frac{(a^{2x})^2+1}{(a^{2x})^2-1}=\frac{5^2+1}{5^2-1}=\frac{13}{12}$

6 ④

주어진 식의 분모, 분자에 a^{2008}을 곱하면
$(준식)=\frac{a^{2008}(a+a^2+a^3+\cdots+a^{2006})}{a^{2008}(a^{-2}+a^{-3}+a^{-4}+\cdots+a^{-2007})}$
$=\frac{a^{2008}(a+a^2+a^3+\cdots+a^{2006})}{a^{2006}+a^{2005}+a^{2004}+\cdots+a}$
$=a^{2008}$

7 ①

㉠ n이 홀수일 때,
$\sqrt[n]{-5}=\sqrt[n]{5\times(-1)}=\sqrt[n]{5}\times\sqrt[n]{-1}$
$=-\sqrt[n]{5}$ ($\therefore$ 참)
㉡ n이 짝수일 때,
$\sqrt[n]{(-5)^n}=\sqrt[n]{5^n}=5$ ($\therefore$ 거짓)
㉢ n이 홀수일 때, $x^n=-5$를 만족하는 실수는
$x=\sqrt[n]{-5}=\sqrt[n]{5}\times\sqrt[n]{-1}=-\sqrt[n]{5}$로 1개뿐이다.
($\therefore$ 참)
㉣ n이 짝수일 때, $x^n=5$를 만족하는 실수는
$x=\pm\sqrt[n]{5}$로 2개다. ($\therefore$ 거짓)
따라서 옳은 것은 ㉠, ㉢이다.

8 ①

$x=2^{\frac{1}{3}}+2^{-\frac{1}{3}}$의 양변을 세제곱하면

$x^3=(2^{\frac{1}{3}}+2^{-\frac{1}{3}})^3$

$=(2^{\frac{1}{3}})^3+3\cdot2^{\frac{1}{3}}\cdot2^{-\frac{1}{3}}(2^{\frac{1}{3}}+2^{-\frac{1}{3}})+(2^{-\frac{1}{3}})^3$

$=2+3(2^{\frac{1}{3}}+2^{-\frac{1}{3}})+2^{-1}$

$=2+3x+2^{-1}$ $(\because x=2^{\frac{1}{3}}+2^{-\frac{1}{3}})$

$=\frac{5}{2}+3x$

$x^3-3x=\frac{5}{2}$ …… ㉠

따라서 주어진 식의 값은

$4x^3-12x=4(x^3-3x)$

$=4\cdot\frac{5}{2}$ $(\because$ ㉠$)$

$=10$

9 ③

① $\sqrt[3]{a}\times\sqrt[4]{a}=a^{\frac{1}{3}}\times a^{\frac{1}{4}}=a^{\frac{1}{3}+\frac{1}{4}}=a^{\frac{7}{12}}$ (∴ 참)

② $\sqrt{a^3}\times\sqrt{a^6}\times\sqrt{a}=a^{\frac{3}{2}}a^{\frac{6}{2}}a^{\frac{1}{2}}=a^{\frac{3}{2}+\frac{6}{2}+\frac{1}{2}}=a^5$ (∴ 참)

③ $\sqrt{a\sqrt{a\sqrt{a}}}=\sqrt{a}\times\sqrt{\sqrt{a}}\times\sqrt{\sqrt{\sqrt{a}}}$

$=a^{\frac{1}{2}}\times a^{\frac{1}{4}}\times a^{\frac{1}{8}}$

$=a^{\frac{1}{2}+\frac{1}{4}+\frac{1}{8}}=a^{\frac{7}{8}}\neq a^{\frac{5}{8}}$ (∴ 거짓)

④ $\sqrt{a}\times\sqrt[6]{a^5}\div\sqrt[3]{a}=a^{\frac{1}{2}}\times a^{\frac{5}{6}}\div a^{\frac{1}{3}}$

$=a^{\frac{1}{2}+\frac{5}{6}-\frac{1}{3}}=a^1=a$ (∴ 참)

10 ②

$a^b=b^a$에서 $a^{\frac{b}{a}}=b$

주어진 조건에서 $b=9a$이므로

이를 위의 식에 대입하면

$a^{\frac{9a}{a}}=9a\Rightarrow a^9=9a$

$a\neq0$이므로 $a^8=9a$

$\therefore a=9^{\frac{1}{8}}=(3^2)^{\frac{1}{8}}=3^{\frac{1}{4}}=\sqrt[4]{3}$

11 ②

$\left(\frac{1}{16}\right)^{\frac{1}{n}}=(2^{-4})^{\frac{1}{n}}=2^{-\frac{4}{n}}$이 자연수가 되려면

$-\frac{4}{n}$의 값이 자연수가 되어야 한다.

$n=-1,\ -2,\ -4$

(i) $n=-1$일 때, $\left(\frac{1}{16}\right)^{-1}=16$

(ii) $n=-2$일 때,

$\left(\frac{1}{16}\right)^{-\frac{1}{2}}=(16^{-1})^{-\frac{1}{2}}=16^{\frac{1}{2}}=4$

(iii) $n=-4$일 때,

$\left(\frac{1}{16}\right)^{-\frac{1}{4}}=(16^{-1})^{-\frac{1}{4}}=16^{\frac{1}{4}}=2$

따라서 $\left(\frac{1}{16}\right)^{\frac{1}{n}}$이 나타낼 수 있는 자연수는 16, 4, 2이므로 구하는 합은 22이다.

12 ④

$\sqrt{a\sqrt[3]{a^2\sqrt[4]{a^6}}}=\sqrt{a}\times\sqrt{\sqrt[3]{a^2}}\times\sqrt{\sqrt[3]{\sqrt[4]{a^6}}}$

$=a^{\frac{1}{2}}\times\sqrt[6]{a^2}\times\sqrt[24]{a^6}$

$=a^{\frac{1}{2}}\times a^{\frac{1}{3}}\times a^{\frac{1}{4}}$

$=a^{\frac{1}{2}+\frac{1}{3}+\frac{1}{4}}$

$=a^{\frac{13}{12}}$

주어진 조건에서 $\sqrt[4]{a^k}=\sqrt{a\sqrt[3]{a^2\sqrt[4]{a^6}}}$이므로

$a^{\frac{k}{4}}=a^{\frac{13}{12}}$

밑이 같으므로 $\frac{k}{4}=\frac{13}{12}$

$\therefore k=\frac{13}{3}$

13 ①

81의 네제곱근을 x라 하면 $x^4=81$이므로

$x^4-81=0\Rightarrow(x-3)(x+3)(x^2+9)=0$

$x=\pm3$ 또는 $x=\pm3i$

$\therefore A=\{3,\ -3,\ 3i,\ -3i\}$

-9의 제곱근을 x라 하면 $x^2=-9$이므로

$x^2+9=0\Rightarrow(x+3i)(x-3i)=0$

$x=3i$ 또는 $x=-3i\Rightarrow\ \therefore B=\{3i,\ -3i\}$

27의 세제곱근을 x라 하면 $x^3=27$이므로
$x^3-27=0 \Rightarrow (x-3)(x^2+3x+9)=0$
$x=3$ 또는 $x=\dfrac{-3\pm3\sqrt{3}i}{2}$
$\therefore C=\left\{3,\ \dfrac{-3+3\sqrt{3}i}{2},\ \dfrac{-3-3\sqrt{3}i}{2}\right\}$
① $B\subset A$이므로 $A\cap B=B$
② $C\not\subset A$이므로 $A\cup C\neq A$
③ $n(A)+n(B)+n(C)=4+2+3=9$
④ $A\cup B\cup C=\left\{-3,\ 3,\ -3i,\ 3i,\ \dfrac{-3-3\sqrt{3}i}{2},\ \dfrac{-3+3\sqrt{3}i}{2}\right\}$
$n(A\cup B\cup C)=6$
따라서 옳은 것은 ①이다.

2. 로그

1 ②

$2<\dfrac{7}{2}<4$이므로 $1\le\log_2\dfrac{7}{2}<2$
정수 부분 $x=1$
소수 부분 $y=\log_2\dfrac{7}{2}-1=\log_2\dfrac{7}{4}$
$\therefore \left(\dfrac{1}{4}\right)^x+2^y=\dfrac{1}{4}+\dfrac{7}{4}=2$

2 ②

a^{100}이 48자리 수이므로
$47\le\log a^{100}<48 \Rightarrow 47\le 100\log a<48$
$\Rightarrow \dfrac{47}{100}\le\log a<\dfrac{48}{100}$ …㉠
b^{100}이 85자리 수이므로
$84\le\log b^{100}<85 \Rightarrow 84\le100\log b<85$
$\Rightarrow \dfrac{84}{100}\le\log b<\dfrac{85}{100}$ …㉡
㉠과 ㉡을 더하면
$\dfrac{131}{100}\le\log a+\log b<\dfrac{133}{100} \Rightarrow \dfrac{131}{100}\le\log ab<\dfrac{133}{100}$
$\Rightarrow 30\times\dfrac{131}{100}\le30\log ab<30\times\dfrac{133}{100}$
$\Rightarrow 39.3\le\log(ab)^{30}<39.9$
상용로그 $\log(ab)^{30}$의 정수부분는 39이므로 $(ab)^{30}$의 자릿수는 40이다.

3 ③

$\dfrac{\log_2 5}{\log_2 3}=\log_3 5,\ \log_3 8\sqrt{5}=3\log_3 2+\dfrac{1}{2}\log_3 5,$
$2^{\log_2 3}=3$이므로
$3\log_3 2+\dfrac{\log_2 5}{2\log_2 3}-\log_3 8\sqrt{5}+2^{\log_2 3}$
$=3\log_3 2+\dfrac{1}{2}\log_3 5-\left(3\log_3 2+\dfrac{1}{2}\log_3 5\right)+3=3$

4 ③

방정식 $2x^2-7x+k=0$의 두 근이 $n,\ \alpha$이므로
$n+\alpha=\dfrac{7}{2}=3+\dfrac{1}{2}$
$\therefore n=3,\ \alpha=\dfrac{1}{2}$
그런데 $n\alpha=\dfrac{k}{2}$이므로 $k=2n\alpha=3$

5 ①

등식 $\log_x y=\log x+2$로부터 관계식 $y=x^{\log x+2}$을 얻을 수 있다.
구하고자 하는 식 x^2y를 $z=x^2y$로 치환하면
$z=x^2x^{\log x+2}=x^{\log x+4}$
등식의 양변에 상용로그를 취하면
$\log z=(\log x+4)(\log x)=(\log x)^2+4\log x$
$=(\log x+2)^2-4$
$\Rightarrow \log z\ge-4$
$\Rightarrow z=x^2y\ge10^{-4}$
따라서 x^2y의 최솟값은 10^{-4}이다.

6 ①

$\log_a(x^2-2ax-3a-2)$가 모든 실수 x에 대하여 정의되려면
(i) 밑의 조건에서 (밑)>0, (밑)$\neq1$이므로
$a>0,\ a\neq1$ …㉠
(ii) 진수의 조건에서 (진수)>0이어야 하므로
모든 실수 x에 대하여
$x^2-2ax+3a-2>0$이어야 한다.
따라서 이차방정식 $x^2-2ax+3a-2=0$의 판별식을 D라 하면 $D<0$이므로
$\dfrac{D}{4}=a^2-3a+2<0,\ (a-1)(a-2)<0$
$1<a<2$ …㉡
구하는 a의 값의 범위는 ㉠, ㉡의 공통 범위이므로
$\therefore 1<a<2$

7 ④

$x=\log_4(5+2\sqrt{6})$에서 로그의 정의에 의해

$4^x=5+2\sqrt{6}$

또한, $2^x=\sqrt{4^x}=\sqrt{5+2\sqrt{6}}=\sqrt{3}+\sqrt{2}$이므로

$2^x+2^{-x}=2^x+\dfrac{1}{2^x}=(\sqrt{3}+\sqrt{2})+\dfrac{1}{\sqrt{3}+\sqrt{2}}$

$=(\sqrt{3}+\sqrt{2})+(\sqrt{3}-\sqrt{2})=2\sqrt{3}$

8 ①

$\log_{a^m}b^m=\log_a b$임을 이용하면

$\log_{a^2}9=\log_{a^2}3^2=\log_a 3=\log_{a^3}3^3$

$\log_{a^2}9=\log_b 27$이므로

$\log_{a^3}27=\log_b 27 \Rightarrow b=a^3$

$\therefore \log_{ab}a^2=\log_{a^4}a^2=\dfrac{2}{4}log_a a=\dfrac{1}{2}$

9 ③

$\log_a b=\dfrac{1}{5}$에서 밑의 변환 공식에 의해

$\dfrac{1}{\log_b a}=\dfrac{1}{5} \Rightarrow \log_b a=5$

$\log_{b^2}a=\dfrac{1}{2}\log_b a=\dfrac{5}{2}=2+\dfrac{1}{2}$

따라서 $\log_{b^2}a$의 정수 부분은 2이다.

10 ④

$a=\dfrac{2}{\sqrt{3}-1}=\dfrac{2(\sqrt{3}+1)}{(\sqrt{3}-1)(\sqrt{3}+1)}=\sqrt{3}+1$이므로

$\log_3(a^3-1)-\log_3(a^2+a+1)$

$=\log_3\dfrac{a^3-1}{a^2+a+1}$

$=\log_3\dfrac{(a-1)(a^2+a+1)}{a^2+a+1}$

$=\log_3(a-1)$

$=\log_3\sqrt{3}=\log_3 3^{\frac{1}{2}}$

$=\dfrac{1}{2}log_3 3=\dfrac{1}{2}$

11 ①

$100\le x<1000$에서 각 변에 상용로그를 취하면

$\log 100\le \log x<\log 1000$

$2\le \log x<3$ ⋯ ㉠

두 상용로그의 소수부분이 같으면 두 상용로그의 차는 정수이다.

따라서 $\log x^4$과 $\log x^3$의 소수부분이 같으므로

$\log x^4-\log x^3=4\log x-3\log x=\log x=$(정수) ⋯ ㉡

㉠, ㉡에 의해 $\log x=2$

$\therefore x=100$

12 ②

$\log_2 x$의 정수부분이 $f(x)$, 소수부분이 $\dfrac{1}{2}$이므로

$\log_2 x=f(x)+\dfrac{1}{2}$

$f(x)=\log_2 x-\dfrac{1}{2}$ ⋯ ㉠

이때, $f(2x)$를 구하면

$f(2x)=\log_2 2x-\dfrac{1}{2}$

$=1+\log_2 x-\dfrac{1}{2}$

$=\log_2 x+\dfrac{1}{2}$ ⋯ ㉡

$f(2x)+f(x)=\log_2 x+\dfrac{1}{2}+\log_2 x-\dfrac{1}{2}$ ($\because$㉠, ㉡)

$=2\log_2 x$

$2\log_2 x=3$이므로 $\log_2 x=\dfrac{3}{2}$

따라서 로그의 정의에 의해

$x=2^{\frac{3}{2}}=2\sqrt{2}$

13 ④

$10\le x<100$에서 각 변에 상용로그를 취하면

$\log 10\le \log x<\log 100 \Rightarrow 1\le \log x<2$

따라서 $\log x=1.\times\times\times$이므로

$\log x$의 정수부분은 1이다.

$\log x=1+\alpha\,(0\le\alpha<1)$로 놓으면

$\log\sqrt{x}=\log x^{\frac{1}{2}}=\dfrac{1}{2}\log x$

$=\dfrac{1}{2}(1+\alpha)=\dfrac{1}{2}+\dfrac{\alpha}{2}$

그런데 $0\le\alpha<1$이므로 $\dfrac{1}{2}\le\dfrac{1}{2}+\dfrac{\alpha}{2}<1$

따라서 $\log\sqrt{x}$의 정수부분은 0이고,

소수부분은 $\dfrac{1}{2}+\dfrac{\alpha}{2}$이다.

14 ①

진수의 자리수가 n자리이면 진수의 로그값의 정수부분은 $n-1$이다.
또, 숫자의 배열이 같고 소수점의 위치만 다른 수의 로그값의 소수부분은 서로 같으므로
$\log 536 = 2.7292$
$\log 53.6 = 1.7292$
$\log 5.36 = 0.7292$
또, 진수에서 소수 n째 자리에서 처음으로 0이 아닌 수가 나타나면 그 진수의 로그값의 정수부분은 $\bar{n}(-n)$이므로
$\log 0.536 = \bar{1}.7292$
$\therefore x = 0.536$

15 ③

$$\log_2 3 \log_3 5 \log_5 7 = \frac{\log_{10}3}{\log_{10}2}\cdot\frac{\log_{10}5}{\log_{10}3}\cdot\frac{\log_{10}7}{\log_{10}5} = \frac{\log_{10}7}{\log_{10}2} = \log_2 7$$

따라서 $x = \log_2 7 \Rightarrow 2^x = 7$

$\therefore 2^x + 2^{-x} = 7 + \frac{1}{7} = \frac{50}{7}$

8 수열의 극한

1. 수열의 극한

1 ④

두 수열 $\{a_n\}$, $\{b_n\}$이 수렴하므로

$$\lim_{n\to\infty}\frac{a_n - 2b_n}{1 + a_n b_n} = \frac{-2-2\times 1}{1+(-2)(1)} = 4$$

2 ②

정사각형 AOQB에서 $\angle B = \angle Q = 90^\circ$,
$\angle BAP = \angle QRP$(엇각),
$\angle BPA = \angle QPR$(맞꼭지각)이므로
삼각형 APB와 삼각형 RPQ는 서로 닮음이다.

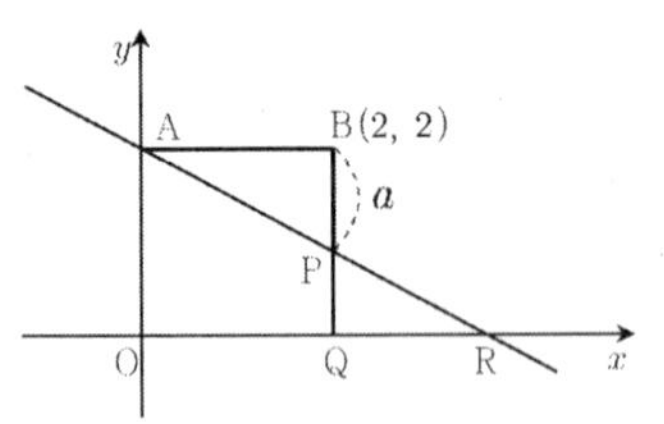

따라서 $\overline{BP} = a\ (0 \le a \le 2)$라고 하면
$\frac{\overline{QR}}{\overline{PQ}} = \frac{\overline{AB}}{\overline{PB}} = \frac{2}{a}$이다.

$$\therefore \lim_{P\to Q}\frac{\overline{QR}}{\overline{PQ}} = \lim_{a\to 2}\frac{2}{a} = \frac{2}{2} = 1$$

3 ②

수열 $\{a_n\}$에 대하여 $\lim_{n\to\infty}(2n^2-3n)a_n = 10$이므로

$$\lim_{n\to\infty}(3n^2-2n)a_n = \lim_{n\to\infty}\left(\frac{3n^2-2n}{2n^2-3n}\right)(2n^2-3n)a_n$$
$$= \lim_{n\to\infty}\frac{3-\frac{2}{n}}{2-\frac{3}{n}}\times\lim_{n\to\infty}(2n^2-3n)a_n$$
$$= \frac{3}{2}\times 10 = 15$$

4 ①

등비수열의 극한이 수렴하기 위해서는
초항이 0이거나 공비 r이 $-1 < r \le 1$이어야 한다.
주어진 등비수열의 초항이 $x+2$이고
공비가 $x-3$이므로
$x = -2$이거나
$-1 < x-3 \le 1 \Rightarrow 2 < x \le 4$이어야 한다.
따라서 이 조건을 만족하는 정수 x는 $x = -2,\ 3,\ 4$이고 이들의 합은 5이다.

5 ③

주어진 극한에서 $-x = t$로 치환하면
$x \to -\infty$일 때, $t \to \infty$이다.

$$\lim_{x\to-\infty}\frac{4x}{\sqrt{x^2+2}+5} = \lim_{t\to\infty}\frac{-4t}{\sqrt{t^2+2}+5}$$
$$= \lim_{t\to\infty}\frac{-4}{\sqrt{1+\frac{2}{t^2}}+\frac{5}{t}} = -4$$

6 ①

㉠ 분모, 분자에 $\sqrt{n^2+4n}+n$을 각각 곱하여 분자를 유리화하면

$$\lim_{n\to\infty}(\sqrt{n^2+4n}-n)$$
$$=\lim_{n\to\infty}\frac{(\sqrt{n^2+4n}-n)(\sqrt{n^2+4n}+n)}{\sqrt{n^2+4n}+n}$$
$$=\lim_{n\to\infty}\frac{4n}{\sqrt{n^2+4n}+n}$$
$$=\lim_{n\to\infty}\frac{4}{\sqrt{1+\frac{4}{n}}+1}=\frac{4}{\sqrt{1+0}+}=2$$

㉡ 분모, 분자를 4^n으로 나누면

$$\lim_{n\to\infty}\frac{3^n-2^n}{4^n+3^n}=\lim_{n\to\infty}\frac{(\frac{3}{4})^n-(\frac{1}{2})^n}{1+(\frac{3}{4})^n}=\frac{0-0}{1+0}=0$$

㉢ 모든 자연수 n에 대해서
$-1\le\sin(n-1)\le1\cdots㉠$

㉠의 각 변에 $\frac{1}{n}$을 곱하면

$$-\frac{1}{n}\le\frac{1}{n}\sin(n-1)\theta\le\frac{1}{n}$$

이때, $\lim_{n\to\infty}(-\frac{1}{n})=0$, $\lim_{n\to\infty}\frac{1}{n}=0$이므로

수열의 극한의 대소 관계에 의해

$$\lim_{n\to\infty}(-\frac{1}{n})\le\lim_{n\to\infty}\frac{1}{n}\sin(n-1)\theta\le\lim_{n\to\infty}\frac{1}{n}$$

$$\therefore\lim_{n\to\infty}\frac{1}{n}sin(n-1)\theta=0$$

따라서 ㉠, ㉡, ㉢ 모두 극한값이 존재한다.

7 ③

주어진 등비수열의 공비는 $x-2$이므로
이 등비수열이 수렴하는 조건
$x-1=0$ 또는 $-1<x-2\le1$
$x=1$ 또는 $1<x\le3$
$\therefore 1\le x\le3$
따라서 $1\le x\le3$을 만족하는 정수 x는 1, 2, 3의 3개다.

8 ①

이차방정식 $x^2+6x+4=0$에서 근의 공식에 의해
$x=-3\pm\sqrt{9-4}=-3\pm\sqrt{5}$
이때, $\alpha=-3+\sqrt{5}$, $\beta=-3-\sqrt{5}$라 하면
$\alpha<1$이므로 $\lim_{n\to\infty}a_n=0$
$|\beta|>1$이므로 $\lim_{n\to\infty}\beta^n$은 발산

$$\therefore\lim_{n\to\infty}\frac{\alpha^{n+1}+\beta^{n+1}}{\alpha^n+\beta^n}=\lim_{n\to\infty}\frac{\beta\cdot\beta^n}{\beta^n}=\beta=-3-\sqrt{5}$$

9 ①

n이 자연수일 때, $n^2<n^2+1<(n+1)^2$
$n<\sqrt{n^2+1}<n+1$
따라서 $\sqrt{n^2+1}$의 정수 부분은 n이고
소수 부분은 $\sqrt{n^2+1}-n$이므로
$a_n=n$, $b_n=\sqrt{n^2+1}-n$

$$\lim_{n\to\infty}a_nb_n=\lim_{n\to\infty}n(\sqrt{n^2+1}-n)$$
$$=\lim_{n\to\infty}\frac{n(\sqrt{n^2+1}-n)(\sqrt{n^2+n})}{\sqrt{n^2+1}+n}$$
$$\lim_{n\to\infty}\frac{n}{\sqrt{n^2+1}+n}=\lim_{n\to\infty}\frac{1}{\sqrt{1+\frac{1}{n^2}}+1}$$
$$=\frac{1}{\sqrt{1+0+1}}=\frac{1}{2}$$

10 ④

$\lim_{n\to\infty}3n^2a_n$에서 $3n^2a_n$의 분모를 1로 보고
분모 분자에 $(2n^2+3n+4)$를 각각 곱하면

$$\lim_{n\to\infty}3n^2a_n=\lim_{n\to\infty}\frac{3n^2}{2n^2+3n+4}(2n^2+3n+4)a_n$$

이때, $\lim_{n\to\infty}\frac{3n^2}{2n^2+3n+4}$의 값은

$$\lim_{n\to\infty}\frac{3n^2}{2n^2+3n+4}=\lim_{n\to\infty}\frac{3}{2+\frac{3}{n}+\frac{4}{n^2}}=\frac{3}{2}$$

그런데 주어진 조건에서 $\lim_{n\to\infty}(2n^2+3n+4)$=6으로 모두 수렴하므로

$$\lim_{n\to\infty}3n^2a_n$$
$$=\lim_{n\to\infty}\frac{3n^2}{2n^2+3n+4}(2n^2+3n+4)a_n$$
$$=\lim_{n\to\infty}\frac{3n^2}{2n^2+3n+4}\cdot\lim_{n\to\infty}(2n^2+3n+4)a_n$$
$$=\frac{3}{2}\cdot6=9$$

11 ②

주어진 수열의 분모를 간단히 하면

$1\cdot 2+2\cdot 3+\cdots+n(n+1)$

$=\sum_{k=1}^{n} k(k+1)=\sum_{k=1}^{n} k^2+\sum_{k=1}^{n} k$

$=\frac{n(n+1)(2n+1)}{6}+\frac{n(n+1)}{2}$

$=\frac{n(n+1)(n+2)}{3}$

$\therefore \lim_{n\to\infty}\frac{1\cdot 2+2\cdot 3+\cdots+n(n+1)}{n^3}$

$=\lim_{n\to\infty}\frac{n^3+3n^2+2n}{3n^3}=\lim_{n\to\infty}\frac{1+\frac{3}{n}+\frac{2}{n^2}}{3}$

$=\frac{1+0+0}{3}=\frac{1}{3}$

12 ④

㉠ $|r|<1$일 때, $\lim_{n\to\infty} r^n=0$이므로

$\lim_{n\to\infty}\frac{1+2r^n}{1+r^n}=\frac{1+0}{1+0}=1$ (∴ 참)

㉡ $r=1$일 때, $\lim_{n\to\infty} r^n=0$이므로

$\lim_{n\to\infty}\frac{1+2r^n}{1+r^n}=\frac{1+2}{1+1}=\frac{3}{2}$ (∴ 참)

㉢ $r>1$일 때, $\lim_{n\to\infty} r^n=\infty$이므로 $\lim_{n\to\infty}\frac{1}{r^n}=0$

$\lim_{n\to\infty}\frac{1+2r^n}{1+r^n}=\lim_{n\to\infty}\frac{\frac{1}{r^n}+2}{\frac{1}{r^n}+1}=\frac{0+2}{0+1}=2$(∴ 참)

따라서 옳은 것은 ㉠, ㉡, ㉢이다.

13 ①

$S_{n+1}=\frac{1}{3}S_n+2$를 $S_{n+1}-\alpha=\frac{1}{3}(S_n-\alpha)$ ……㉠

위와 같은 형태로 변형하기 위해 ㉠을 전개하면

$S_{n+1}=\frac{1}{3}S_n+\frac{2}{3}\alpha$

이 식은 $S_{n+1}=\frac{1}{3}S_n+2$와 같아야 하므로

$\frac{2}{3}\alpha=2 \Rightarrow \alpha=3$

이를 ㉠에 대입하면 $S_{n+1}-3=\frac{1}{3}(S_n-3)$ ……㉡

여기서 $S_n-3=b_n$으로 놓으면

점화식 ㉡은 $b_{n+1}=\frac{1}{3}b_n$

따라서 수열 $\{b_n\}$은 첫째항이 $S_1-3=3$이고

공비가 $\frac{1}{3}$인 등비수열이므로

일반항 b_n은 $b_n=3(\frac{1}{3})^{n-1}$

이때, $S_n-3=b_n$이므로 $S_n=3+3(\frac{1}{3})^{n-1}$

따라서 $n\geq 2$일 때, $S_n-S_{n-1}=a_n$임을 이용하여 일반항 a_n을 구하면

$a_n=S_n-S_{n-1}=3+3\left(\frac{1}{3}\right)^{n-1}-\left\{3+3\left(\frac{1}{3}\right)^{n-2}\right\}$

$=-6\left(\frac{1}{3}\right)^{n-1}$

$a_n=-6\left(\frac{1}{3}\right)^{n-1}$ $(n\geq 2)$

$\therefore \lim_{n\to\infty}\left\{-6\left(\frac{1}{3}\right)^{n-1}\right\}=0$

14 ④

$\lim_{n\to\infty}\frac{an^2-bn-2}{2n-1}$의 분모, 분자를 분모의 최고차항 n으로 나누면

$\lim_{n\to\infty}\frac{an^2-bn-2}{2n-1}=\lim_{n\to\infty}\frac{an-b-\frac{2}{n}}{2-\frac{1}{n}}=\frac{\left(\lim_{n\to\infty}an\right)-b}{2}$

$\frac{\left(\lim_{n\to\infty}an\right)-b}{2}=1$ …㉠

그런데 $a\neq 0$이면 $\lim_{n\to\infty}an$은 발산하므로 $a=0$

$a=0$을 ㉠에 대입하면 $\frac{0-b}{2}=1 \Rightarrow b=-2$

$\therefore a+b=0-2=-2$

2. 급수

1 ②

$n=1,\ 0\leq \log_5 A<1,\ A=1,\ 2,\ 3,\ 4,\ a_1=4$

$n=2,\ 1\leq \log_5 A<2,\ A=5,\ 6,\ 7,\ \cdots,\ 24,$

$a_2=5^2-5^1=20$

$n=3,\ 2\leq \log_5 A<3,\ A=25,\ 26,\ 27,\ \cdots,\ 124,$

$a_3=5^3-5^2=100$

$\Rightarrow a_n=5^n-5^{n-1}$

$$\therefore \sum_{n=1}^{\infty}\frac{1}{a_n}=\sum_{n=1}^{\infty}\frac{1}{5^n-5^{n-1}}=\sum_{n=1}^{\infty}\frac{\frac{1}{5^n}}{1-\frac{1}{5}}$$
$$=\frac{5}{4}\sum_{n=1}^{\infty}\frac{1}{5^n}=\frac{5}{4}\times\frac{1}{5-1}=\frac{5}{16}$$

2 ④

주어진 수열 a_n 을 정리하면

$$a_n={}_nC_0+{}_nC_1\cdot\frac{1}{4}+{}_nC_2\cdot\left(\frac{1}{4}\right)^2+{}_nC_3\cdot\left(\frac{1}{4}\right)^3$$
$$+\cdots+{}_nC_n\cdot\left(\frac{1}{4}\right)^n$$
$$=\left(1+\frac{1}{4}\right)^n=\left(\frac{5}{4}\right)^n$$

$$\therefore \sum_{n=1}^{\infty}\frac{1}{a_n}=\sum_{n=1}^{\infty}\left(\frac{4}{5}\right)^n=\frac{\frac{4}{5}}{1-\frac{4}{5}}=4$$

3 ①

급수 $\sum_{n=1}^{\infty}\left(3a_n-\frac{12n+3}{2n+5}\right)=3$으로 수렴하므로

이 수열의 극한은 $\lim_{n\to\infty}\left(3a_n-\frac{12n+3}{2n+5}\right)=0$,

즉 $\lim_{n\to\infty}a_n=2$이다.

또한 $\lim_{n\to\infty}\frac{a_n}{n}=0$이므로

구하고자 하는 극한의 수열에 대해

분모, 분자를 n으로 나누어 변형한 후 계산하면

$$\therefore \lim_{n\to\infty}\frac{6a_n-6n}{na_n+3}=\lim_{n\to\infty}\frac{\frac{6a_n}{n}-6}{a_n+\frac{3}{n}}=\frac{0-6}{2+0}=-3$$

4 ①

급수 $\sum_{n=1}^{\infty}\frac{a_n}{n}=2$이므로 $\lim_{n\to\infty}\frac{a_n}{n}=0$이다.

주어진 식의 분모, 분자를 n에 대한 최고차항인 n^2으로 나누어 극한값을 구하면

$$\lim_{n\to\infty}\left(\frac{a_n^2-3n^2}{na_n+n^2+2n}\right)$$
$$=\lim_{n\to\infty}\frac{(a_n^2-3n^2)\times\frac{1}{n^2}}{(na_n+n^2+2n)\times\frac{1}{n^2}}$$
$$=\lim_{n\to\infty}\frac{\left(\frac{a_n}{n}\right)^2-3}{\frac{a_n}{n}+1+\frac{2}{n}}$$
$$=\frac{0-3}{0+1+0}=-3$$

5 ①

수열 $\{a_n\}$에 대하여

$$a_{2n}=\frac{1+(-1)^{2n}}{2}=1\ (n=1,\ 2,\ 3,\ \cdots)$$
$$a_{2n-1}=\frac{1+(-1)^{2n-1}}{2}=0\ (n=1,\ 2,\ 3,\ \cdots)$$
$$\therefore \sum_{n=1}^{\infty}\frac{a_n}{5^n}=\frac{a_1}{5}+\frac{a_2}{5^2}+\frac{a_3}{5^3}+\frac{a_4}{5^4}+\cdots$$
$$=\frac{1}{5^2}+\frac{1}{5^4}+\frac{1}{5^6}+\cdots=\frac{\frac{1}{25}}{1-\frac{1}{25}}=\frac{1}{24}$$

6 ②

주어진 급수의 제n항인 a_n 을 구하면

$$a_n=\frac{1}{(n+1)^2+2(n+1)}=\frac{1}{(n+1)(n+3)}$$
$$=\frac{1}{2}\left(\frac{1}{n+1}-\frac{1}{n+3}\right)$$

제n항까지의 부분합을 S_n 이라 하면

$$S_n=\sum_{k=1}^{n}a_k=\sum_{k=1}^{n}\frac{1}{2}\left(\frac{1}{k+1}-\frac{1}{k+3}\right)$$
$$=\frac{1}{2}\left\{\left(\frac{1}{2}-\frac{1}{4}\right)+\left(\frac{1}{3}-\frac{1}{5}\right)\right.$$
$$+\left(\frac{1}{4}-\frac{1}{6}\right)+\left(\frac{1}{5}-\frac{1}{7}\right)+\cdots$$
$$\left.+\left(\frac{1}{n}-\frac{1}{n+2}\right)+\left(\frac{1}{n+1}-\frac{1}{n+3}\right)\right\}$$
$$=\frac{1}{2}\left(\frac{1}{2}+\frac{1}{3}-\frac{1}{n+2}-\frac{1}{n+3}\right)$$
$$\therefore \sum_{n=1}^{\infty}a_n=\lim_{n\to\infty}S_n$$
$$=\lim_{n\to\infty}\frac{1}{2}\left(\frac{1}{2}+\frac{1}{3}-\frac{1}{n+2}-\frac{1}{n+3}\right)$$
$$=\frac{1}{2}\left(\frac{1}{2}+\frac{1}{3}\right)=\frac{5}{12}$$

7 ①

$a_1=2,\ a_2=1,\ {a_{n+1}}^2=a_na_{n+2}\,(n=1,\ 2,\ 3,\ \cdots)$

이므로 수열 $\{a_n\}$은 첫째항이 2이고, 공비가 $\frac{1}{2}$인

등비수열이므로 일반항 a_n은 $a_n=2\left(\frac{1}{2}\right)^{n-1}$

$\therefore \sum_{n=1}^{\infty}a_n=\sum_{n=1}^{\infty}2\left(\frac{1}{2}\right)^{n-1}=\frac{2}{1-\frac{1}{2}}=4$

8 ②

주어진 급수가 수렴하므로

$\lim_{n\to\infty}\left(a_n+\frac{1+2+3+\cdots+n}{n^2}\right)=0$

이때, $1+2+3+\cdots+n=\sum_{k=1}^{n}k=\frac{n(n+1)}{2}$ 이므로

$\lim_{n\to\infty}\left(a_n+\frac{n^2+n}{2n^2}\right)=0$

$\Rightarrow \lim_{n\to\infty}a_n+\lim_{n\to\infty}\frac{n^2+n}{2n^2}=0 \Rightarrow \lim_{n\to\infty}a_n+\frac{1}{2}=0$

$\therefore \lim_{n\to\infty}a_n=-\frac{1}{2}$

9 ②

$\sum_{n=1}^{\infty}a_n=2$로 수렴하므로 $\lim_{n\to\infty}a_n=0$

$\lim_{n\to\infty}a_{n+1}=0$ ……㉠

$\lim_{n\to\infty}na_n=1$이므로

$\lim_{n\to\infty}(n+1)a_{n+1}=1$ ……㉡

$\sum_{n=1}^{\infty}n(a_{n+1}-a_n)$의 첫째항부터 제 n항까지의

부분합을 S_n이라 하면

$S_n=1\cdot(a_2-a_1)+2\cdot(a_3-a_2)+3\cdot(a_4-a_3)+\cdots$
$\quad+(n-1)(a_n-a_{n+1})+n\cdot(a_{n+1}-a_n)$
$=a_2+2a_3+3a_4+\cdots+(n-1)a_n+n\cdot a_{n+1}$
$\quad-a_1-2a_2-3a_3-\cdots-(n-1)a_{n+1}-na_n$
$=n\cdot a_{n+1}-(a_1+a_2+a_3+\cdots+a_n)$
$=(n+1)a_{n+1}-a_{n+1}-\sum_{k=1}^{n}a_k$

$\therefore \sum_{n=1}^{\infty}n(a_{n+1}-a_n)$
$=\lim_{n\to\infty}S_n$
$=\lim_{n\to\infty}\left\{(n+1)a_{n+1}-a_{n+1}-\sum_{k=1}^{n}a_k\right\}$
$=\lim_{n\to\infty}(n+1)a_{n+1}-\lim_{n\to\infty}a_{n+1}-\lim_{n\to\infty}\sum_{k=1}^{n}a_k$
$=1-0-2\left(\because ㉠,\ ㉡,\ \sum_{n=1}^{\infty}a_n=2\right)$
$=-1$

10 ④

$\sum_{n=1}^{\infty}(1-x^2)x^{n-1}$는 첫째항이 $1-x^2$,

공비 x인 등비급수이므로 수렴하기 위한 조건은

$1-x^2=0$ 또는 $-1<x<1$

따라서 $-1\le x\le 1$

11 ③

급수의 제n항까지의 부분합을 S_n이라 하자.

㉠ k가 자연수일 때,

n이 $n=2k$(짝수), $n=2k-1$(홀수)일 때로 나누어 부분합 S_n의 극한값을 구하면

(ⅰ) $n=2k$일 때,

$S_n=S_{2k}=\left(\frac{1}{2}-\frac{2}{3}\right)+\left(\frac{2}{3}-\frac{3}{4}\right)+\left(\frac{3}{4}-\frac{4}{5}\right)$
$\quad+\cdots+\left(\frac{k}{k+1}-\frac{k+1}{k+2}\right)$
$=\frac{1}{2}-\frac{k+1}{k+2}$

$\lim_{k\to\infty}S_{2k}=\lim_{k\to\infty}\left(\frac{1}{2}-\frac{k+1}{k+2}\right)$
$=\frac{1}{2}-1=-\frac{1}{2}$

(ⅱ) $n=2k-1$일 때,

$S_n=S_{2k-1}=\frac{1}{2}+\left(-\frac{2}{3}+\frac{2}{3}\right)+\left(-\frac{3}{4}+\frac{3}{4}\right)$
$\quad+\cdots+\left(-\frac{k}{k+1}+\frac{k}{k+1}\right)$
$=\frac{1}{2}$

$\lim_{k\to\infty}S_{2k-1}=\lim_{k\to\infty}\frac{1}{2}=\frac{1}{2}$

(ⅰ), (ⅱ)에서 $\lim_{k\to\infty}S_{2k}\neq\lim_{k\to\infty}S_{2k-1}$이므로

$\lim_{k\to\infty}S_n$은 진동한다.

따라서 주어진 급수는 발산한다.

㉡ 주어진 급수는

첫째항이 $\frac{1}{2}$, 공비가 $\frac{1}{2}$인 등비급수이다.

이때, 공비 $\frac{1}{2}$이 $-1<\frac{1}{2}<1$이므로

주어진 급수는 수렴한다.

㉢ k가 자연수일 때,
n이 $n=2k$(짝수), $n=2k-1$(홀수)일 때로 나누어 부분합 S_n의 극한값을 구하면
(i) $n=2k$일 때,
$S_n=S_{2k}=(3-3)+(3-3)+\cdots+(3-3)=0$
$\lim_{k\to\infty}S_{2k}=\lim_{k\to\infty}0=0$
(ii) $n=2k-1$일 때,
$S_n=S_{2k-1}=3+(-3+3)+(-3+3)+\cdots+(-3+3)=3$
$\lim_{k\to\infty}S_{2k-1}=\lim_{k\to\infty}3=3$
(i), (ii)에서 $\lim_{k\to\infty}S_{2k}\neq\lim_{k\to\infty}S_{2k-1}$이므로
$\lim_{k\to\infty}S_n$은 진동한다.
따라서 주어진 급수는 발산한다.
㉣ k가 자연수일 때,
n이 $n=2k$(짝수), $n=2k-1$(홀수)일 때로 나누어 부분합 S_n의 극한값을 구하면
(i) $n=2k$일 때,
$$S_n=S_{2k}=\left(1-\frac{1}{2}\right)+\left(\frac{1}{2}-\frac{1}{3}\right)+\cdots+\left(\frac{1}{k}-\frac{1}{k+1}\right)=1-\frac{1}{k+1}$$
$$\lim_{k\to\infty}S_{2k}=\lim_{k\to\infty}\left(1-\frac{1}{k+1}\right)=1$$
(ii) $n=2k-1$일 때,
$$S_n=S_{2k-1}=1+\left(-\frac{1}{2}+\frac{1}{2}\right)+\left(-\frac{1}{3}+\frac{1}{3}\right)+\cdots+\left(-\frac{1}{k}+\frac{1}{k}\right)=1$$
$$\lim_{k\to\infty}S_{2k-1}=\lim_{k\to\infty}1=1$$
(i), (ii)에서 $\lim_{k\to\infty}S_{2k}=\lim_{k\to\infty}S_{2k-1}$이므로
$\lim_{k\to\infty}S_n=1$로 수렴한다.
따라서 보기 중 수렴하는 것은 ㉡, ㉣이다.

12 ②

n번 분열 후 생성되는 효모의 반지름의 길이를 r_n이라 하면
$$r_1=\frac{1}{2},\ r_2=\left(\frac{1}{2}\right)^2,\ r_3=\left(\frac{1}{2}\right)^3,\ \cdots$$
n번 분열 후 효모의 부피를 V_n이라 하면
$$V_1=\frac{4}{3}\pi+3\cdot\frac{4}{3}\pi\cdot\left(\frac{1}{2}\right)^3$$
$$V_2=V_1+3\cdot3\cdot\frac{4}{3}\pi\left(\frac{1}{2^2}\right)^3$$
$$=\frac{4}{3}\pi+3\cdot\frac{4}{3}\pi\cdot\left(\frac{1}{2}\right)^3+3^2\cdot\frac{4}{3}\pi\left(\frac{1}{2^2}\right)^3$$
⋮
따라서 구하는 부피를 V라 하면
$$V=\frac{4}{3}\pi+3\cdot\frac{4}{3}\pi\cdot\left(\frac{1}{2}\right)^3+3^2\cdot\frac{4}{3}\pi\left(\frac{1}{2^2}\right)^3$$
$$=3^2\cdot\frac{4}{3}\pi\cdot\left(\frac{1}{2^3}\right)^3+\cdots$$
$$=\frac{4}{3}\pi\left\{1+\frac{3}{8}+\left(\frac{3}{8}\right)^2+\left(\frac{3}{8}\right)^3+\cdots\right\}$$
$$=\frac{4}{3}\pi\times\frac{1}{1-\frac{3}{8}}=\frac{4}{3}\pi\times\frac{8}{5}=\frac{32}{15}\pi$$

13 ②

주어진 급수의 제n항인 a_n을 구하면
$$a_n=\log\left\{1-\frac{1}{(n+1)^2}\right\}=\log\frac{(n+1)^2-1}{(n+1)^2}$$
$$=\log\frac{n(n+2)}{(n+1)^2}=\log\left(\frac{n}{n+1}\cdot\frac{n+2}{n+1}\right)$$
주어진 급수의 첫째항부터 제n항까지의 부분합
$$S_n=\sum_{k=1}^{n}a_k=\sum_{k=1}^{n}\log\left(\frac{k}{k+1}\cdot\frac{k+2}{k+1}\right)$$
$$=\log\left(\frac{1}{2}\cdot\frac{3}{2}\right)+\log\left(\frac{2}{3}\cdot\frac{4}{3}\right)+\cdots+\log\left(\frac{n}{n+1}\cdot\frac{n+2}{n+1}\right)$$
$$=\log\left(\frac{1}{2}\cdot\frac{3}{2}\cdot\frac{2}{3}\cdot\frac{4}{3}\cdot\cdots\cdot\frac{n}{n+1}\cdot\frac{n+2}{n+1}\right)$$
$$=\log\left(\frac{1}{2}\cdot\frac{n+2}{n+1}\right)$$
$$\therefore\sum_{n=1}^{\infty}a_n=\lim_{n\to\infty}S_n=\lim_{n\to\infty}\log\left(\frac{1}{2}\cdot\frac{n+2}{n+1}\right)$$
$$=\log\frac{1}{2}=-\log 2$$

14 ①

㉠ $\lim_{n\to\infty}\frac{2n}{3n+1}=\frac{2}{3}\neq0$, $\lim_{n\to\infty}a_n\neq0$이므로
급수 $\sum_{n=1}^{\infty}\frac{2n}{3n+1}$는 발산한다.
㉡ $\sum_{n=1}^{\infty}(\sqrt{n+2}-\sqrt{n+1})$
$$=\lim_{n\to\infty}\sum_{k=1}^{n}(\sqrt{k+2}-\sqrt{k+1})$$
$$=\lim_{n\to\infty}\{(\sqrt{3}-\sqrt{2})+(\sqrt{4}-\sqrt{3})+\cdots+(\sqrt{n+2}-\sqrt{n+1})\}$$
$$=\lim_{n\to\infty}(-\sqrt{2}+\sqrt{n+2})=\infty\ (\text{발산})$$

ⓒ $\sum_{n=1}^{\infty}(-1)^n=-1+1-1+1+\cdots$ ($\therefore$ 진동)

ⓓ $\sum_{n=1}^{\infty}\frac{1+2+3+\cdots+n}{n^2}$

$=\sum_{n=1}^{\infty}\frac{\frac{1}{2}n(n+1)}{n^2}=\sum_{n=1}^{\infty}\frac{n^2+n}{2n^2}$

$\lim_{n>\infty}\frac{n^2+n}{2n^2}=\frac{1}{2}\neq 0$, $\lim_{n\to\infty}a_n\neq 0$이므로

급수 $\sum_{n=1}^{\infty}\frac{n^2+n}{2n^2}$은 발산한다.

따라서 보기 중 수렴하는 것은 없다.

15 ②

$\sum_{n=1}^{\infty}n^2(a_n-a_{n+1})$

$=1^2(a_1-a_2)+2^2(a_2-a_3)+\cdots n^2(a_n-a_{n+1})+\cdots$

$=(1^2-0^2)a_1+(2^2-1^2)a_1+(3^2-2^2)a_3+\cdots$

$=\sum_{n=1}^{\infty}\{n^2-(n-1)^2\}a_n$

$=\sum_{n=1}^{\infty}(2n-1)a_n$

$=2\sum_{n=1}^{\infty}na_n-\sum_{n=1}^{\infty}a_n$

$=2B-A$

9 함수의 극한

1. 함수의 극한

1 ③

함수 $f(x)=x^3+x+1$에 대해

$f'(x)=3x^2+1$이므로

$\lim_{h\to 0}\frac{f(1+3h)-f(1)}{2h}$

$=\frac{3}{2}\lim_{h\to 0}\frac{f(1+3h)-f(1)}{3h}$

$=\frac{3}{2}\lim_{\Delta x\to 0}\frac{f(1+\Delta x)-f(1)}{\Delta x}$ $(h=\Delta x)$

$=\frac{3}{2}f'(1)$

$=\frac{3}{2}\times 4=6$

2 ③

다항함수 $f(x)$에 대하여

$\lim_{x\to 1}\frac{6(x^2-1)}{(x-1)f(x)}=\lim_{x\to 1}\frac{6(x+1)}{f(x)}=\frac{12}{f(1)}=1$

$\therefore f(1)=12$

3 ③

$\lim_{x\to 9}\frac{f(x)}{\sqrt{x}-3}=\lim_{x\to 9}\frac{f(x)}{(\sqrt{x}-3)}\frac{(\sqrt{x}+3)}{(\sqrt{x}+3)}$

$=\lim_{x\to 9}\frac{f(x)}{x-9}(\sqrt{x}+3)$

$=\lim_{x\to 9}\frac{f(x)}{x-9}\times\lim_{x\to 9}(\sqrt{x}+3)$

$=2\times 6=12$

4 ①

(주어진 식) $=\lim_{x\to 4}(\sqrt{x}+2)(x+4)=32$

5 ①

$\lim_{x\to 2}\frac{-(x-2)}{3(x-2)(x+1)}=\lim_{x\to 2}\frac{-1}{3(x+1)}=-\frac{1}{9}$

6 ④

주어진 함수의 극한은 수렴하고, $\lim_{x\to -3}(x+3)=0$

이므로 $\lim_{x\to -3}(\sqrt{x^2+x+3}+ax)=0$이 성립한다.

따라서 $\sqrt{(-3)^2-(-3)-3}+a(-3)=0 \Rightarrow a=1$

위 결과를 주어진 식에 대입하여 극한값을 구하면 다음과 같다.

$\lim_{x\to -3}\frac{\sqrt{x^2-x-3}+x}{x+3}\times\frac{\sqrt{x^2-x-3}-x}{\sqrt{x^2-x-3}-x}$

$=\lim_{x\to -3}\frac{-(x+3)}{(x+3)(\sqrt{x^2-x-3}-x)}$

$=\lim_{x\to -3}\frac{-1}{\sqrt{x^2-x-3}-x}=\frac{-1}{\sqrt{9}+3}=-\frac{1}{6}=b$

$\therefore a+b=1-\frac{1}{6}=\frac{5}{6}$

7 ③

$\lim_{x\to 2}\frac{x^2-4}{x^2+ax}=b$에서 $x\to 2$일 때 (분자)$\to 0$이고 $b(b\neq 0)$로 수렴하므로 (분모)$\to 0$이어야 한다.

즉, $\lim_{x\to2}(x^2+ax)=0$이므로 $4+2a=0 \Rightarrow a=-2$

$$\lim_{x\to2}\frac{x^2-4}{x^2-2x}=\lim_{x\to2}\frac{(x+2)(x-2)}{x(x-2)}$$
$$=\lim_{x\to2}\frac{x+2}{x}=\frac{2+2}{2}=2=b$$

$\therefore a+b=-2+2=0$

8 ①

$\lim_{x\to\infty}\frac{f(x)}{x^2-x}=1$이려면

$f(x)$는 최고차항의 계수가1인 이차식이어야 한다.

$f(x)=x^2+ax+b$라 하자.

$\lim_{x\to2}\frac{f(x)}{x-2}=3$으로 수렴하려면

$x\to2$일 때, (분모)$\to0$이므로 (분자)$\to0$이어야 한다.

$\lim_{x\to2}f(x)=4+2a+b=0$

$b=-2a-4$

$$\lim_{x\to2}\frac{x^2+ax-2a-4}{x-2}=\lim_{x\to2}\frac{(x-2)(x+2+a)}{x-2}$$
$$=4+a=3$$

$a=-1,\ b=-2$

$\therefore f(x)=x^2-x-2$이므로 $f(1)=-2$

9 ①

$\lim_{x\to1}\frac{g(x)-2x}{x-1}$의 값이 존재하므로

$\lim_{x\to1}\{g(x)-2x\}=0$

$g(1)=2$

$$\therefore \lim_{x\to1}\frac{f(x)\cdot g(x)}{x^2-1}$$
$$=\lim_{x\to1}\frac{(x-1)(g(x)-1)\cdot g(x)}{x^2-1}$$
$$=\lim_{x\to1}\frac{(g(x)-1)\cdot g(x)}{x+1}$$
$$=\frac{(g(1)-1)\cdot g(1)}{2}=1$$

10 ③

$f(x)=x(x^2+ax+b)$이므로

$f(-1)=a-b-1=2$

$a-b=3$ ……㉠

$f(1)=a+b+1=-2$

$a+b=-3$ ……㉡

㉠, ㉡에서 $a=0,\ b=-3$

$f(x)=x(x^2-3)$

$$\therefore \lim_{x\to0}\frac{f(x)}{x}=\lim_{x\to0}(x^2-3)=-3$$

11 ①

㉠ $\lim_{x\to-0}g(x)=-1,\quad \lim_{x\to+0}g(x)=0$

$\therefore$ 좌극한$\neq$우극한 (거짓)

㉡ $\lim_{x\to-0}g(f(x))=-1,\quad \lim_{x\to+0}f(g(x))=-1$ (참)

㉢ $\lim_{x\to-0}f(g(x))=0,\quad \lim_{x\to+0}f(g(x))=-1$

$\therefore$ 좌극한$\neq$우극한 (거짓)

2. 함수의 연속

1 ③

㉠ $x=1$에서의 함숫값 $f(1)$이 정의되지 않았으므로 $x=1$에서 불연속이다.

㉡ $\lim_{x\to1+0}f(x)=\lim_{x\to1+0}x=1,$

$\lim_{x\to1-0}f(x)=\lim_{x\to1-0}(-1)=-1$

따라서 $x=1$에서 극한값이 존재하지 않으므로 불연속이다.

㉢ $\lim_{x\to1}f(x)=\lim_{x\to1}\frac{x^2-1}{x-1}=\lim_{x\to1}(x+1)=2=f(1)$

이므로 $x=1$에서 연속이다.

㉣ $\lim_{x\to1+0}f(x)=\lim_{x\to1+0}(x-1)=0,$

$\lim_{x\to1-0}f(x)=\lim_{x\to1-0}(-x+1)=0$

따라서 $\lim_{x\to1}f(x)=0=f(1)$이므로 $x=1$에서 연속이다.

따라서 $x=1$에서 연속인 함수는 ㉢, ㉣이다.

2 ④

함수 $g(x)$가 모든 실수에서 연속이므로 $x=1$에서도 연속이다.

$x=1$에서의 극한값을 구하면

$$\lim_{x\to1}g(x)=\lim_{x\to1}\frac{f(x)-f(1)}{x^2-1}$$
$$=\lim_{x\to1}\frac{f(x)-f(1)}{x-1}\cdot\frac{1}{x+1}=\frac{1}{2}f'(1)$$

따라서 $\frac{1}{2}f'(1)=g(1)=2$이어야 하므로

$f'(1)=4$이다.

3 ②

$x<-1,\ x>1$일 때, $\lim_{n\to\infty}\frac{1}{x^{2n}}=0$

$\therefore f(x)=\lim_{n\to\infty}\frac{x^{2n+1}+ax(x^2-1)}{x^{2n}+x^2-1}$

$=\lim_{n\to\infty}\frac{x+\frac{ax(x^2-1)}{x^{2n}}}{1+\frac{x^2-1}{x^{2n}}}=x$이므로 연속

$x=1$일 때, $f(1)=1$

$x=-1$일 때, $f(-1)=-1$

$-1<x<1$일 때, $\lim_{n\to\infty}x^{2n}=0$

$\therefore f(x)=\lim_{n\to\infty}\frac{x^{2n+1}+ax(x^2-1)}{x^{2n}+x^2-1}$

$=\frac{ax(x^2-1)}{x^2-1}=ax$이므로 연속

$\therefore f(x)$가 실수 전체의 집합에서 연속함수가 되기 위해서는 $x=1$와 $x=-1$에서 연속이면 된다.

즉, $\lim_{x\to1}f(x)=f(1)=1,\ \lim_{x\to-1}f(x)=f(-1)=-1$

따라서 $a=1$

4 ④

방정식 $f(x)-x=0$이 열린구간 $(0,1)$에서 중근이 아닌 하나의 실근을 갖기 위한 조건은 $f(x)-x$는 실수 전체의 집합에서 연속이므로 사잇값 정리에 의하여 $f(0)\{f(1)-1\}=3a(\frac{a}{3}-1)=a(a-3)<0$

따라서 $0<a<3$

5 ④

$x=0$에서 연속이므로

$f(0)=\lim_{x\to0}f(x)=\lim_{x\to0}\frac{\sqrt{5+x}-\sqrt{5-x}}{x}$

$=\lim_{x\to0}\frac{(\sqrt{5+x}-\sqrt{5-x})(\sqrt{5+x}+\sqrt{5-x})}{x(\sqrt{5+x}+\sqrt{5-x})}$

$=\lim_{x\to0}\frac{2}{\sqrt{5+x}+\sqrt{5-x}}=\frac{\sqrt{5}}{5}$

6 ②

$f(1)=\lim_{x\to1+0}f(x)=\lim_{x\to1-0}f(x)$이어야 하므로

$\frac{a+5}{1+b}=a=\frac{5}{b}$에서 $ab=5$

$a=1,\ b=5$ 또는 $a=5,\ b=1$이므로

$\therefore a^2+b^2=26$

7 ②

(i) $f(0)=f(4)$

$0=16+4a+b$

(ii) $\lim_{x\to1-0}f(x)=\lim_{x\to1+0}f(x)=f(1)$

$3=1+a+b$

$a=-6,\ b=8$

$\therefore f(10)=f(2)=0$

8 ④

각각의 그래프에 대해 함수 $y=f(x-1)f(x+1)$의 $x=-1$에서의 극한값과 함숫값을 구해보면

㉠ $\lim_{x\to-1+0}f(x-1)f(x+1)=f(-2-0)f(-0)$

$=1\times1=1$

$\lim_{x\to-1-0}f(x-1)f(x+1)=f(-2+0)f(+0)$

$=1\times(-1)=-1$

좌극한과 우극한 값이 일치하지 않으므로 불연속

㉡ $\lim_{x\to-1+0}f(x-1)f(x+1)=f(-2-0)f(-0)$

$=0\times1=0$

$\lim_{x\to-1-0}f(x-1)f(x+1)=f(-2+0)f(+0)$

$=0\times1=0$

$f(-2)f(0)=0\times(-1)=0$

극한값과 함숫값이 일치하므로 연속이다.

㉢ 주어진 함수는 $x=-2$와 $x=0$에서 모두 연속이므로, 함수 $y=f(x-1)f(x+1)$는 $x=-1$에서 연속이다.

9 ③

㉠ $\lim_{x\to0}\frac{16|x|^2}{4|x^2|}=\lim_{x\to0}\frac{16x^2}{4x^2}=4$ (참)

㉡ $\lim_{x\to0}\frac{(2x^2+2x)^2}{2x^4+2x^2}=\lim_{x\to0}\frac{(2x+2)^2}{2x^2+2}=2$ (거짓)

㉢ $\lim_{x\to0}\frac{\left(x+\frac{4}{x}\right)^2}{x^2+\frac{4}{x^2}}=\lim_{x\to0}\frac{(x^2+4)^2}{x^4+4}=4$ (참)

따라서 옳은 것은 ㉠, ㉢이다.

10 ①

$f(x)=\begin{cases}x(x-1) & (x>1 \text{ 또는 } x<1)\\ -x^2+ax+b & (-1\le x\le1)\end{cases}$이므로

$x=\pm1$에서 연속이면 모든 실수 x에서 연속이다.

$f(1)=0=-1+a+b$

$f(-1)=2=-1-a+b$

연립하여 풀면 $a=-1,\ b=2$

$\therefore a-b=-1-2=-3$

11 ②

㉠ (반례) $f(x)=x$, $g(x)=[x]$에 대하여

$\lim_{x\to0}f(x)=0$, $\lim_{x\to0}f(x)g(x)=0$이지만

$\lim_{x\to0}g(x)$는 존재하지 않는다. (거짓)

㉡ $\lim_{x\to a}\frac{f(x)}{g(x)}=\beta$, $\lim_{x\to a}g(x)=\alpha$라 하면

$\lim_{x\to a}f(x)=\lim_{x\to a}g(x)\cdot\frac{f(x)}{g(x)}$

$\lim_{x\to a}g(x)\cdot\lim_{x\to a}\frac{f(x)}{g(x)}=\alpha\beta$ (참)

㉢ (반례) $f(x)=[x]$, $g(x)=x$라 하면

$\lim_{x\to0}f(g(x))=\lim_{x\to0}f(x)=\lim_{x\to0}[x]$가 되어

극한값이 존재하지 않는다. (거짓)

12 ②

함수 $f(x)=x^3-2x^2+5x+7$는 실수 전체의 집합에서 연속이고

$f(-2)f(-1)=(-19)\times(-1)=19>0$,

$f(-1)f(0)=(-1)\times7=-7<0$,

$f(0)f(1)=7\times11=77>0$,

$f(1)f(2)=11\times17=187>0$이므로

사잇값 정리에 의하여 $(-1,\ 0)$에서 실근이 적어도 하나 존재한다.

13 ③

㉡ 극한값이 존재하지 않는 점의 개수는 2개이다.

$\lim_{x\to-1-0}f(x)=\lim_{x\to-1+0}f(x)=2$이므로

$\lim_{x\to-1}f(x)=2$

10 다항함수의 미분법

1. 미분계수와 도함수

1 ①

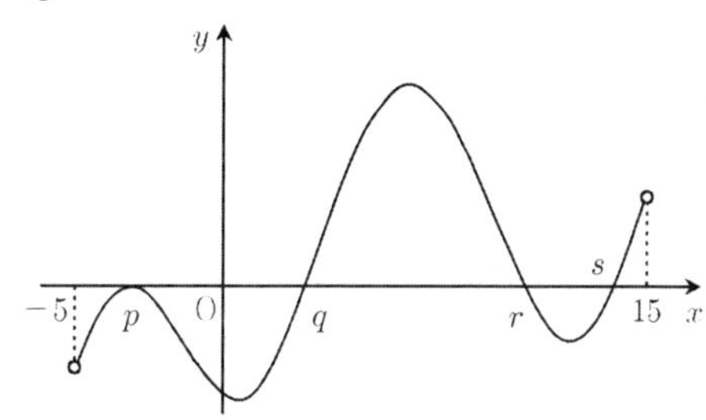

주어진 도함수의 그래프를 이용하여 함수 $f(x)$의 증감표를 만들면 다음과 같다.

x	$f'(x)$	$f(x)$
-5		
	$-$	
p	0	변곡점
	$-$	
q	0	극솟값
	$+$	
r	0	극댓값
	$-$	
s	0	극솟값
	$+$	
15		

극댓값을 갖는 x의 개수는 1개, 극솟값을 갖는 x의 개수는 2개이므로 $a=1$, $b=2$

$\therefore a-b=1-2=-1$

2 ③

$f'(x)=(4x-3)(x^2-x+2)+(2x^2-3x)(2x-1)$

$f'(2)=26$

3 ②

$\lim_{h\to0}\frac{f(1+kh)-f(1)}{h}$

$=\lim_{h\to0}\frac{(1+kh)^2-5(1+kh)+6-(1-5+6)}{h}$

$=\lim_{h\to0}\frac{k^2h^2-3kh}{h}=\lim_{h\to0}(k^2h-3k)=-3k=-36$

$\therefore k=12$

4 ④

$\frac{1}{n}=h$라 하면

(준식)$=\lim_{h\to0}\frac{f(1+3h)-f(1-h)}{h}$

$=3f'(1)+f'(1)=4f'(1)=36$

5 ④

$\lim_{x\to2}\frac{f(x)}{x-2}=3$에서 $f(2)=0,\ f'(2)=3$

$\lim_{x\to0}\frac{f(x)}{x}=2$에서 $f(0)=0,\ f'(0)=2$

$\lim_{x\to2}\frac{f(f(x))}{x-2}$

$=\lim_{x\to2}\frac{f(f(x))-f(f(2))}{f(x)-f(2)}\cdot\frac{f(x)-f(2)}{x-2}$

$=f'(f(2))\cdot f'(2)$

$=f'(0)\cdot f'(2)$

$=2\cdot3=6$

6 ③

함수 $f(x)$가 $x=\pm1$에서 미분가능해야 하므로

$f(-1)=3+a=-1+b-c,\ f'(-1)=-3$이고

$f(1)=-3+d=1+b+c,\ f'(1)=-3$이다.

$\therefore a+b+c+d=2+0-6-2=-6$

7 ④

㉠ $0>f'(a)>f'(b)$이고, $0<a<b$이므로

$\frac{f'(a)}{b}>\frac{f'(b)}{b}>\frac{f'(b)}{a}$ (참)

㉡ $(a,\ f(a))$, $(b,\ f(b))$ 두 점을 지나는 직선의 기울기는 $x=b$에서 접선의 기울기보다 크다. (거짓)

㉢ $0<a<b$에 대하여 $\frac{a+b}{2}>\sqrt{ab}$이고,

개구간 $(a,\ b)$에서 접선의 기울기는 점점 감소하므로 $f'(\sqrt{ab})>f'\left(\frac{a+b}{2}\right)$ (참)

8 ④

$g'(x)=f(x)+xf'(x)$

㉠ $f(1)+g'(1)=f'(1)<0$ (거짓)

2. 도함수의 활용

1 ②

주어진 방정식 $x^3-3x^2=a-4$이 서로 다른 두 양의 근과 하나의 음의 근을 갖기 위해서는

곡선 $f(x)=x^3-3x^2$과 직선 $y=a-4$가

그림과 같이 $x>0$인 곳에서 서로 다른 두 교점과

$x<0$인 곳에서 하나의 교점이 있어야 한다.

곡선 $f(x)$의 극값을 구하면 $f'(x)=3x^2-6x$이므로

$x=0$에서 극대, $x=2$에서 극소이다.

극솟값이 -4이고 극댓값이 0이므로

함수 $f(x)$의 그래프는 다음과 같다.

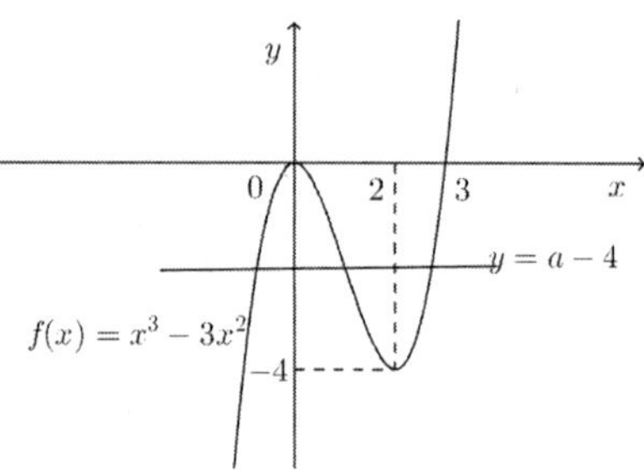

$-4<a-4<0 \Rightarrow 0<a<4$이므로

따라서 정수 a의 값들의 합은 $1+2+3=6$이다.

2 ①

함수 $f(x)$가 임의의 두 실수 $x_1,\ x_2$에 대해

$x_1<x_2$이면 $f(x_1)>f(x_2)$를 만족한다는 것은

함수 $f(x)$가 감소함수라는 것을 의미한다.

따라서 모든 실수 x에 대해 $f'(x)\le0$이어야 하므로

$f'(x)=-3x^2+4x+k\le0$

$\Rightarrow \frac{D}{4}=4+3k\le0$

$\Rightarrow k\le-\frac{4}{3}$

따라서 정수 k의 최댓값은 -2이다.

3 ②

함수 $f(x)=\begin{cases} ax^2+b & (x<1) \\ cx^3 & (x \ge 1) \end{cases}$가 $x=1$에서 미분가능하면 $x=1$에서 연속이므로 $a+b=c$ ······ ㉠

$f'(x)=\begin{cases} 2ax & (x<1) \\ 3cx^2 & (x \ge 1) \end{cases} \Rightarrow 2a=3c$ ······ ㉡

주어진 조건 $a+b+c=2$에 ㉠을 대입하면

$c=1$이고, 이것을 ㉡에 대입하면 $a=\frac{3}{2}$이다.

㉠에 $a=\frac{3}{2}$, $c=1$을 대입하면 $b=c-a=-\frac{1}{2}$

$\therefore abc=-\frac{3}{4}$

4 ①

$\lim_{x \to 2}\frac{f(x)-2}{x-2}=-3$에서 분모가 0으로 가까워지므로

$f(2)-2=0$에서 $f(2)=2$

$\lim_{x \to 2}\frac{f(x)-f(2)}{x-2}=f'(2)=-3$

$g(x)=(x-1)^2$에서 $g'(x)=2(x-1)$이므로

$g(2)=1$, $g'(2)=2$

$x=2$일 때 $y=f(x)g(x)$에서의 접선의 기울기는

$y'_{x=2}=f'(2)g(2)+f(2)g'(2)=1$

따라서 기울기가 1이다.

5 ②

$y'_{x=2}=2x_{x=-2}=-4$이므로

접선의 방정식은 $y=-4(x+2)+4$

$y=-4x-4$ ····· ㉠

직선 ㉠과 삼차함수 $y=x^2+ax-2$의 교점의 x좌표를 t라고 하면

$t^3+at-2=-4t-4$ ····· ㉡

$3t^2+a=-4$ ····· ㉢을 만족해야 한다.

㉡과 ㉢을 연립하면

$t^3+(-3t^2)t+2=0$ ($\because a+4=-3t^2$)

$t^3=1 \Rightarrow t=1$

$\therefore a=-3-4=-7$

6 ③

$f(x)=x^4+ax^3+bx^2+cx+6$

(가) $f(-x)=f(x)$이므로

$x^4-ax^3+bx^2-cx+6$

$=x^4+ax^3+bx^2+cx+6$

$a=0$, $c=0$

(나) $f'(x)=4x^3+2bx=2x(2x^2+b)=0$

$x^2=-\frac{b}{2}$, $x=\pm\sqrt{-\frac{b}{2}}$ $(b<0)$일 때,

극솟값 -10을 갖는다.

$f\left(\pm\sqrt{-\frac{b}{2}}\right)=\frac{b^2}{4}+b\left(-\frac{b}{2}\right)+6=-10$

$-\frac{b^2}{4}=-16 \Rightarrow b^2=64$

$b<0 \Rightarrow b=-8$

$f(x)=x^4-8x^2+6$

$f(3)=81-72+6=15$

7 ②

$f(x)$는 $x=-1$에서 극솟값 -1, $x=1$에서 극댓값 3을 갖는다. 따라서 구하는 직선의 기울기는 2이다.

8 ③

$x_1<x_2$인 임의의 실수 x_1, x_2에 대하여

$f(x_1)>f(x_2)$가 성립하려면

함수 $f(x)$가 실수 전체의 집합에서 감소해야 한다.

즉, 모든 실수 x에 대하여 $f'(x) \le 0$이어야 하므로

$f'(x)=-3x^2+2ax+a \le 0$

방정식 $f'(x)=0$의 판별식을 D라고 할 때,

$\frac{D}{4}=a^2+3a \le 0$, $a(a+3) \le 0$

$\therefore -3 \le a \le 0$

9 ③

$f'(x)=3x^2+6x=3x(x+2)=0$에서 $x=-2$, 0

$f(-1)=12$, $f(0)=10$, $f(1)=14$이므로

최댓값과 최솟값의 합은 $14+10=24$이다.

10 ②

$f(x)=\frac{1}{3}x^3+ax^2+bx+c$

$f'(x)=x^2+2ax+b$

$f'(-1)=0$에서 $1-2a+b=0$··· ㉠

$f'(3)=0$에서 $9+6a+b=0$··· ㉡

㉠, ㉡을 연립하여 풀면 $a=-1$, $b=-3$

따라서 $f(x)=\frac{1}{3}x^3-x^2-3x+c$이므로

$M=\frac{5}{3}+c$, $m=-9+c$

$\therefore M-m=\frac{32}{3}$

11 ①

$f(x)=x^3-3x^2+1-k$로 놓으면

$f'(x)=3x^2-6x=3x(x-2)$

$f'(x)=0$에서 $x=0$ 또는 $x=2$

삼차방정식 $f(x)=0$이 서로 다른 세 실근을 가지려면

$f(0)f(2)<0$

$\Rightarrow (1-k)(-3-k)<0 \Rightarrow (k-1)(k+3)<0$

$\therefore -3<k<1$

따라서 구하는 정수 k는 -2, -1, 0의 3개다.

12 ③

자동차가 제동을 건 지 t초 후의 속도를 v라 하면

$v=\dfrac{dx}{dt}=18-0.9t$

자동차가 정지할 때의 속도는 0이므로

$18-0.9t=0 \Rightarrow t=20$

따라서 자동차가 정지할 때까지 움직인 거리는

$x=18\times20-0.45\times20^2=180(\text{m})$

13 ①

t초 후의 가로, 세로의 길이를 각각

$9+0.2t$, $4+0.3t$로 두면 정사각형의 조건에서

$9+0.2t=4+0.3t \Rightarrow t=50$

$S(t)=(9+0.2t)(4+0.3t)=0.06t^2+3.5t+36$

$\dfrac{dS(t)}{dt}=0.12t+3.5$이고 $t=50$일 때의 넓이의 변화율은 $0.12\times50+3.5=9.5(\text{cm}^2/초)$이다.

14 ①

$x^2+3y^2=9$에서 $y^2=\dfrac{1}{3}(9-x^2)$ ······㉠

$y^2\geq0$이므로 $-3\leq x\leq3$ ······㉡

주어진 식에 ㉠을 대입한 식을 $f(x)$라 하면

$f(x)=x(x+y^2)=-\dfrac{1}{3}x^3+x^2+3x$

$f'(x)=-x^2+2x+3=-(x+1)(x-3)$

㉡의 범위에서 $f(x)$의 증감표를 만들면

x	-3	···	-1	···	3
$f'(x)$		$-$	0	$+$	0
$f(x)$	9	↘	$-\dfrac{5}{3}$	↗	9

따라서 주어진 식의 최솟값은 $-\dfrac{5}{3}$이다.

15 ③

$f(x)=3x^4-4x^3+6x^2-12x+a$

$f'(x)=12x^3-12x^2+12x-12$

$=12(x-1)(x^2+1)$

x	···	1	···
$f'(x)$	$-$	0	$+$
$f(x)$	↘	$-7+a$	↗

$f'(x)=0$에서 $x=1$

$(\because x^2+1>0)$

따라서 함수 $f(x)$는 $x=1$일 때

최솟값 $-7+a$를 가지므로

$-7+a=1$

$\therefore a=8$

16 ③

모서리 길이의 합이 36이므로

직육면체의 가로와 세로의 길이를 x, 높이를 y라 하면

$8x+4y=36$이고

부피 $V=x^2y=x^2(9-2x)$가 최대가 될 때는

$V'=-6x(x-3)$이므로

$x=3$

$\therefore$ 부피는 27

17 ②

함수 $f(x)=x^2-2x+5$는 닫힌구간 $[-1, 3]$에서 연속이며 열린구간 $(-1, 3)$에서 미분가능하고 $f(-1)=f(3)=8$이므로, 롤의 정리에서 $f'(c)=0$인 c가 열린구간 $(-1, 3)$에 적어도 하나 존재한다.

그런데 $f'(c)=2c-2$이므로 $2c-2=0$

따라서 $c=1$

18 ④

닫힌구간 $[-2, 2]$에서 평균값의 정리의 조건을 만족하는 c의 값이 존재하는 함수는 닫힌구간 $[-2, 2]$에서 연속이고 열린구간 $(-2, 2)$에서 미분가능한 함수이다.

따라서 $f(x)=x^2-2x$

11 다항함수와 적분법

1. 부정적분과 정적분

1 ①

주어진 무한급수를 정적분으로 바꾸면

$$\lim_{n\to\infty}\sum_{k=1}^{n} f\left(1+\frac{2k}{n}\right)\frac{3}{n}$$
$$=\lim_{n\to\infty}\sum_{k=1}^{n} f\left(1+\frac{(3-1)k}{n}\right)\frac{3-1}{n}\cdot\frac{3}{2}$$
$$=\frac{3}{2}\int_{1}^{3} f(x)dx$$
$$=\frac{3}{2}\int_{1}^{3}(3x^2-6x)dx$$
$$=\frac{3}{2}\left[x^3-3x^2\right]_1^3=3$$

2 ④

모든 실수 x, y에 대하여

$f(x+y)=f(x)+f(y)$이므로

$x=0$, $y=0$인 경우 $f(0+0)=f(0)+f(0)$

$\Rightarrow f(0)=0$이다.

또한 미분계수의 정의에 의해

$$f'(0)=\lim_{h\to 0}\frac{f(0+h)-f(0)}{h}$$
$$=\lim_{h\to 0}\frac{f(0)+f(h)-f(0)}{h}$$
$$(\because f(0+h)=f(0)+f(h))$$
$$=\lim_{h\to 0}\frac{f(h)}{h}=2$$
$$f'(x)=\lim_{h\to 0}\frac{f(x+h)-f(x)}{h}$$
$$=\lim_{h\to 0}\frac{f(x)+f(h)-f(x)}{h}$$
$$=\lim_{h\to 0}\frac{f(h)}{h}$$

$\Rightarrow f'(x)=2$

$f(x)$는 $f'(x)$의 부정적분이므로 $f(x)=2x+C$가 되고 $f(0)=0$이므로 $C=0 \Rightarrow f(x)=2x$이다.

따라서 $f(1)=2$, $f'(1)=2$

$\therefore \dfrac{f'(1)}{f(1)}=\dfrac{2}{2}=1$이다.

3 ⑤

함수 $f(x)$가 기함수인 경우 $\int_{-a}^{a} f(x)dx=0$,

우함수인 경우 $\int_{-a}^{a} f(x)dx=2\int_{0}^{a} f(x)dx$이다.

$$\int_{-1}^{2}(x^5+x^3+x+1)dx+\int_{2}^{1}(x^5+x^3+x+1)dx$$
$$=\int_{-1}^{1}(x^5+x^3+x+1)dx$$
$$=2\int_{0}^{1}1\,dx\left(\because \int_{-1}^{1}(x^5+x^3+x)dx=0\right)=2$$

4 ②

x^3-27x를 미분하면 $(x-3)f(x)$이므로

$(x-3)f(x)=\dfrac{d}{dx}(x^3-27x)$

$(x-3)f(x)=3x^2-27$

$(x-3)f(x)=3(x-3)(x+3)$

$f(x)=3(x+3)$

$\therefore f(-1)=3\cdot 2=6$

5 ①

$$f(x)=\int f'(x)dx$$
$$=\int(3x^2+2ax+1)dx$$
$$=x^3+ax^2+x+C$$

$f(0)=1$, $f(1)=2$이므로 $f(0)=C=1$

$f(1)=1+a+1+1=2 \Rightarrow a=-1$

따라서 $f(x)=x^3-x^2+x+1$

$f(2)=2^3-2^2+2+1=7$

6 ③

$f(x)=x^3$이라 하면 $f(x)$는 구간 $[1, 4]$에서 연속이므로 정직분의 정의에 의하여

$\Delta x=\dfrac{3}{n}$, $x_k=1+k\Delta x=1+\dfrac{3k}{n}$

$$\therefore \int_{1}^{4}x^3dx=\lim_{n\to\infty}\sum_{k=1}^{n}x_k^3\Delta x$$
$$=\lim_{n\to\infty}\sum_{k=1}^{n}\left(1+\frac{3k}{n}\right)^3\cdot\frac{3}{n}$$

$\therefore a=3$

7 ①

$$\int_0^1 f(x)dx = \int_0^1 (6x^2+2ax)dx$$
$$= \left[2x^3+ax^2\right]_0^1 = 2+a$$

$f(1)=6+2a$이므로 $2+a=6+2a$

$\therefore a=-4$

8 ②

$$\int_{-a}^{a}(2x+3)dx = \int_{-a}^{a}2xdx + \int_{-a}^{a}3dx$$
$$=3a-(-3a)=6a=6$$

$\therefore a=1$

9 ③

$f(x)=\int_1^x (2t-3)(t^2+1)dt$의 양변을

x에 대하여 미분하면

$f'(x)=(2x-3)(x^2+1) \Rightarrow f'(1)=-2$

$$\therefore \lim_{h\to 0}\frac{f(1+2h)-f(1)}{h}$$
$$=\lim_{h\to 0}\frac{f(1+2h)-f(1)}{2h}\cdot 2$$
$$=2f'(1)=2\cdot(-2)=-4$$

10 ④

$$\int_{-1}^{1} f(x)dx = \int_{-1}^{1}(4x^3+6x^2-2x)dx$$
$$=2\int_0^1 6x^2\,dx$$
$$=4$$

11 ④

$f(x)$의 한 부정적분을 $F(x)$라 하면

$$\lim_{x\to 2}\frac{1}{x-2}\int_2^x f(t)dt = \lim_{x\to 2}\frac{F(x)-F(2)}{x-2}$$
$$=F'(2)$$
$$=f(2)$$

$$\therefore \lim_{x\to 2}\frac{1}{x-2}\int_2^x f(t)dt = 15$$

12 ③

$$\lim_{n\to\infty}\frac{1}{n}\sum_{k=1}^{n} f\left(10+\frac{2k}{n}\right)=\frac{1}{2}\int_{10}^{12} f(x)dx$$
$$=\frac{1}{2}\int_{-1}^{1} f(x)dx$$

$(\because f(x+2)=f(x))$에서 구하는 값은 다음과 같다.

$$\frac{1}{2}\int_{-1}^{1}(30x^2+15)dx = \int_0^1 (30x^2+15)dx = 25$$

2. 정적분의 활용

1 ②

그림에서 보듯이 삼각형 OAB와 삼각형 DCB, 삼각형 DEC와 삼각형 GEF는 각각 합동이다.

삼각형 OAB의 넓이, 삼각형 DEC의 넓이, 삼각형 GFH의 넓이를 각각 S_1, S_2, S_3라 하면

$$g(a)=\int_0^a f(t)dt = -S_1+S_1=0$$

$$g(b)=\int_0^b f(t)dt = -S_1+S_1+S_2=S_2$$

$$g(c)=\int_0^c f(t)dt = -S_1+S_1+S_2-S_2=0$$

$$g(d)=\int_0^d f(t)dt = -S_1+S_1+S_2-S_2-S_3=-S_3$$

함수 $g(x)$의 그래프의 개형은 아래 그림과 같다.

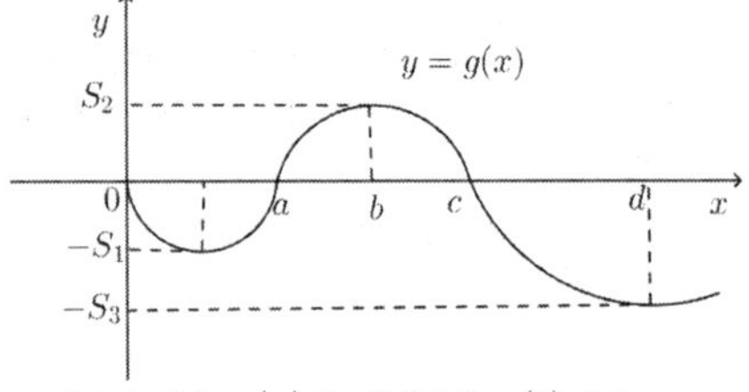

그러므로 함수 $g(x)$의 최댓값은 $g(b)$이다.

2 ①

사차함수 $f(x)$에 대해 $f(1)=f'(1)=0$이므로
함수 $f(x)$는 $x=1$에서 x축에 접한다.
한편 임의의 실수 α에 대해
$\int_{-1-\alpha}^{1+\alpha} f'(x)dx=0$이므로
$\int_{-1-\alpha}^{1+\alpha} f'(x)dx=[f(x)]_{-1-\alpha}^{1+\alpha}$
$=f(1+\alpha)-f(-1-\alpha)=0$
$\Rightarrow f(1+\alpha)=f(-1-\alpha)$
α대신 $\alpha-1$을 대입하면 $f(\alpha)=f(-\alpha)$이므로
함수 $f(x)$는 y축 대칭인 함수이다.
따라서 함수 $f(x)$는 $x=-1$에서도 x축에 접하므로
$f(x)=a(x-1)^2(x+1)^2$이어야 한다.
예를 들어 사차항의 계수 a가 양수이면
함수 $f(x)$의 그래프는 다음과 같다.

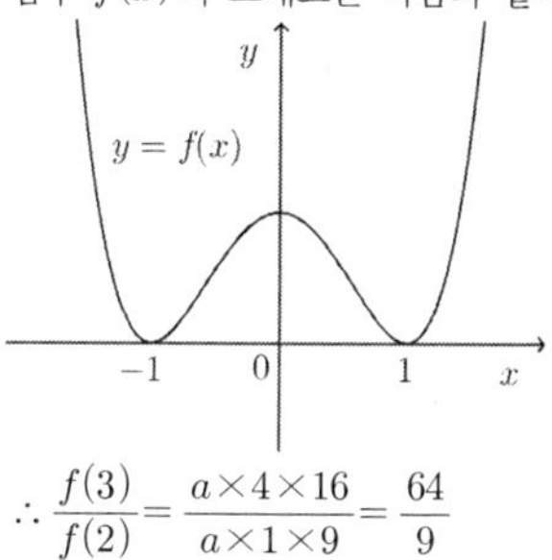

$\therefore \frac{f(3)}{f(2)}=\frac{a\times4\times16}{a\times1\times9}=\frac{64}{9}$

3 ④

곡선 $y=x^2-2x$와 x축과의 교점을 구하면
$x^2-2x=0 \Rightarrow x=0,\ 2$

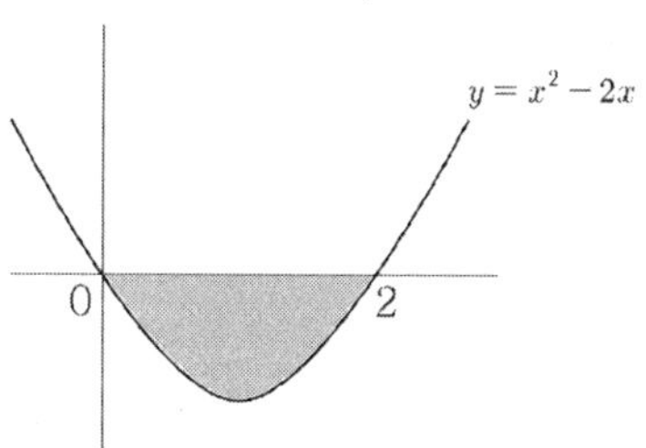

따라서 구하는 넓이를 S라 하면
$S=\int_0^2|x^2-2x|dx=\int_0^2(-x^2+2x)dx$
$=\left[-\frac{1}{3}x^3+x^2\right]_0^2=-\frac{8}{3}+4=\frac{4}{3}$

4 ③

이차함수 $y=f(x)$의 그래프가 아래로 볼록이고 두 점 $(1,\ 0)$, $(3,\ 0)$을 지나므로
$f(x)=a(x-1)(x-3)\ (a>0)=a(x^2-4x+3)$
함수 $g(x)$의 도함수 $g'(x)$는 $g'(x)=f(x)$가 되고
$g'(x)=0$을 만족하는 x는 1, 3이다.
이를 이용하여 함수 $g(x)$의 증감표를 작성하면 다음과 같다.

x	$\cdots$	1	$\cdots$	3	$\cdots$
$g'(x)$	+	0	−	0	+
$g(x)$	↗	극대	↘	극소	↗

함수 $g(x)$의 극댓값이 4이므로
$g(1)=\int_0^1 f(t)dt=\int_0^1 a(t^2-4t+3)dt=\frac{4}{3}a=4$
따라서 $a=3$이고,
함수 $f(x)=3(x^2-4x+3)=3(x-2)^2-3$이 되므로 $f(x)$의 최솟값은 $f(2)=-3$이다.

5 ①

곡선 $y=x^3+x^2-2x$와 x축의 교점의 x좌표는
$x^3+x^2-2x=0$
$x(x^2+x-2)=0$
$x(x+2)(x-1)=0$
$x=-2$ 또는 $x=0$ 또는 $x=1$

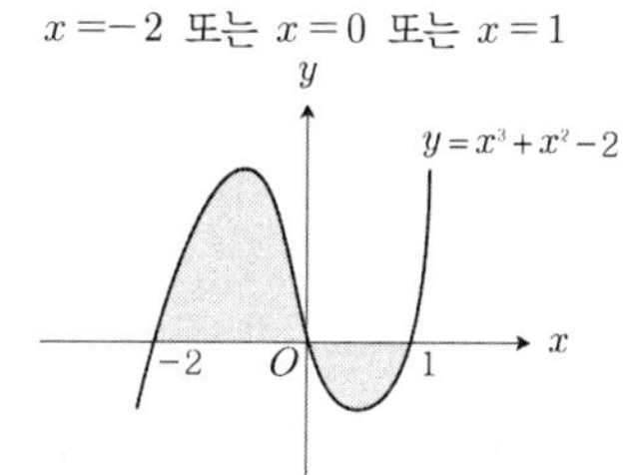

따라서 구하는 넓이는
$\int_{-2}^{0}(x^3+x^2-2x)dx-\int_0^1(x^3+x^2-2x)dx$
$=\left[\frac{1}{4}x^4+\frac{1}{3}x^3-x^2\right]_{-2}^{0}-\left[\frac{1}{4}x^4+\frac{1}{3}x^3-x^2\right]_0^1$
$=\frac{8}{3}+\frac{5}{12}=\frac{37}{12}$

6 ④

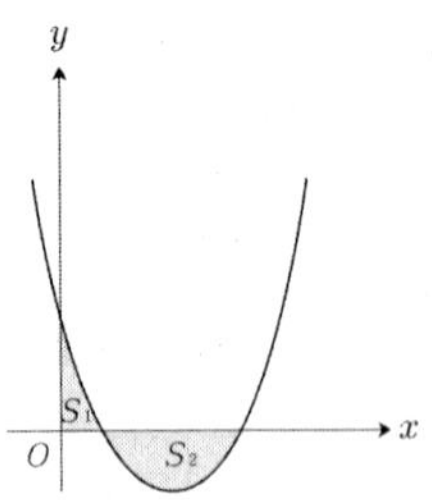

위의 그림에서 $S_1 = S_2$ 이므로

$$\int_0^k (x-1)(x-k)dx = 0$$

$$\int_0^k \{x^2-(k+1)x+k\}dx = 0$$

$$\left[\frac{x^3}{3} - \frac{(k+1)x^2}{2} + kx\right]_0^k = 0$$

$$\frac{k^3}{3} - (k+1)\frac{k^2}{2} + k^2 = 0$$

$$-\frac{k^3}{6} + \frac{k^2}{2} = 0$$

$$k^3 - 3k^2 = 0$$

$$k^2(k-3) = 0$$

$k=0$ 또는 $k=3$

$\therefore k = 3\ (\because k > 1)$

7 ②

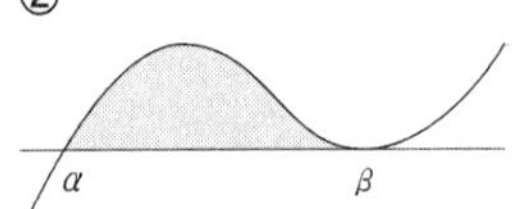

위의 그림과 같이 $y=a(x-\alpha)(x-\beta)^2$과 x축으로 둘러싸인 부분의 넓이는 $S=\frac{|a|}{12}(\beta-\alpha)^4$ 이므로

$\alpha=0,\ \beta=2 \Rightarrow S=\frac{1}{12}(2-0)^4 = \frac{4}{3}$

8 ③

$v(t)=0$일 때 점 P가 진행 방향을 바꾸므로

진행 방향을 바꾸는 시각은 $2t^2-8t+6=0$

$2(t-1)(t-3)=0$

$t=1$ 또는 $t=3$

따라서 처음으로 진행 방향을 바꾸는 시각은 $t=1$이므로

구하는 점 P의 좌표는

$$0+\int_0^1 (2t^2-8t+6)dt = \left[\frac{2}{3}t^3 - 4t^2 + 6t\right]_0^1 = \frac{2}{3} - 4 + 6 = \frac{8}{3}$$

9 ①

대칭축이 2이므로

$$\int_0^2 (x^2-4x+k)dx = 0$$

$$\frac{8}{3} - 8 + 2k = 0$$

$$\therefore k = \frac{8}{3}$$

10 ②

㉠ 1초 동안 속도가 0인 지점은 존재하지 않는다. (거짓)

㉡ $v(t)=0$인 t의 값은 $t=2,\ 4$이고 이 시각에 $v(t)$의 부호가 바뀌었으므로 운동방향이 두 번 바뀐 것이다. (거짓)

㉢ $\int_0^t v(t)\,dt = 0$일 때이므로 $t=4$인 순간의 동점 P의 위치는 원점이다. (참)

11 ④

x초 후의 위치의 변화량 s는

$$s = \int_0^x (2t-3)dt$$

B지점에 도달하는 데 걸리는 시간을 x라 하면 $s=40$인 x의 값을 구하면

$$s = \int_0^x (2t-3)dt = 40$$

$$x^2 - 3x = 40$$

$$x^2 - 3x - 40 = 0$$

$$(x+5)(x-8) = 0$$

$\therefore x = 8\ (\because x > 0)$

12 순열과 조합

1. 경우의 수와 순열

1 ③

최고자리 숫자가 1인 경우의 수는 2, 3, 4, 5를 일렬로 나열하는 경우의 수와 같으므로
$4! = 4\times3\times2\times1 = 24$(가지)이다.
같은 방법으로 최고자리 숫자가 2인 경우의 수도 24(가지)이고, 최고자리 숫자가 3인 경우의 수도 24(가지)이므로 이들을 합하면 72(가지)가 된다.
따라서 73번째 나타나는 숫자는 41235이다.

2 ②

100원짜리 동전 1개, 50원짜리 동전 3개, 10원짜리 동전 3개의 일부 또는 전부를 사용하여 지불할 수 있는 금액은 100원짜리 동전 1개를 50원짜리 동전 2개로 바꾸어 50원짜리 동전 5개, 10원짜리 동전 3개의 일부 또는 전부를 사용하여 지불할 수 있는 금액의 수와 같다. 50원짜리 동전 5개를 지불하는 방법은 6가지, 10원짜리 동전 3개를 지불하는 방법은 4가지이고, 아무것도 지불하지 않는 것은 지불하는 방법이 아니다.
따라서 지불할 수 있는 금액의 수는 $6\times4-1=23$(가지)

3 ③

$300 = 2^2\times3\times5^2$이므로 약수의 개수는
$(2+1)\times(1+1)\times(2+1) = 18$(개)

4 ①

$x+2y+3z=10$이 되는 경우는
$z=1$일 때 $(5,\ 1,\ 1)$, $(3,\ 2,\ 1)$, $(1,\ 3,\ 1)$이고
$z=2$일 때 $(2,\ 1,\ 2)$이므로 모두 4가지

5 ③

모든 경우의 수는 $5! = 120$가지이고
a, b가 이웃할 경우는 $2\times4! = 48$가지이므로
a, b가 이웃하지 않는 경우는 $120-48=72$(가지)

6 ④

적어도 한 쪽 끝에 자음이 오는 경우의 수는
(전체 경우의 수)-(양 끝에 모음이 오는 경우의 수)
로 구할 수 있다.
문자 모두를 사용하여 일렬로 배열하는 방법의 수는
$8! = 40320$(가지)
3개의 모음을 양 끝에 오게 하는 방법의 수는
${}_3P_2 = 6$(가지)
이때, 가운데에 6개의 문자를 배열하는 방법의 수는
$6! = 720$(가지)
따라서 구하는 개수는
$8! - {}_3P_2\times6! = 40320-4320 = 36000$(개)

7 ③

9의 배수이려면 각 자리 수의 합이 9의 배수이어야 하므로 1, 2, 3, 4, 5, 6 중 4개를 뽑아 9의 배수가 되는 경우는 $3+4+5+6=18$ 밖에 없다.
따라서 9의 배수는 모두 $4! = 24$(가지)이다.

8 ②

0, 1, 2, 3의 네 숫자를 중복하여 사용할 수 있으므로, 서로 다른 4개에서 중복하여 3개 택하는 중복순열이다.
$\therefore$ 방법의 수는 ${}_4\Pi_3 = 4^3 = 64$
그런데 0이 맨 앞에 오는 ${}_4\Pi_2 = 4^2 = 16$가지는 3자리 정수가 아니다.
따라서 3자리 정수의 개수는 $64-16=48$

9 ③

(i) 같은 문자를 세 개 뽑는 경우
즉, $(a,\ a,\ a)$를 뽑는 경우의 순열 $\Rightarrow$ 1(개)
(ii) 같은 문자가 2개 들어가는 경우
즉, $(a,\ a,\ b)$, $(a,\ a,\ c)$, $(b,\ b,\ a)$, $(b,\ b,\ c)$를 뽑는 경우의 순열 $\Rightarrow \frac{3!}{2!}\times4 = 12$(개)
(iii) 서로 다른 세 개의 문자를 뽑는 경우
즉, $(a,\ b,\ c)$를 뽑는 경우의 순열
$\Rightarrow 3! = 6$(개)
(i), (ii), (iii)에서 구하는 전체 경우의 수는
$1+12+6=19$(개)

10 ④

(ⅰ) (1~1000 쓰는 데 사용된 4의 개수)
= (0~999까지 쓰는데 사용된 4의 개수)
= 300개
(∵ 000, 001, 002, ⋯, 999를 쓰는 데 사용된 숫자의 개수는 3000개이고 0, 1, 2, ⋯, 9는 모두 동일하게 사용되므로 각 숫자는 모두 300개씩 사용된다.)

(ⅱ) (1~1996 쓰는 데 사용된 4의 개수)
= (1~2000 쓰는 데 사용된 4의 개수)
= (1~1000 쓰는 데 사용된 4의 개수)×2
= 600

11 ②

부모는 이웃하므로 묶어 1명으로 생각하면 5명이 원탁에 둘러앉는 경우가 되므로 경우의 수는 $(5-1)!=4!=24$(가지)이다. 그런데 부모가 자리를 바꾸는 경우가 $2!=2$가지 있으므로 $24\times2=48$(가지)

12 ②

최단거리로 가려면 오른쪽으로 4칸, 위로 3칸 가야 한다. 오른쪽으로 1칸 가는 것을 a, 위로 1칸 가는 것을 b라 하면, 최단거리로 가는 방법의 수는 a를 4개, b를 3개 나열하는 방법의 수 즉 a, a, a, a, b, b, b를 나열하는 방법의 수이다.

∴ A지점에서 B지점까지 최단 거리로 가는 방법의 수는 $\frac{7!}{4!3!}=35$

마찬가지로 A에서 P를 거쳐서 B까지 가는 방법의 수는 $\frac{3!}{2!1!}\times\frac{4!}{2!2!}=18$

따라서 A지점에서 출발하여 P지점을 지나지 않고 B지점까지 최단 거리로 가는 방법의 수는 $35-18=17$

2. 조합

1 ①

1부터 10까지의 자연수 중에서 3의 배수는 {3, 6, 9}이다.
임의로 택한 서로 다른 두 수의 곱이 3의 배수인 경우의 수는 모든 경우의 수에서 3의 배수가 아닌 경우의 수를 뺀 것과 같다.
1부터 10까지의 자연수 중에서 임의로 택한 서로 다른 두 수의 곱이 될 수 있는 경우의 수는
${}_{10}C_2=\frac{10\times9}{2}=45$(가지)이고, 3의 배수가 아닌 곱의 경우의 수는 {1, 2, 4, 5, 7, 8, 10}에서 서로 다른 두 수를 선택하는 조합의 경우의 수
${}_7C_2=\frac{7\times6}{2}=21$과 같다.
따라서 구하고자 하는 경우의 수는 $45-21=24$이다.

2 ①

9명을 6명, 3명의 두 조로 분할하는 경우의 수는
${}_9C_6\times{}_3C_3=84$(가지)
나누어진 6명을 3명, 3명의 두 조로 분할하는 경우의 수는 ${}_6C_3\times{}_3C_3\times\frac{1}{2!}=10$(가지)
또, 나누어진 3명을 2명, 1명의 두 조로 분할하는 경우의 수는 ${}_3C_2\times{}_1C_1=3$(가지)
따라서 구하는 경우의 수는
$84\times10\times3\times3\times3=22680$(가지)

3 ①

A, B, C, D 네 사람이 받은 지폐 수를
각각 a, b, c, d라 하면 $a+b+c+d=8$
(단, $a\geq1$, $b\geq1$, $c\geq1$, $d\geq1$, $c=d$인 정수)
$a-1=x$, $b-1=y$, $c-1=z$, $d-1=w$로 치환하면 $x+y+z+w=4$
(단, x, y, z, w는 음이 아닌 정수, $z=w$)
조건을 만족하는 경우의 수는

i) $z=w=0$인 경우 $x+y=4$를 만족하는 경우의 수는 ${}_2H_4={}_5C_4=5$

ii) $z=w=1$인 경우 $x+y=2$를 만족하는 경우의 수는 ${}_2H_2={}_3C_2=3$

iii) $z=w=2$인 경우 $x+y=0$를 만족하는 경우의 수는 ${}_2H_0={}_1C_0=1$

따라서 구하는 모든 경우의 수는 $5+3+1=9$이다.

4 ②

음이 아닌 정수 x, y, z에 대해
부등식 $x+y+z\leq2$를 만족하는 경우는
$x+y+z=0$, $x+y+z=1$, $x+y+z=2$이다.
$x+y+z=0$인 경우는 $x=y=z=0$ 한 가지이다.
$x+y+z=1$를 만족하는 음이 아닌 정수 순서쌍은 서로 다른 3개에서 1개를 뽑는 중복조합의 경우의 수와 같으므로 ${}_3H_1={}_3C_1=3$이다.
마찬가지로 $x+y+z=2$인 경우 순서쌍의 개수는 ${}_3H_2={}_4C_2=6$이므로
구하고자 하는 순서쌍의 개수는 $1+3+6=10$이다.

5 ④

$x'=x-3,\ y'=y-1,\ z'=z-2$라 하면
$x+y+z=14\ (x\geq 3,\ y\geq 1,\ z\geq 2)$이므로
$x'+y'+z'=8\ (x'\geq 0,\ y'\geq 0,\ z'\geq 0)$
따라서 위의 방정식을 만족하는 음이 아닌 정수의 순서쌍 $(x',\ y',\ z')$의 개수는
${}_{3+8-1}C_8={}_{10}C_8={}_{10}C_2=45$(개)

6 ④

$f(a)\leq f(b)\leq f(c)\leq f(d)$를 만족시키므로 함숫값이 서로 같아도 된다.
그러므로 함수 f의 개수는 $\{1,\ 2,\ 3,\ 4,\ 5,\ 6\}$에서 중복을 허용하여 네 개를 택하는 방법의 수와 같다.
$\therefore {}_{6+4-1}C_4={}_9C_4=\dfrac{9\cdot 8\cdot 7\cdot 6}{4\cdot 3\cdot 2\cdot 1}=126$

7 ②

네 명의 학생이 받는 사탕의 개수를 각각
$a,\ b,\ c,\ d$라 하면 $a+b+c+d=10$
각 학생에게 적어도 한 개의 사탕을 나누어 주기 위해 네 명의 학생에게 한 개씩 사탕을 먼저 나누어 주고, 남은 사탕 6개를 네 명의 학생에게 나누어 주면 각 학생은 적어도 한 개의 사탕을 받을 수 있다. 즉, 서로 다른 4개의 문자에서 6개를 택하는 중복조합의 수와 같으므로

${}_{4+6-1}C_6={}_9C_6={}_9C_3=\dfrac{9\cdot 8\cdot 7}{3\cdot 2\cdot 1}=84$

8 ③

$f(3)=9$이고, 조건 (나)에 의해
$f(1)\leq f(2)\leq 9\leq f(4)\leq f(5)$
(i) $f(1),\ f(2)$를 정하는 방법의 수는 6, 7, 8, 9에서 2개를 선택하는 중복조합의 수와 같으므로
${}_{4+2-1}C_2$
(ii) $f(4),\ f(5)$를 정하는 방법의 수는 9, 10에서 2개를 선택하는 중복조합의 수와 같으므로
${}_{2+2-1}C_2$
(i), (ii)에서 구하는 함수 f의 개수는
${}_{4+2-1}C_2\times{}_{2+2-1}C_2={}_5C_2\times{}_3C_2=10\times 3=30$

9 ④

$\left(4x^2+\dfrac{1}{2x}\right)^5$의 전개식에서 일반항은

${}_5C_r\,(4x^2)^{5-r}\left(\dfrac{1}{2x}\right)^r$이므로

${}_5C_r\,(4x^2)^{5-r}\left(\dfrac{1}{2x}\right)^r$
$={}_5C_r\,4^{5-r}\left(\dfrac{1}{2}\right)^r(x^2)^{5-r}(x^{-1})^r$
$={}_5C_r\,4^{5-r}\left(\dfrac{1}{2}\right)^r x^{10-2r-r}$
$={}_5C_r\,4^{5-r}\left(\dfrac{1}{2}\right)^r x^{10-3r}$

이때, $x^{10-3r}=x$가 되려면
$10-3r=1$에서 $r=3$이므로
${}_5C_3\,4^2\left(\dfrac{1}{2}\right)^3x=10\times 16\times\dfrac{1}{8}x=20x$
따라서 전개식에서 x의 계수는 20이다.
[TIP]
① $(a+b)^n=\displaystyle\sum_{r=0}^{n}{}_nC_r\,a^{n-r}b^r$
② 다항정리 : $(x+y+z)^n$의 전개식에서
$x^py^qz^r$ (단, $p+q+r=n$)의 계수는 $\dfrac{n!}{p!q!r!}$이다.

10 ③

$(1-x)^4(2-x)^3$의 전개식에서 x^2의 계수를 구하면
(i) $(1-x)^4$의 상수항과 $(2-x)^3$의 이차항의 곱
${}_4C_4(1)^4\times{}_3C_2(2)^1(-x)^2$
(ii) $(1-x)^4$의 일차항과 $(2-x)^3$의 일차항의 곱
${}_4C_3(1)^3(-x)^1\times{}_3C_1(2)^2(-x)^1$
(iii) $(1-x)^4$의 이차항과 $(2-x)^3$의 상수항의 곱
${}_4C_2(1)^2(-x)^2\times{}_3C_3(2)^3$
따라서 (i), (ii), (iii)으로부터 x^2의 계수는 102

11 ④

이항계수의 성질에 의해
${}_{2n}C_0+{}_{2n}C_2+{}_{2n}C_4+\cdots+{}_{2n}C_{2n}=2^{2n-1}$이므로
주어진 방정식은
$50<2^{2n-1}<1000\Rightarrow 6\leq 2n-1\leq 9$
이때, 자연수 n의 값이 될 수 있는 것은 4, 5이다.
따라서 부등식을 만족시키는 모든 자연수의 합은
$4+5=9$

12 ③

$5=5$
$=4+1=3+2$
$=3+1+1=2+2+1$
$=2+1+1+1$
$=1+1+1+1+1$

이므로

$P(5,1)=1,\ P(5,2)=2,\ P(5,3)=2,$
$P(5,4)=1,\ P(5,5)=1$

따라서 5의 분할의 수는

$P(5,1)+P(5,2)+P(5,3)+P(5,4)+P(5,5)$
$=1+2+2+1+1=7$

13 ④

$S(6,2)$은 원소의 개수가 6개인 집합을 두 개의 집합으로 분할하는 방법의 수이므로, 두 집합의 원소가 각각 5개와 1개, 4개와 2개, 3개와 3개인 경우로 나누어 구한다.

그런데 그 각각의 분할하는 방법의 수는

${}_6C_5,\ {}_6C_4,\ {}_6C_3\times\frac{1}{2}$

즉 6, 15, 10이므로 $S(6,2)=6+15+10=31$

13 확률

1 ②

직원 9명을 일렬로 세우는 경우의 수는 9!이다. 인사팀 직원끼리 이웃하지 않는 경우의 수는, 먼저 다른 팀 직원 5명을 일렬로 세운 후 6개의 빈자리에 인사팀 직원 4명을 일렬로 세우는 경우의 수와 같다. 다른 팀 직원 5명을 일렬로 세우는 경우의 수는 5!이고 6개의 빈자리에 인사팀 직원을 일렬로 세우는 경우의 수는 ${}_6P_4$이므로 구하고자 하는 확률은 $\frac{5!\times{}_6P_4}{9!}=\frac{5}{42}$이다.

2 ①

$\mathrm{P}(A|B)=\mathrm{P}(B|A)=\frac{1}{2}\Rightarrow$

$\frac{\mathrm{P}(A\cap B)}{\mathrm{P}(B)}=\frac{\mathrm{P}(A\cap B)}{\mathrm{P}(A)}=\frac{1}{2}\cdots㉠$

$\mathrm{P}(A\cap B)=3\mathrm{P}(A)\cdot\mathrm{P}(B)\cdots㉡$

㉡을 ㉠에 대입하면

$\frac{3\mathrm{P}(A)\cdot\mathrm{P}(B)}{\mathrm{P}(B)}=\frac{3\mathrm{P}(A)\cdot\mathrm{P}(B)}{\mathrm{P}(A)}=\frac{1}{2}$

$\Rightarrow 3\mathrm{P}(A)=3\mathrm{P}(B)=\frac{1}{2}\Rightarrow\mathrm{P}(A)=\mathrm{P}(B)=\frac{1}{6}$

$\Rightarrow\mathrm{P}(A\cap B)=3\mathrm{P}(A)\cdot\mathrm{P}(B)=3\times\frac{1}{6}\times\frac{1}{6}=\frac{1}{12}$

$\therefore\mathrm{P}(A\cup B)=\mathrm{P}(A)+\mathrm{P}(B)-\mathrm{P}(A\cap B)$
$=\frac{1}{6}+\frac{1}{6}-\frac{1}{12}=\frac{3}{12}=\frac{1}{4}$

3 ④

$P(A\cap B^c)=P(A)-P(A\cap B)=0.3$

$P(B\cap A^c)=P(B)-P(A\cap B)=0.4\cdots㉠$

$P(A)+P(B)-2P(A\cap B)=0.7\cdots㉡$

$P(A^c\cap B^c)=1-P(A\cup B)=0.1\Rightarrow P(A\cup B)=0.9$

한편 $P(A\cup B)=P(A)+P(B)-P(A\cap B)$이므로

$P(A)+P(B)-P(A\cap B)=0.9\cdots㉢$

따라서 ㉢−㉡하면 $P(A\cap B)=0.2$이고

이를 ㉠에 대입하면 $P(B)=0.6$이다.

$\therefore P(A|B)=\frac{P(A\cap B)}{P(B)}=\frac{0.2}{0.3}=\frac{1}{3}$

4 ③

전체 학생 중에서 임의로 한 명을 뽑았을 때,
그 학생이 남학생인 사건을 M, 여학생인 사건을 F, 안경을 낀 학생인 사건을 E라 하면

$P(E)=\frac{40}{100},\ P(M)=\frac{50}{100},\ P(M\cap E)=\frac{25}{100}$

$P(F)=1-P(M)=\frac{50}{100}$

$P(E)=P(M\cap E)+P(F\cap E)\Rightarrow P(F\cap E)=\frac{15}{100}$

따라서 여학생 중에서 임의로 한 명을 뽑았을 때 그 학생이 안경을 끼고 있을 확률은

사건 F가 일어났을 때 사건 E가 일어날 조건부 확률 $P(E|F)$이므로 $P(E|F)=\frac{P(F\cap E)}{P(F)}=\frac{15}{50}=\frac{3}{10}$

[다른 풀이]

전체 학생수를 100으로 놓으면

남학생은 50명, 여학생은 50명, 안경 낀 학생은 40명, 안경을 낀 남학생은 25명이므로

이를 표로 나타내면 다음과 같다.

	안경 낀 학생	안경을 안 낀 학생	총합
남학생	25	25	50
여학생	15	35	50
총합	40	60	100

따라서 여학생 중에서 임의로 한 명을 뽑았을 때, 그 학생이 안경을 끼고 있을 확률은 $\frac{15}{50}=\frac{3}{10}$이다.

5 ②

먼저 A, B 사이를 채울 세 명을 선택하여 줄을 세우고 A, B가 서로 자리를 바꿀 수 있으므로

${}_4P_3 \times 2!$

A, B 사이를 채우는 세 명과 A, B를 하나로 묶어서 생각하면 나머지 한 명이 더 있으므로 2명의 학생을 줄을 세우는 방법과 같다. 즉, ${}_4P_3 \times 2! \times 2!$

6명의 학생이 한 줄로 서는 방법은 6!이므로

구하는 확률은 $\dfrac{{}_4P_3 \times 2! \times 2!}{6!} = \dfrac{2}{15}$

6 ③

$P(A^c) = \dfrac{5}{7}P(B)$에서 $1 - P(A) = \dfrac{5}{7}P(B)$

$P(A) + \dfrac{5}{7}P(B) = 1$ ⋯⋯ ㉠

$P(B^c) = \dfrac{3}{5}P(A)$에서 $1 - P(B) = \dfrac{3}{5}P(A)$

$\dfrac{3}{5}P(A) + P(B) = 1$ ⋯⋯ ㉡

㉠과 ㉡을 연립하여 풀면

$P(A) = \dfrac{1}{2}$, $P(B) = \dfrac{7}{10}$

한편, 두 사건 A^c, B^c는 서로 배반사건이므로

$A^c \cap B^c = \varnothing$

즉, $P(A^c \cap B^c) = P((A \cup B)^c) = 1 - P(A \cup B) = 0$

$P(A \cup B) = 1$

$P(A \cup B) = P(A) + P(B) - P(A \cap B)$

$P(A \cap B) = P(A) + P(B) - P(A \cup B)$

$= \dfrac{1}{2} + \dfrac{7}{10} - 1 = \dfrac{1}{5}$

7 ④

두 사건 A, B가 서로 독립이므로

$P(A \cap B) = P(A)P(B)$

$P(A \cup B) = P(A) + P(B) - P(A \cap B)$

$= P(A) + P(B) - P(A)P(B)$

$\dfrac{3}{4} = \dfrac{1}{4} + P(B) - \dfrac{1}{4}P(B)$, $\dfrac{3}{4}P(B) = \dfrac{1}{2}$

$P(B) = \dfrac{2}{3}$

$\therefore P(B|A) = P(B) = \dfrac{2}{3}$

8 ①

진서가 던진 주사위가 홀수인 눈이 나오는 사건을 A, 진서가 이기는 사건을 B라 하면 구하는 확률은 $P(B|A)$이다.

$P(A) = \dfrac{1}{2}$

$P(A \cap B) = \dfrac{1}{6} \times 0 + \dfrac{1}{6} \times \dfrac{2}{6} + \dfrac{1}{6} \times \dfrac{4}{6} = \dfrac{1}{6}$

$\therefore P(B|A) = \dfrac{P(A \cap B)}{P(A)} = \dfrac{\frac{1}{6}}{\frac{1}{2}} = \dfrac{1}{3}$

9 ④

남학생일 사건을 M,

A그룹을 선호하는 학생일 사건을 A라 하면

$P(M) = \dfrac{400}{1000} = 0.4$

$P(M^c) = \dfrac{600}{1000} = 0.6$

$P(A|M) = 0.55$

$P(A|M^c) = 0.45$

$P(A \cap M) = P(M)P(A|M) = 0.4 \times 0.55 = 0.22$

$P(A \cap M^c) = P(M^c)P(A|M^c) = 0.6 \times 0.45 = 0.27$

$P(M) = P(A \cap M) + P(A \cap M^c)$

$= 0.22 + 0.27 = 0.49$

따라서 구하는 확률은

$P(M|A) = \dfrac{P(A \cap M)}{P(A)} = \dfrac{0.22}{0.49} = \dfrac{22}{49}$

10 ③

실제로 불량품인 사건을 A,

불량품이라고 판정하는 사건을 B라 하면

$P(B|A) = 0.9$

$P(B|A^c) = 0.01$

$P(A) = 0.1$

$P(A \cap B) = P(B|A)P(A) = 0.9 \times 0.1 = 0.09$

$P(A^c \cap B) = P(B|A^c)P(A^c) = 0.01 \times 0.9 = 0.009$

$P(B) = P(A \cap B) + P(A^c \cap B)$

$= 0.09 + 0.009 = 0.099$

따라서 구하는 확률은

$\therefore P(A|B) = \dfrac{P(A \cap B)}{P(B)} = \dfrac{0.09}{0.099} = \dfrac{10}{11}$

11　④

(i) 갑이 흰 공 1개, 검은 공 !개를 꺼내고,
을이 흰 공 2개를 꺼낼 확률은
$$\frac{{}_4C_1\times{}_3C_1}{{}_7C_2}\times\frac{{}_2C_2}{{}_5C_2}=\frac{4}{7}\times\frac{1}{10}=\frac{2}{35}$$
(ii) 갑이 검은 공 2개를 꺼내고,
을이 흰 공 @개를 꺼낼 확률은
$$\frac{{}_4C_2}{{}_7C_2}\times\frac{{}_3C_2}{{}_5C_2}=\frac{2}{7}\times\frac{3}{10}=\frac{3}{35}$$
갑이 검은 공 2개를 꺼낸 사건을 A,
을이 흰 공 2개를 꺼낸 사건을 E라 하면
구하는 확률은
$$P(A|E)=\frac{P(A\cap E)}{P(E)}=\frac{\frac{3}{35}}{\frac{2}{36}+\frac{3}{35}}=\frac{3}{5}$$

12　④

$$P(A|D)=\frac{n(A\cap D)}{n(D)}=\frac{30}{56}=\frac{15}{28}$$

13　③

1회의 시행에서 A가 당첨제비를 뽑을 확률은 $\frac{2}{5}$이고, A가 뽑은 제비를 다시 넣고 뽑으므로 각 시행은 독립이다.
따라서 독립시행의 확률에서 ${}_3C_2\left(\frac{2}{5}\right)^2\left(\frac{3}{5}\right)=\frac{36}{125}$

14 통계

1. 이산확률분포

1　②

확률변수 X가 확률분포를 이루므로
$a+b+c=1$ ……㉠
X의 평균 $E(X)=a+2b+3c=2$ ……㉡
X의 분산 $V(X)=E(X^2)-E(X)^2$
$=a+2^2b+3^2c-2^2$
$=a+4b+9c-4=\frac{1}{2}$ ……㉢
연립방정식 ㉠, ㉡, ㉢을 풀면
$a=\frac{1}{4}$, $b=\frac{2}{4}$, $c=\frac{1}{4}$이므로
$\therefore P(X=3)=c=\frac{1}{4}$이다.

2　④

$$P(X=i)=\frac{a}{(2i-1)(2i+1)}$$
확률의 합이 1이므로
$$\sum_{i=1}^{10}\frac{a}{(2i-1)(2i+1)}$$
$$=\frac{a}{2}\sum_{i=1}^{10}\left(\frac{1}{2i-1}-\frac{1}{2i+1}\right)$$
$$=\frac{a}{2}\left\{\left(1-\frac{1}{3}\right)+\left(\frac{1}{3}-\frac{1}{5}\right)+\left(\frac{1}{5}-\frac{1}{7}\right)+\cdots+\left(\frac{1}{19}-\frac{1}{21}\right)\right\}$$
$$=\frac{a}{2}\left(1-\frac{1}{21}\right)=\frac{10}{21}a=1$$
$$\therefore a=\frac{21}{10}$$

3　④

$a+\frac{1}{3}+a+\frac{1}{6}=1$에서 $a=\frac{1}{4}$
따라서 확률변수 X의 평균은
$$2\times\frac{1}{4}+3\times\frac{1}{3}+4\times\frac{1}{4}+6\times\frac{1}{6}=\frac{7}{2}$$

4　③

$20a^2+10a^2+3a=\frac{3}{5}$에서 $a=\frac{1}{10}$
X의 평균 $\mathrm{E}(X)$를 구하면
$$\mathrm{E}(X)=0\times\frac{2}{5}+1\times\frac{1}{5}+2\times\frac{1}{10}+3\times\frac{3}{10}=\frac{13}{10}$$
$\therefore p+q=23$

5　①

$b=\frac{1}{2}$, $E(X)=1+1+\frac{a}{4}=4$, $a=8$
$$\therefore V(X)=4\cdot\frac{1}{2}+16\cdot\frac{1}{4}+64\cdot\frac{1}{4}-16=6$$

6 ④

5지선다형 문항 50개에 대하여 각각의 문항에 답을 하나만 선택했을 때, 맞힌 문항의 개수를 확률변수 X라 하면, X는 이항분포 $B\left(50, \frac{1}{5}\right)$을 따른다.

$E(X)=50\times\frac{1}{5}=10,\ V(X)=50\times\frac{1}{5}\times\frac{4}{5}=8$

$E(X^2)=V(X)+\{E(X)\}^2=8+10^2=108$

따라서 정답은 108

7 ④

$10\mathrm{P}(X=3)=10p^3,\ \mathrm{P}(Y\geq 3)=16p^3(2-3p)$

$10p^3=16p^3(2-3p)$

$\Rightarrow 10=16(2-3p)$

따라서 $p=\frac{11}{24}$이므로 $m+n=35$이다.

8 ②

확률변수 X는 $B(n,\ p)$의 이항분포를 이루므로

$E(X)=np=90,\ V(X)=np(1-p)=36$이므로

연립하면 $n=150,\ p=\frac{3}{5}$이다.

따라서 $\frac{n}{p}=150\times\frac{5}{3}=250$

9 ②

이 시행에서 받는 점수를 확률변수 X라고 하면

$\mathrm{P}(X=0)=\frac{1}{2}\times\frac{1}{3}+\frac{1}{2}\times\left(\frac{1}{3}\right)^2=\frac{2}{9}$

$\mathrm{P}(X=10)=\frac{1}{2}\times\frac{2}{3}+\frac{1}{2}\times{}_2C_1\times\frac{1}{3}\times\frac{2}{3}=\frac{5}{9}$

$\mathrm{P}(X=20)=\frac{1}{2}\times\left(\frac{2}{3}\right)^2=\frac{2}{9}$

$\therefore E(X)=0\times\frac{2}{9}+10\times\frac{5}{9}+20\times\frac{2}{9}=10$

2. 연속확률분포

1 ④

함수 $f(x)$는 확률밀도함수이므로

$\int_0^1 ax(1-x)dx=1$이다.

$\int_0^1 ax(1-x)dx=a\left[\frac{1}{2}x^2-\frac{1}{3}x^3\right]_0^1=\frac{1}{6}a=1$

$\Rightarrow a=6$

구하고자 하는 확률은

$P\left(0\leq X\leq\frac{3}{4}\right)=\int_0^{\frac{3}{4}}f(x)dx$

$=6\int_0^{\frac{3}{4}}(x-x^2)dx=\frac{27}{32}$

2 ①

$\mathrm{P}(X\geq 80)=\mathrm{P}(Z\geq 2)=0.5-\mathrm{P}(0\leq Z\leq 2)$

$=0.5-0.4772=0.0228$

3 ②

한 개의 동전을 64번 던질 때 앞면이 나오는 횟수를 확률변수 X라 하면

확률변수 X는 이항분포 $B\left(64, \frac{1}{2}\right)$을 따른다.

이때, $E(X)=64\times\frac{1}{2}=32$,

$V(X)=64\times\frac{1}{2}\times\frac{1}{2}=16$이고,

앞면이 28번 이상 36번 이하로 나올 확률은

$P(28\leq X\leq 36)$이다.

한편 확률변수 X는 시행 횟수가 많으므로

근사적으로 정규분포 $N(32,\ 4^2)$을 따르므로

표준화 $Z=\frac{X-32}{4}$를 하여 확률을 구하면

$\mathrm{P}(28\leq X\leq 36)=\mathrm{P}\left(\frac{28-32}{4}\leq Z\leq\frac{36-32}{4}\right)$

$=\mathrm{P}(-1\leq Z\leq 1)$

$=2\mathrm{P}(0\leq Z\leq 1)$

$=2\times 0.3413=0.6826$

4 ③

연속확률변수 X에 대한 확률밀도함수가 $f(x)$이므로

$\int_0^2 f(x)dx=1$이다.

$$\begin{aligned}\int_0^2 f(x)dx &= \int_0^2 ax(x-2)dx \\ &= a\int_0^2 (x^2-2x)dx \\ &= a\left[\frac{1}{3}x^3 - x^2\right]_0^2 = a\left(\frac{8}{3}-4\right) \\ &= -\frac{4}{3}\times a = 1\end{aligned}$$

$\therefore a=-\frac{3}{4}$

5 ③

확률변수 X, Y를 각각 표준화하면

$$\begin{aligned}P(50 \le X \le k) &= P\left(\frac{50-50}{10} \le z \le \frac{k-50}{10}\right) \\ &= P\left(0 \le z \le \frac{k-50}{10}\right)\end{aligned}$$

$$\begin{aligned}P(24 \le Y \le 40) &= P\left(\frac{24-40}{8} \le z \le \frac{40-40}{8}\right) \\ &= P(-2 \le z \le 0) \\ &= P(0 \le z \le 2)\end{aligned}$$

$\frac{k-50}{10}=2$

$\therefore k=70$

6 ④

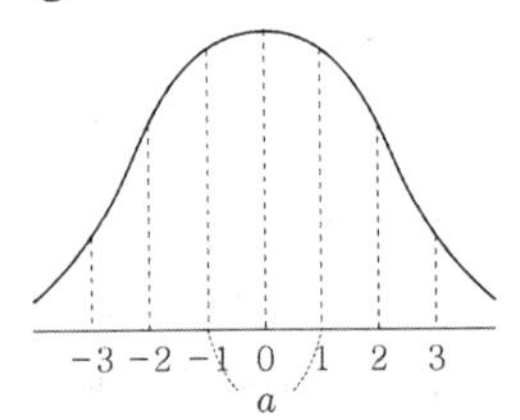

$X=N(0,\ 1^2)$, $Y=N(1,\ 2^2)$을 따른다.

$a=P(-1<X<1)$

$b=P(1<Y<5)=P(0<Z<2)$

$c=P(-5<Y<-1)$

$\ \ =P(-3<Z<-1)$

$\therefore c<b<a$

7 ②

그림에서 어두운 부분의 넓이를 S라 하자.

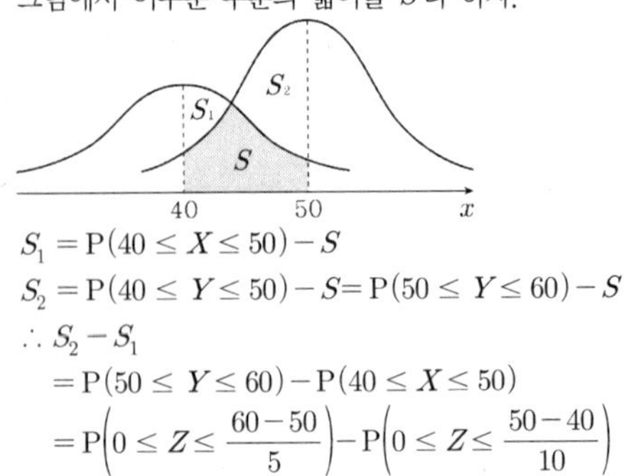

$S_1 = P(40 \le X \le 50) - S$

$S_2 = P(40 \le Y \le 50) - S = P(50 \le Y \le 60) - S$

$\therefore S_2 - S_1$

$= P(50 \le Y \le 60) - P(40 \le X \le 50)$

$= P\left(0 \le Z \le \frac{60-50}{5}\right) - P\left(0 \le Z \le \frac{50-40}{10}\right)$

$= P(0 \le Z \le 2) - P(0 \le Z \le 1)$

$= 0.4772 - 0.3413 = 0.1359$

8 ③

확률변수 X는 이항분포 $B\left(400,\ \frac{1}{2}\right)$을 따르고,

시행의 횟수가 충분히 크므로

정규분포 $N(200,\ 10^2)$을 따른다.

$P(X \le k) = P\left(Z \le \frac{k-200}{10}\right) = 0.9772$

$$\begin{aligned}P(Z \le 2) &= P(Z \le 0) + P(0 \le Z \le 2) \\ &= 0.5 + 0.4772 = 0.9772\end{aligned}$$

$\frac{k-200}{10}=2$

$\therefore k=220$

9 ③

운동시간을 x라 하면

x는 $N(65,\ 15^2)$인 정규분포를 따른다.

표본의 크기가 25인 표본평균 $\overline{X}$의 정규분포는

$N(65,\ 3^2)$이므로

$$\begin{aligned}P(\overline{X} \ge 68) &= P(Z \ge 1) = 0.5 - P(0 \le Z \le 1) \\ &= 0.5 - 0.3413 = 0.1587\end{aligned}$$

10 ①

상위 4% 이내에 속하려면

표준정규분포곡선에서 $0.5-0.04=0.46$이므로

표준정규분포표의 값을 이용하면 $z=1.75$이다.

표준화한 값 $Z=\frac{X-m}{\sigma}$이므로

$X=\sigma Z+m=20\times1.75+50=85$

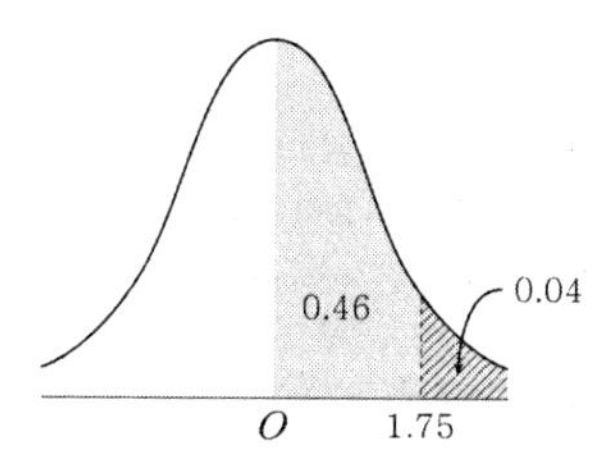

11 ④

$\frac{1}{5}X$의 분산 $V\left(\frac{1}{5}X\right)=\frac{1}{25}V(X)=1$

따라서 $V(X)=\sigma^2=25$이다.

한편, 정규분포곡선은

직선 $x=m$에 대하여 대칭이므로

$m=\frac{80+120}{2}=100$이다.

$\therefore m+\sigma^2=125$

12 ④

7월 1일부서 7월 31일까지의 강수량을

확률변수 X라 하면

$P(241.5 \leq X \leq 309)$

$=P\left(\frac{241.5-196.5}{45} \leq Z \leq \frac{309-196.5}{45}\right)$

$=P(1 \leq Z \leq 2.5)$

$=P(0 \leq Z \leq 2.5)=P(0 \leq Z \leq 1)$

$=0.49-0.34=0.15$

보험금의 기댓값은 $15 \times 0.15=2.25$(억 원)이다.

따라서 보험상품의 가입비는

$2.25 \times 1.2=2.7$(억 원)

3. 통계적 추정

1 ③

제품의 유통기한을 확률변수 X라 하면

X는 정규분포 $N(100,\ 10^2)$을 따르고,

이때 표본평균 $\overline{X}$는 정규분포 $N\left(100,\ \frac{10^2}{16}\right)$을 따른다.

따라서 확률 $P(\overline{X} \geq 95)$를 구하기 위해

표준화 $Z=\frac{\overline{X}-100}{\frac{5}{2}}$ 하면

$\therefore P(\overline{X} \geq 95)=P(Z \geq -2)$

$=0.5+P(0 \leq Z \leq 2)$

$=0.5+0.48$

$=0.98$

2 ①

출제된 객관식 100문제의 답을 임의로 선택하는 시행은 독립시행이고, 임의로 답을 선택했을 때 정답일 확률은 $\frac{1}{5}$이다.

따라서 100문제 중에서 정답인 문제의 개수를 확률변수 X라 하면 확률변수 X는 이항분포 $B\left(100,\ \frac{1}{5}\right)$를 따른다.

이때 30문제 이상이 정답일 확률은 $P(X \geq 30)$이고 확률변수 X는 근사적으로 정규분포 $N(20,\ 4^2)$을 따르므로 $Z=\frac{X-20}{4}$를 이용하면

$P(X \geq 30)=P\left(Z \geq \frac{30-20}{4}\right)$

$=P(Z \geq 2.5)$

$=0.5-P(0 \leq Z \leq 2.5)$

$=0.5-0.49$

$=0.01$

따라서 구하는 확률은 1%이다.

3 ①

$E(X)=-\frac{1}{2}+0+\frac{1}{2}=0$

$E(X^2)=1+0+\frac{1}{2}=\frac{3}{2}$

$V(X)=\frac{3}{2}-0^2=\frac{3}{2}$

$\therefore \sigma(\overline{X})=\frac{\sqrt{\frac{3}{2}}}{\sqrt{16}}=\frac{\sqrt{6}}{8}$

4 ③

$\frac{1}{4}$, a, b가 이 순서대로 등차수열을 이루므로

$2a = b + \frac{1}{4}$ ⋯⋯ ㉠

확률분포표로부터 $a + b = \frac{3}{4}$ ⋯⋯ ㉡

㉠, ㉡에서 $a = \frac{1}{3}$, $b = \frac{5}{12}$

$E(X) = \frac{7}{3}$, $V(X) = \frac{23}{9}$ 이므로 $V(\overline{X}) = \frac{23}{36}$

따라서 $\overline{X}$의 표준편차는 $\frac{\sqrt{23}}{6}$ 이다.

5 ②

모집단이 정규분포 $N(200,\ 20^2)$을 따르므로

크기가 16인 표본 $\overline{X}$을 뽑을 때,

표본평균 $\overline{X}$는 정규분포 $N(200,\ 5^2)$을 따른다.

$P(190 \le \overline{X} \le 205)$

$= P\left(\frac{190-200}{5} \le Z \le \frac{205-200}{5}\right)$

$= P(-2 \le Z \le 1)$

$= P(0 \le Z \le 2) + P(0 \le Z \le 1)$

$= 0.4772 + 0.3413 = 0.8185$

6 ②

확률변수 $\overline{X}$는 정규분포 $N\left(675,\ \left(\frac{170}{4}\right)^2\right)$을 따르므로

$P(658 \le \overline{X} \le 692)$

$= P\left(\frac{658-675}{\frac{170}{4}} \le Z \le \frac{692-675}{\frac{170}{4}}\right)$

$= P(-0.4 \le Z \le 0.4) = 0.3108$

7 ②

확률변수 $\overline{X}$는 정규분포 $N\left(8.5,\ \left(\frac{4.2}{\sqrt{n}}\right)^2\right)$을 따르므로

$P(6.4 \le \overline{X} \le 10.6)$

$= P\left(\frac{-2.1}{\frac{4.2}{\sqrt{n}}} \le Z \le \frac{2.1}{\frac{4.2}{\sqrt{n}}}\right) \ge 0.9544$

$\frac{2.1}{\frac{4.2}{\sqrt{n}}} \ge 2$, $\sqrt{n} \ge 4$

$\therefore n \ge 16$

따라서 n의 최솟값은 16이다.

8 ③

$P(0 \le Z \le 2.58) = 0.4950$

$P(-2.58 \le Z \le 2.58) = 2 \times 0.4950 = 0.990$에서

표본의 크기가 $n = 64$, 표본의 평균이 $\overline{X} = 145$이고,

표본의 크기가 충분히 크므로

표본표준편차를 모표준편차 대신 이용할 수 있다.

즉, $\sigma \fallingdotseq s = 4$이므로

신뢰도 99%로 야구공의 무게의 평균을 추정하면

$\left[145 - 2.58 \times \frac{4}{\sqrt{64}},\ 145 + 2.58 \times \frac{4}{\sqrt{64}}\right]$

$\therefore [143.71,\ 146.29]$

9 ②

$P(0 \le Z \le 2.58) = 0.4950$이므로

$P(-2.58 \le Z \le 2.58) = 2 \times 0.4950 = 0.990$에서

표본의 평균을 $\overline{X}$라 하면 $\sigma = 3$이므로 신뢰구간은

$\left[\overline{X} - 2.58 \cdot \frac{3}{\sqrt{n}},\ \overline{X} + 2.58 \cdot \frac{3}{\sqrt{n}}\right]$

$\beta - \alpha = \left(\overline{X} + 2.58 \times \frac{3}{\sqrt{n}}\right) - \left(\overline{X} - 2.58 \times \frac{3}{\sqrt{n}}\right)$

$= 2 \times 2.58 \times \frac{3}{\sqrt{n}} \le 3$

$\therefore \sqrt{n} \ge 5.16,\ n \ge 5.16^2 = 26.6256$

따라서 구하는 n의 최솟값은 27이다.

10 ②

구하는 모평균 m의 신뢰구간은

$\overline{X} - 1.96 \cdot \frac{16}{\sqrt{1600}} \le m \le \overline{X} + 1.96 \cdot \frac{16}{\sqrt{1600}}$

$\therefore \beta - \alpha = 2 \times 1.96 \frac{16}{\sqrt{1600}} = 1.568$

11 ④

$P(-z \le Z \le z) = 0.796$인 z의 값은 1.27이므로

$l = 2 \times 1.27 \times \frac{\sigma}{\sqrt{n}}$

따라서 신뢰구간의 길이가 $2l$이면

$2l = 2 \times 2.54 \times \frac{\sigma}{\sqrt{n}}$

$P(-2{,}54 \le Z \le 2.54) = 2P(0 \le Z \le 2.45)$

$= 2 \times 0.4945 = 0.989$

$\therefore \sigma = 98.9$

12 ②

모비율 p가 $p=\frac{4}{5}$이고, 표본비율 $\hat{p}$는 표본의 크기 100이 충분히 큰 수이므로 정규분포

$N(\frac{4}{5}, \frac{\frac{4}{5}\times\frac{1}{5}}{100})$ 즉 $N(\frac{4}{5}, \frac{1}{25^2})$에 근사한다.

여기서 $Z=\frac{\hat{p}-\frac{4}{5}}{\frac{1}{25}}=25\hat{p}-20$라 하면 Z는 표준정규분포를 따른다.

$\therefore$

$P(\hat{p}\geq 0.9)=P(Z\geq 25\times 0.9-20)=P(Z\geq 2.5)$
$=0.5-P(0\leq Z\leq 2.5)=0.5-0.49=0.01$

따라서 표본비율이 0.9이상일 확률은 1%이다.

13 ③

수학을 좋아하는 표본비율은 $\hat{p}=\frac{50}{100}=\frac{1}{2}$

그런데 100은 충분히 큰 수이므로 모비율 p의 신뢰도 95%의 신뢰구간은

$\hat{p}-1.96\sqrt{\frac{\hat{p}\hat{q}}{n}}\leq p\leq \hat{p}+1.96\sqrt{\frac{\hat{p}\hat{q}}{n}}$ 에서

$n=100$, $\hat{p}=\hat{q}=\frac{1}{2}$이므로

$\frac{1}{2}-1.96\sqrt{\frac{\frac{1}{2}\times\frac{1}{2}}{100}}\leq p\leq \frac{1}{2}+1.96\sqrt{\frac{\frac{1}{2}\times\frac{1}{2}}{100}}$

따라서 $0.402\leq p\leq 0.598$

PART 02

실력평가 모의고사

제1회 모의고사

해설 p.219

1 집합 $A=\{1, 2, \varnothing, \{1, 2\}\}$에 대하여 다음 중 옳지 않은 것은?

① $1 \in A$　　② $\{1\} \subset A$
③ $\varnothing \subset A$　　④ $\{1\} \in A$

2 다음 명제 중 거짓인 것은?

① $a > b > 0$이면 $\sqrt{a} > \sqrt{b}$이다.
② $|a+b| > a+b$이면 $ab < 0$이다.
③ a, b가 실수일 때, $a+b > 0$이면 $a > 0$ 또는 $b > 0$이다.
④ a, b가 실수일 때, $a^2+b^2=0$이면 $a=0$이고 $b=0$이다.

3 다음 중 $(x-1)(x+2)(x-3)(x+4)+24$의 인수인 것은?

① $x+1$　　② $x+2$
③ $x-3$　　④ x^2+x-8

4 $x=\dfrac{-1+\sqrt{3}i}{2}$일 때, $x^{100}+x^3+x^2+1$의 값은?

① -2　　② -1
③ 1　　④ 2

5 $x^2+4x-5=0$의 두 근을 α, β라 할 때, $\frac{\beta}{\alpha-2}+\frac{\alpha}{\beta-2}$의 값은?

① $\frac{7}{5}$ ② $\frac{34}{7}$
③ $\frac{6}{7}$ ④ $\frac{31}{5}$

6 기울기가 -2이고 y절편이 1인 직선의 방정식은?

① $y=-2x+1$ ② $y=2x-1$
③ $y=x-2$ ④ $y=2x+1$

7 연립방정식 $\begin{cases} x+y=3 \\ y+z=5 \\ z+x=6 \end{cases}$의 근을 $x=\alpha$, $y=\beta$, $z=\gamma$라 할 때, $10\alpha+5\beta+\gamma$의 값은?

① 28 ② 29
③ 30 ④ 31

8 두 점 P(1, 2), Q(3, 4)에서 같은 거리에 있는 y축 위의 점 R의 좌표를 구하면?

① (0, 1) ② (0, 3)
③ (0, 5) ④ (3, 0)

9 원점 O에서 원 $(x-3)^2+(y-4)^2=4$에 그은 접선의 접점을 T라 할 때, 선분 OT의 길이는?

① $2\sqrt{5}$ ② $\sqrt{21}$
③ $\sqrt{22}$ ④ 5

10 두 집합 A=$\{x, y, z, w\}$, B=$\{a, b, c\}$가 있다. 이때, A에서 B로의 함수 $f: A \to B$는 모두 몇 개인가?

① 24개　② 64개
③ 81개　④ 96개

11 두 함수 $f(x)=2x-3$, $g(x)=-x+k$에 대하여 $f \circ g = g \circ f$가 성립할 때, $g^{-1}(3)$의 값은?

① 1　② 2
③ 3　④ 4

12 구간 $-1 \le x \le 2$에서 $f(x)=\frac{x-2}{x+2}$의 최댓값을 M, 최솟값을 m라 할 때, $M-m$의 값은?

① 1　② 2
③ 3　④ 4

13 $3\log_5 \sqrt[3]{2}+\log_5 \sqrt[4]{(-10)^2}-\frac{\log_3 8}{2\log_3 5}$의 값은??

① $\frac{1}{2}$　② 1
③ $\frac{3}{2}$　④ 2

14 한 개의 주사위를 6회 계속해서 던질 때, 짝수의 눈이 적어도 2회 나올 확률은?

① $\frac{47}{64}$　② $\frac{15}{64}$
③ $\frac{57}{64}$　④ $\frac{23}{32}$

15 일반항 $a_n = 2n-3$으로 표시되는 수열의 20번째 항까지의 합 S_{20}을 구하면?

① 300
② 360
③ 420
④ 480

16 급수 $1-\frac{1}{2}+\frac{1}{4}-\frac{1}{8}+\frac{1}{16}-\frac{1}{32}+\cdots$의 합을 구하면?

① $\frac{1}{3}$
② $\frac{2}{3}$
③ $\frac{4}{3}$
④ $\frac{5}{3}$

17 0, 1, 2, 3, 4의 숫자가 적힌 5장의 카드에서 2장을 뽑아 만들 수 있는 두 자리 정수 중 3의 배수일 확률은?

① $\frac{2}{5}$
② $\frac{3}{16}$
③ $\frac{5}{16}$
④ $\frac{7}{25}$

18 점 (0, 1)에서 곡선 $y=x^3+3$에 그은 접선의 접점에서의 법선의 방정식은?

① $x-3y-13=0$
② $x+3y-13=0$
③ $x-y+10=0$
④ $x+y+10=0$

19 다항식 $f(x)=x^2-ax+\int_1^x g(t)dt$가 $(x-1)^2$으로 나누어떨어질 때, 다항식 $g(x)$를 $x-1$로 나눈 나머지를 구하면?

① -1 ② -2
③ 1 ④ 2

20 표준편차가 1로 알려진 정규분포에 따르는 모집단의 평균에 대한 일정한 신뢰도의 신뢰구간을 표본평균을 이용하여 구하려고 한다. 신뢰구간의 길이를 2로 하려면 표본의 크기가 4이어야 할 때, 신뢰구간의 길이를 0.5로 하려면 필요한 표본의 크기는?

① 16 ② 36
③ 49 ④ 64

 제2회 모의고사 

해설 p.221

1 이차부등식 $ax^2+3x+4<0$의 해가 $x<-1$ 또는 $x>4$일 때. 상수 a의 값은?

① -4　　② -3
③ -2　　④ -1

2 전체집합 U의 두 부분집합 A, B에 대하여 $\{(A\cap B)\cup(B-A)\}\cup A=A$가 성립할 때, 다음 중 항상 옳은 것은?

① $A\cap B=B$　　② $A\cap B^c=\varnothing$
③ $A\cup B=U$　　④ $A=\varnothing$

3 두 집합 A={1, 3, 5, 7, 9}, B={2, 3, 5, 7}에 대하여 두 조건 $A\cup X=A$, $(A\cap B)\cup X=X$를 만족하는 집합 X의 개수는?

① 2개　　② 4개
③ 8개　　④ 16개

4 직선 $2y-x+3=0$에 대하여 점 $P(7, -3)$의 대칭점을 $P'(a, b)$라 할 때, $a+b$의 값은?

① 7　　② 8
③ 9　　④ 10

5 직선 $3x+4y-2=0$을 x축 방향으로 4만큼, 평행이동한 것은 y축 방향으로 얼마만큼 평행이동한 것과 효과가 같은가?

① 1　　② 2
③ 3　　④ 4

6 함수 $f(x)=ax+b$에 대하여 함수 $f\circ f$가 항등함수가 되도록 하는 상수 a, b의 합 $a+b$의 값은? (단, $a\geq 0$)

① 0
② 1
③ $\frac{4}{3}$
④ $\frac{3}{2}$

7 원 $(x-2)^2+(y-3)^2=10$ 위의 점 (5, 4)에서의 접선의 방정식을 $ax+y=c$라 할 때, $a+c$의 값은?

① 20
② 22
③ 24
④ 26

8 자연수 전체의 집합에서 정의된 함수 $f(n)=\begin{cases} n-3 & (n\geq 50) \\ f(f(n+10)) & (n<50) \end{cases}$에 대하여 $f(40)$의 값은?

① 50
② 51
③ 52
④ 53

9 $f(x)=ax+b$에 대하여 $f(x^2)$이 $f(x)$로 나누어떨어지기 위한 필요충분조건은? (단, $ab\neq 0$)

① $a+b=0$
② $a+b=-1$
③ $a+b=ab$
④ $ab=-1$

10 두 점 A(−2, 1), B(3, 6)를 이은 선분 AB를 3 : 2로 내분하는 점을 P, 1 : 2로 외분하는 점을 Q라 할 때, 선분 PQ의 중점의 좌표는?

① (1, −3)
② (7, 0)
③ (−3, 0)
④ (9, 4)

11 점 (3, 3)을 지나고 x축 및 y축에 동시에 접하는 원은 두 개가 있다. 이 두 원의 중심 사이의 거리는?

① 10 ② 12
③ 14 ④ 16

12 $\log A = n + \alpha$(단, n은 정수, $0 \le \alpha < 1$)일 때, 이차방정식 $4x^2 + 7x + k = 0$의 두 근이 n과 α이다. 이때 k의 값은?

① $\frac{1}{4}$ ② $\frac{1}{2}$
③ -1 ④ -2

13 $\log 700$의 소수부분을 α라 할 때, 100^{α}의 값은?

① 7 ② 49
③ 70 ④ 490

14 연립방정식 $\begin{cases} ax - 4y = 0 \\ (1-a)x + ay = 0 \end{cases}$이 $x=0,\ y=0$ 이외의 해를 가질 때, 실수 a의 값은?

① 1 ② 2
③ 3 ④ 4

15 수열 $\{a_n\}$이 $a_1 = 3,\ a_{n+1} - 2a_n - 1 = 0(n = 1,\ 2,\ 3, \cdots)$로 정의된 수열의 첫째항부터 제5항까지의 합은?

① 116 ② 117
③ 118 ④ 119

16 $\lim_{n\to\infty}(\sqrt{n^2+6n+4}-n)$의 값은?

① $\frac{1}{3}$　　② $\frac{1}{2}$

③ 1　　④ 3

17 함수 $y=f(x)$의 도함수 $y=f'(x)$의 그래프가 다음 그림과 같을 때, 다음 중 옳은 것은?

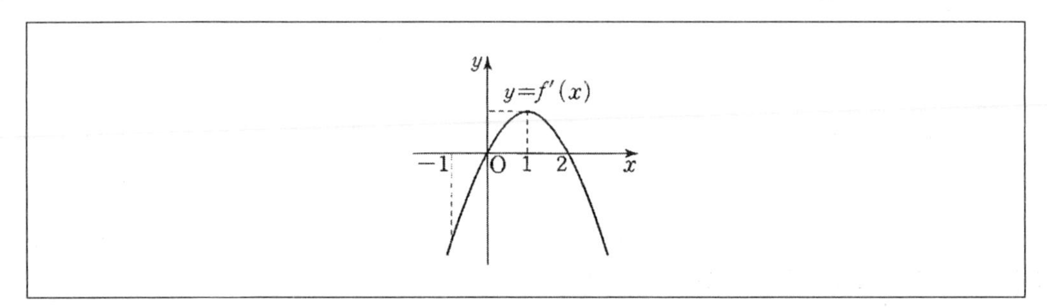

① $f(x)$는 구간 $(-1,\ 0)$에서 증가한다.

② $f(x)$는 구간 $(1,\ 2)$에서 감소한다.

③ $f(x)$는 $x=0$에서 극소이다.

④ $f(x)$는 $x=1$에서 극대이다.

18 $\lim_{n\to\infty}\frac{2}{n^4}\{(n+2)^3+(n+4)^3+\cdots+(3n)^3\}$의 값은?

① 20　　② 24

③ 28　　④ 32

19 정사면체의 네 면에 0, 1, 2, 3의 네 숫자를 차례로 적어 놓았다. 이 정사면체를 두 번 던져 처음에 밑에 깔린 숫자를 x, 나중에 밑에 깔린 숫자를 y라 할 때, $x+2y=6$ 또는 $x+y>4$가 될 확률은?

① $\frac{7}{16}$　　② $\frac{3}{8}$

③ $\frac{5}{16}$　　④ $\frac{1}{2}$

20 10%의 불량품이 들어 있는 제품 중에서 50개를 꺼낼 때, 불량품의 개수 X의 확률분포는 이항분포 B(n, p)를 따른다. 이때, 확률변수 X의 평균과 분산을 차례대로 나타내면?

① 5, $\frac{5}{2}$　　② 5, 3

③ 5, $\frac{3}{2}$　　④ 5, $\frac{9}{2}$

제3회 모의고사

해설 p.224

1 다음 중 명제 '$x \leq -2$ 또는 $1 < x \leq 3$'의 부정은?

① $-2 \leq x < 1$이고 $x > 3$　② $-2 \leq x < 1$ 또는 $x \geq 3$

③ $-2 < x \leq 1$이고 $x \geq 3$　④ $-2 < x \leq 1$ 또는 $x > 3$

2 실수 전체의 집합에서 정의된 함수 f가 $f(x) = \begin{cases} 2-x & (x\text{는 유리수}) \\ x & (x\text{는 무리수}) \end{cases}$를 만족시킬 때, $f(x) + f(2-x)$의 값은?

① 2　② x

③ $2-x$　④ $2x$

3 방정식 $x - [x] = \dfrac{x}{n}$(단, n은 양의 정수)의 근의 개수가 100개일 때, n의 값은? (단, $[x]$는 x를 넘지 않는 최대의 정수이다.)

① 99　② 100

③ 101　④ 102

4 흰 공이 5개, 빨간 공이 3개 들어 있는 주머니에서 3개의 공을 꺼낼 때, 빨간 공이 2개 이상 나올 확률은?

① $\dfrac{1}{7}$　② $\dfrac{2}{7}$

③ $\dfrac{3}{7}$　④ $\dfrac{1}{2}$

5 등식 $(x-2)+(y+1)i=1+2i$를 만족하는 실수 x, y에 대하여 $x+y$의 값은?

① 2 ② 3
③ 4 ④ 5

6 분수함수 $y=\frac{-3x+1}{x-1}$의 정의역은 $\{x|x\neq a$인 실수$\}$이고, 치역은 $\{y|y\neq b$인 실수$\}$이다. 이때, $a+b$의 값은?

① -5 ② -4
③ -3 ④ -2

7 원 $(x-a)^2+(y+2a)^2=4$가 직선 $y=-x+2$에 의하여 이등분될 때, 상수 a의 값은?

① -2 ② -1
③ 1 ④ 2

8 3^{100}은 n자리 정수이고, 최고 자리의 수는 a이다. 이때, $a+n$의 값은? (단, $\log 2=0.3010$, $\log 3=0.4771$)

① 51 ② 52
③ 53 ④ 54

9 $\lim_{x\to 1}\frac{x^n+ax-3}{x-1}=10$을 만족하는 두 실수 a, n의 합 $a+n$의 값은?

① 4 ② 6
③ 8 ④ 10

10 $\left\{\left(\frac{4}{9}\right)^{-\frac{2}{3}}\right\}^{\frac{9}{4}}$의 값은?

① $\frac{8}{27}$　② $\frac{16}{61}$

③ $\frac{81}{16}$　④ $\frac{27}{8}$

11 모든 실수 x에 대하여 부등식 $x^2-2x+k>0$이 성립하도록 하는 실수 k의 값의 범위는?

① $-1<x<1$　② $k>0$

③ $k>1$　④ $0<k<1$

12 이항분포 $\mathrm{B}(n,\ p)$를 따르는 확률변수 X의 평균과 표준편차가 모두 $\frac{7}{8}$일 때, p의 값은?

① $\frac{1}{4}$　② $\frac{1}{8}$

③ $\frac{3}{4}$　④ $\frac{3}{8}$

13 함수 $g(x)=\frac{2x+1}{x-1}$에 대하여 $(g\circ f)(x)=x$를 만족하는 함수 $f(x)$가 있다. 이때, $(f\circ f)(3)$의 값은?

① 3　② $\frac{5}{2}$

③ 2　④ $\frac{3}{2}$

14 x에 대한 다항식 $f(x)$를 $x-2$로 나누었을 때의 몫은 $Q(x)$, 나머지는 1이다. 또, $Q(x)$를 $x+3$으로 나누었을 때의 나머지가 −1일 때, $f(x)$를 $x+3$으로 나누었을 때의 나머지는?

① 6　　② 7

③ 8　　④ 9

15 일반항이 $a_n = 3 \cdot 2^{2n+1}$인 등비수열 $\{a_n\}$의 첫째항을 a, 공비를 r라 할 때, $a+r$의 값은?

① 5　　② 11

③ 27　　④ 28

16 $f(x) = x^3 + x^2 - 3x + 4$일 때, $\lim_{x \to 2} \frac{1}{x-2} \int_2^x f(t)dt$의 값은?

① 10　　② 8

③ 4　　④ 2

17 급수 $\sum_{n=1}^{\infty} \frac{2^n + 3^n}{4^n}$의 합은?

① $\frac{1}{2}$　　② $\frac{3}{4}$

③ 1　　④ 4

18 $\left(x^2 + \frac{2}{x}\right)^6$의 전개식에서 $\frac{1}{x^3}$의 계수는?

① 178　　② 184

③ 192　　④ 200

19 함수 $y=f(x)$의 도함수 $y=f'(x)$의 그래프가 다음 그림과 같다. $f(x)=0$가 서로 다른 4개의 실근을 가질 때, 다음 중 옳은 것은?

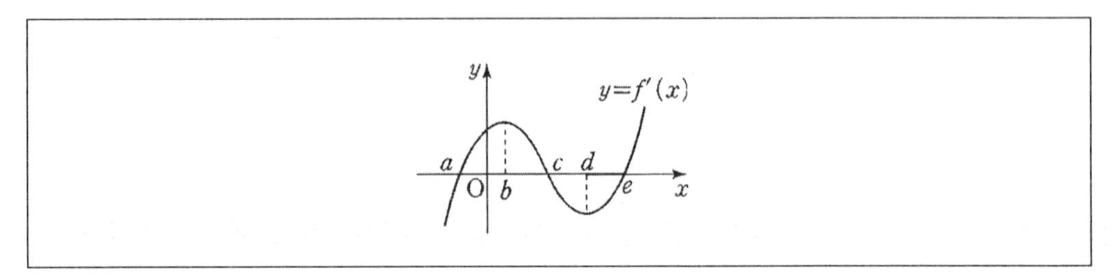

① $f(a)>0$, $f(b)<0$, $f(d)>0$
② $f(a)>0$, $f(c)<0$, $f(e)<0$
③ $f(a)<0$, $f(c)>0$, $f(e)<0$
④ $f(b)>0$, $f(d)<0$, $f(e)>0$

20 함수 $f(x)$가 항상 $\int_0^x f(t)dt=-2x^3+4x$를 만족할 때, $\lim_{h\to0}\frac{f(1+h)-f(1-h)}{h}$의 값은?

① -24
② -12
③ 2
④ 12

정답 및 해설

answer 제1회

1.④	2.②	3.④	4.③	5.②	6.①	7.②	8.③	9.②	10.③
11.③	12.③	13.①	14.③	15.②	16.②	17.③	18.②	19.①	20.④

1 {1}은 집합 A의 원소가 아니라 부분집합이다.
$\Rightarrow \{1\} \subset \mathrm{A}$

2 $a < 0$, $b < 0$일 때,
$|a+b| > a+b$가 성립하지만 $ab > 0$이므로
"$|a+b| > a+b$이면 $ab < 0$이다"는 명제는 거짓이다.

3 $(x-1)(x+2)(x-3)(x+4)+24$
$=(x^2+x-2)(x^2+x-12)+24$
$x^2+x=t$로 치환하면
$(t-2)(t-12)+24=t^2-14t+48=(t-6)(t-8)$
$=(x^2+x-6)(x^2+x-8)$
$=(x+3)(x-2)(x^2+x-8)$

4 $x=\dfrac{-1+\sqrt{3}i}{2}$에서 $(2x+1)^2=\sqrt{3}i$
각 변을 제곱하여 정리하면 $x^2+x+1=0$
각 변에 $x-1$을 곱하여 정리하면 $x^3=1$
따라서
$x^{100}+x^3+x^2+1=(x^3)^{33}x+x^3+x^2+1$
$=x^2+x+1+1=1$

5 $x^2+4x-5=0$
$\Rightarrow (x+5)(x-1)=0$
$\Rightarrow x=-5,\ 1$
$\alpha=-5$, $\beta=1$이라 하면
$\dfrac{\beta}{\alpha-2}+\dfrac{\alpha}{\beta-2}=\dfrac{34}{7}$

6 직선의 방정식 표준형 $y=ax+b$에서
기울기 $a=-2$, y절편 $b=1$이므로
구하는 식은 $y=-2x+1$이다.

7 $\begin{cases} x+y=3 ----㉠ \\ y+z=5 ----㉡ \\ z+x=6 ----㉢ \end{cases}$에서 (㉠+㉡+㉢)÷2하면
$x+y+z=7$ ----㉣
㉣−㉡에서 $x=2$, ㉣−㉢에서 $y=1$, ㉣−㉠에서 $z=4$
즉 $\alpha=2, \beta=1, \gamma=4$
따라서 $10\alpha+5\beta+\gamma=29$

8 y축 위의 점을 R(0, a)라 하면
$1^2+(2-a)^2=3^2+(4-a)^2$
$\Rightarrow a=5$
$\therefore$ R(0, 5)

9 아래 그림에서 원의 중심이 $C(3,4)$이므로
$\overline{OC}=5$, 반지름의 길이가 2이므로
직각삼각형 COT에서 $\overline{OT}=\sqrt{5^2-2^2}=\sqrt{21}$

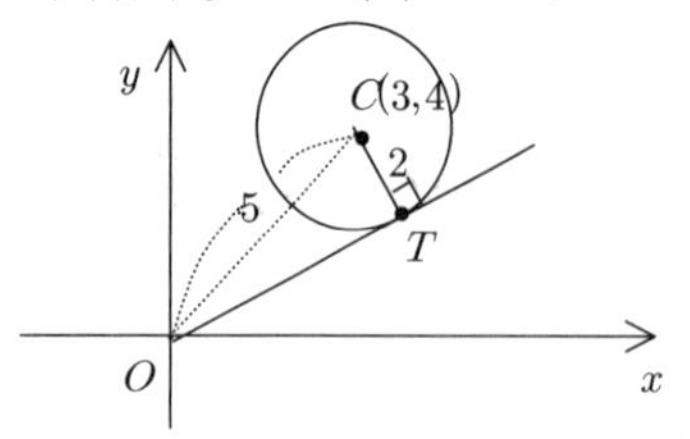

10 집합 A의 원소의 개수가 4개, 집합 B의 원소의 개수가 3개이므로
함수 $f:A\rightarrow B$의 개수는 $3^4=81$(개)이다.
※ **함수의 정의** … 집합 A의 각 원소에 집합 B의 원소가 오직 하나만 대응할 때, 이 대응을 A에서 B로의 함수라고 하고, 기호로 $f:A\rightarrow B$와 같이 나타낸다.

11 $(f\circ g)(x)=f\{g(x)\}=2(-x+k)-3=-2x+(2k-3)$
$(g\circ f)(x)=g\{f(x)\}=-(2x-3)+k=-2x+(k+3)$
그런데 $f\circ g=g\circ f$이므로 $2k-3=k+3$
$\therefore k=6 \Rightarrow g(x)=-x+6$
여기서 $g^{-1}(3)=x$라 하면 $g(x)=-x+6=3$
$\therefore x=3$
따라서 $g^{-1}(3)=x=3$

12 $f(x)=\dfrac{x-2}{x+2}=\dfrac{-4}{x+2}+1$이므로 $x=-1$일 때 최솟값 -3, $x=2$일 때 최댓값 0을 갖는다.
즉 $m=-3$, $M=0$
따라서 $M-m=3$

13 $3\log_5\sqrt[3]{2}=\log_5 2$, $\log_5\sqrt[4]{(-10)^2}$
$=\dfrac{1}{2}\log_5 10$, $\dfrac{\log_3 8}{2\log_3 5}$
$=\dfrac{3}{2}\log_5 2$이므로
$3\log_5\sqrt[3]{2}+\log_5\sqrt[4]{(-10)^2}-\dfrac{\log_3 8}{2\log_3 5}$
$=\log_5 2+\dfrac{1}{2}\log_5 10-\dfrac{3}{2}\log_5 2$
$=\dfrac{1}{2}(\log_5 10-\log_5 2)=\dfrac{1}{2}\log_5 5=\dfrac{1}{2}$

14 전체 확률에서 모두 홀수의 눈이 나올 확률과 짝수의 눈이 한 번 나올 확률을 뺀다.
짝수의 눈이 나올 확률 : $\dfrac{1}{2}$
모두 홀수의 눈이 나올 확률 : $\left(\dfrac{1}{2}\right)^6=\dfrac{1}{64}$
짝수의 눈이 한 번 나올 확률 : ${}_6C_1\left(\dfrac{1}{2}\right)^5\left(\dfrac{1}{2}\right)^1=\dfrac{6}{64}$
따라서 구하는 확률은 $1-\left(\dfrac{1}{64}+\dfrac{6}{64}\right)=\dfrac{57}{64}$

15 $a_n=2n-3$에서 $a_{20}=37$이므로
$\therefore S_{20}=\dfrac{20(-1+37)}{2}=360$

16 초항이 1, 공비가 $-\dfrac{1}{2}$인 급수이므로
$\therefore S=\dfrac{1}{1-\left(-\dfrac{1}{2}\right)}=\dfrac{2}{3}$

17 전사건 $n(S)=4\times4=16$(가지)
2장을 뽑아 만들 수 있는 두 자리 정수 중 3의 배수일 사건 $n(A)=5$(가지)
$\therefore P(A)=\dfrac{5}{16}$

18 접점을 $(a,\ a^3+3)$, $x=a$에서의 기울기는 $3a^2$
접선의 방정식은 $y=3a^2x-2a^2+3$이고
점 (0, 1)을 지나므로
$1=-2a^3+1\Rightarrow a=1$
따라서 접점은 (1, 4)이고, 법선의 기울기는 $-\dfrac{1}{3}$이다.

그러므로 법선의 방정식은 $y-4=-\frac{1}{3}(x-1)$

$\therefore x+3y-13=0$

19 다항식 $f(x)$가 $(x-1)^2$으로 나누어떨어지면

$f(x)=(x-1)^2 q(x)$

$f'(x)=2(x-1)q(x)+(x-1)^2 q(x)$

$f(1)=0,\ f'(1)=0$

$f(x)=x^2-ax+\int_1^x g(t)dt$ 에서

$f'(x)=2x-a+g(x)$

각각 $x=1$을 대입하면

$0=1-a+0$

$0=2-a+g(1)$

$a=1,\ g(1)=-1$

나머지 정리에 의하여 $g(x)$를 $x-1$로 나눈 나머지는 $g(1)=-1$이다.

20 신뢰구간의 길이 $2\cdot\frac{k\sigma}{\sqrt{n}}$(신뢰도 95% → $k=1.96$, 신뢰도 99% → $k=2.58$)

$\frac{2k\cdot 1}{\sqrt{4}}=2$에서 $k=2$이고 $\frac{2\cdot 2\cdot 1}{\sqrt{n}}=0.5$

$\therefore n=64$

answer 제2회

1.④	2.①	3.②	4.②	5.③	6.②	7.②	8.②	9.①	10.③
11.②	12.④	13.②	14.②	15.④	16.④	17.③	18.①	19.③	20.④

1 해가 $x<-1$ 또는 $x>4$이고 이차항의 계수가 1인 이차부등식은

$(x+1)(x-4)>0 \Rightarrow x^2-3x-4>0$

양변에 -1을 곱하면 $-x^2+3x+4<0$

$\therefore a=-1$

2 $\{(A\cap B)\cup(B-A)\}\cup A$

$=\{(A\cap B)\cup(B\cap A^c)\}\cup A$

$=\{B\cap(A\cup A^c)\}\cup A$

$=\{B\cap U\}\cup A$

$=B\cup A$

$=A$

$\therefore B\subset A$이고 $A\cap B=B$이다.

3 $A\cup X=A$이므로 $X\subset A$ ⋯ ㉠

$(A\cap B)\cup X=X$이므로 $(A\cap B)\subset X$ ⋯ ㉡

㉠, ㉡에서 $(A\cap B)\subset X\subset A$이고, $A\cap B=\{3, 5, 7\}$이므로

집합 X는 3, 5, 7을 반드시 원소로 갖는 집합 A의 부분집합이다.

따라서 그 개수는 $2^{5-3}=2^2=4$(개)이다.

4 점 $P(7, -3)$의 직선 $2y-x+3=0$에 대한 대칭점의 좌표를 $P'(a, b)$라 하면

선분 PP'은 직선 $2y-x+3=0$과 수직이므로

$\frac{b+3}{a-7}\cdot\frac{1}{2}=-1$ ⋯ ㉠

또, $\overline{PP'}$의 중점 $\left(\frac{a+7}{2}, \frac{b-3}{2}\right)$이 직선 $2y-x+3=0$ 위에 있으므로

$2\cdot\frac{b-3}{2}-\frac{a+7}{2}+3=0$ ⋯ ㉡

㉠, ㉡을 연립하여 풀면 $a=3,\ b=5$

$\therefore a+b=8$

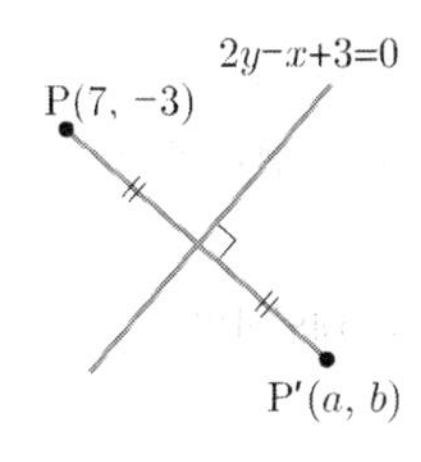

5 $3x+4y-2=0$을 x축 방향으로 4만큼 평행이동하면

$3(x-4)+4y-2=0$

$\Rightarrow 3x-12+4y-2=0$

$\Rightarrow 3x+4y-14=0$

$\Rightarrow 3x+4(y-3)-2=0$

따라서 y축 방향으로 3만큼 평행이동한 것과 같다.

6 $f\circ f$가 항등함수 $\Leftrightarrow (f\circ f)(x)=x$

$f(f(x))=x$

$a(ax+b)+b=x$

$a^2x+ab+b=x$

$a^2=1,\ ab+b=0$

$a=1,\ b=0$

$\therefore a+b=1$

7 원 $(x-2)^2+(y-3)^2=10$ 위의 점 $(5,\ 4)$에서의 접선의 방정식은

$(5-2)(x-2)+(4-3)(y-3)=10$

$3(x-2)+y-3=10$

$3x+y=19$

$\therefore a+c=3+19=22$

8 $f(40)=f(f(40+10))=f(f(50))$

$f(f(50))=f(50-3)=f(47)$

$f(47)=f(f(47+10))=f(f(57))$

$f(f(57))=f(57-3)=f(54)$

$f(54)=54-3=51$

9 $f(x)=ax+b$이므로 $f(x^2)=ax^2+b$

$f(x^2)$을 $f(x)$로 나눈 몫을 $Q(x)$라 하면

$ax^2+b=(ax+b)Q(x)$

$ab\neq 0$이므로 $x=-\dfrac{b}{a}$를 대입하면

$a\left(-\dfrac{b}{a}\right)^2+b=0$

$\therefore a+b=0$

역으로 $a+b=0$이면

$f(x^2)=ax^2-a=a(x-1)(x+1)=(x+1)(ax+b)$

$=(x+1)f(x)$

따라서 $f(x^2)$은 $f(x)$로 나누어떨어진다.

즉, 구하는 필요충분조건은 $a+b=0$이다.

10 내분점 :

$\mathrm{P}\left(\dfrac{3\times3+2\times(-2)}{3+2},\ \dfrac{3\times6+2\times1}{3+2}\right)=\mathrm{P}(1,\ 4)$

외분점 :

$\mathrm{Q}\left(\dfrac{1\times3-2\times(-2)}{1-2},\ \dfrac{1\times6-2\times1}{1-2}\right)=\mathrm{Q}(-7,\ -4)$

따라서 선분 PQ의 중점의 좌표는

$\left(\dfrac{1+(-7)}{2},\ \dfrac{4+(-4)}{2}\right)=(-3,\ 0)$

11 원의 반지름을 r라 하면 중심의 좌표는 $(r,\ r)$이 된다.

$(x-r)^2+(y-r)^2=r^2$이 $(3,\ 3)$을 지나므로

$(3-r)^2+(3-r)^2=r^2$

$r^2+2r+18=0$의 두 근을 $\alpha,\ \beta$라 하면

$\alpha+\beta=12,\ \alpha\beta=18$

두 원의 중심이 $(\alpha,\ \alpha),\ (\beta,\ \beta)$이므로

$\therefore \sqrt{(\alpha-\beta)^2+(\alpha-\beta)^2}=\sqrt{2\{(\alpha-\beta)^2-4\alpha\beta\}}$

$=\sqrt{2(12^2-4\times18)}=12$

12 $4x^2+7x+k=0$의 두 근이 n과 α이므로

$n+\alpha=-\dfrac{7}{4}=-2+\dfrac{1}{4}$

$\therefore n=-2,\ \alpha=\dfrac{1}{4}$ 따라서

$n\alpha=\dfrac{k}{4}=(-2)\times\dfrac{1}{4}=-\dfrac{1}{2}$, 즉 $k=-2$

13 $\log700=\log(7\times10^2)=2+\log7$

$\log700$의 정수부분은 2이고 소수부분은 $\log7$이다.

$\Rightarrow \alpha=\log7$

$\therefore 100^{\alpha}=100^{\log7}=(10^2)^{\log7}=10^{2\log7}=10^{\log7^2}$

$=10^{\log49}=49^{\log10}=49$

14 $\begin{cases} ax-4y=0 \text{-------} ㉠ \\ (1-a)x+ay=0 \text{---} ㉡ \end{cases}$에서 ㉠$\times a+$㉡$\times 4$하면

$(a^2-4a+4)x=0$

(i) $a\neq 2$이면 $x=y=0$

(ii) $a=2$이면 $0\times x=0$이므로 근이 무수히 많다.

따라서 $x=0$, $y=0$ 이외의 해를 가질 때 $a=2$

15 $a_1=3$, $a_{n+1}-2a_n-1=0(n=1,2,3,\cdots)$에서

$a_{n+1}+1=2(a_n+1)$

$\therefore \{a_n+1\}$은 첫째항 $a_1+1=4$, 공비 2인 등비수열이다.

$\therefore a_n+1=4\times 2^{n-1}$, 즉 $a_n=4\times 2^{n-1}-1$

따라서

$$\sum_{k=1}^{5}a_k=\sum_{k=1}^{5}(4\times 2^{k-1}-1)=\frac{4(2^5-1)}{2-1}-5=119$$

16 $\sqrt{n^2+6n+4}-n$

$$=\frac{(\sqrt{n^2+6n+4}-n)(\sqrt{n^2+6n+4}+n)}{\sqrt{n^2+6n+4}+n}$$

$$=\frac{(n^2+6n+4)-n^2}{\sqrt{n^2+6n+4}+n}$$

$$\therefore \lim_{n\to\infty}(\sqrt{n^2+6n+4}-n)$$

$$=\lim_{n\to\infty}\frac{6n+4}{\sqrt{n^2+6n+4}+n}$$

$$=\lim_{n\to\infty}\frac{6+\frac{4}{n}}{\sqrt{1+\frac{6}{n}+\frac{4}{n^2}}+1}$$

$$=\frac{6+0}{\sqrt{1}+1}=\frac{6}{2}=3$$

17 $y=f'(x)$의 그래프로부터 $f(x)$의 증감표를 만들면 다음과 같다.

x	$\cdots$	0	$\cdots$	2	$\cdots$
$f'(x)$	$-$	0	$+$	0	$-$
$f(x)$	↘	극소	↗	극대	↘

즉, $x=0$에서 극소, $x=2$에서 극대이므로 $y=f(x)$의 그래프는 다음 그림과 같다.

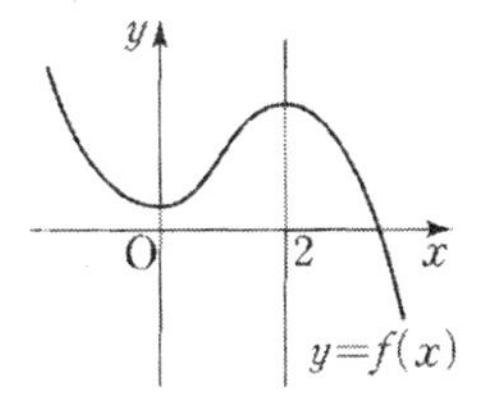

① $f(x)$는 구간 $(-1,\ 0)$에서 $f'(x)<0$이므로 감소한다. ⇒ 거짓

② $f(x)$는 구간 $(1,\ 2)$에서 $f'(x)>0$이므로 증가한다. ⇒ 거짓

③ $f(x)$는 $x=0$에서 극소이다. ⇒ 참

④ $f(x)$는 $x=1$에서 증가상태에 있으므로 극대도 아니고 극소도 아니다. ⇒ 거짓

18 $\lim_{n\to\infty}\frac{2}{n^4}\{(n+2)^3+(n+4)^3+\cdots+(3n)^3\}$

$$=\lim_{n\to\infty}\frac{2}{n^4}\{(n+2)^3+(n+4)^3+\cdots+(n+2n)^3\}$$

$$=\lim_{n\to\infty}\frac{2}{n^4}\sum_{k=1}^{n}(n+2k)^3=\lim_{n\to\infty}\sum_{k=1}^{n}\frac{(n+2k)^3}{n^3}\cdot\frac{2}{n}$$

$$=\lim_{n\to\infty}\sum_{k=1}^{n}\left(\frac{n+2k}{n}\right)^3\cdot\frac{2}{n}=\lim_{n\to\infty}\sum_{k=1}^{n}\left(1+\frac{2}{n}k\right)^3\cdot\frac{2}{n}$$

$$=\int_1^3 x^3dx=\left[\frac{1}{4}x^4\right]_1^3$$

$$=\frac{81}{4}-\frac{1}{4}=20$$

19 정사면체를 두 번 던질 때 생기는 모든 경우의 수는 $4\times 4=16$(가지)

(i) $x+2y=6$을 만족시키는 순서쌍 $(x,\ y)$는 $(0,\ 3)$, $(2,\ 2)$의 2가지이므로

$x+2y=6$일 확률은 $\frac{2}{16}$

(ii) $x+y>4$를 만족시키는 순서쌍 $(x,\ y)$는 $(2,\ 3)$, $(3,\ 2)$, $(3,\ 3)$의 3가지이므로

$x+y>4$일 확률은 $\frac{3}{16}$

(i), (ii)에 의해 구하는 확률은 $\frac{2}{16}+\frac{3}{16}=\frac{5}{16}$

20 $B\left(50, \frac{1}{10}\right)$

$E(X) = 50 \times \frac{1}{10} = 5$

$V(X) = 50 \times \frac{1}{10} \times \frac{9}{10} = \frac{9}{2}$

answer 제3회

1.④	2.①	3.③	4.②	5.③	6.④	7.①	8.③	9.④	10.④
11.③	12.②	13.②	14.①	15.④	16.①	17.④	18.③	19.③	20.①

1 '$x \le -2$ 또는 $1 < x \le 3$' ⇔ '$x \le -2$ 또는 ($1 < x$ 이고 $x \le 3$)'

이것의 부정은

'$x > -2$이고 ($1 \ge x$ 또는 $x > 3$)'

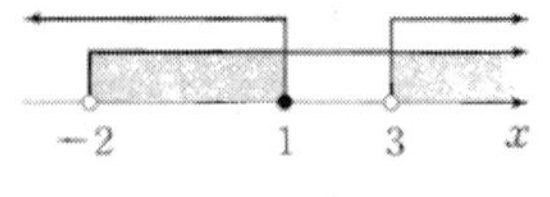

$\therefore -2 < x \le 1$ 또는 $x > 3$

2 (i) x가 유리수이면 $2-x$도 유리수이므로

$f(x) = 2-x$

$f(2-x) = 2-(2-x) = x$

$\therefore f(x) + f(2-x) = 2$

(ii) x가 무리수이면 $2-x$도 무리수이므로

$f(x) = x$

$f(2-x) = 2-x$

$\therefore f(x) + f(2-x) = 2$

(i), (ii)에서 $f(x) + f(2-x) = 2$

3 아래 그림에서

(i) $n=1$일 때, $y = x-[x]$와 $y = x$의 그래프의 교점이 무수히 많으므로 방정식의 근도 무수히 많다.

(ii) $n=2$일 때, $y = x-[x]$와 $y = \frac{x}{2}$의 그래프의 교점이 $x=0$ 1개이므로 방정식의 근은 1개이다.

(iii) n이 3이상의 자연수일 때, $y = x-[x]$와 $y = \frac{x}{n}$의 그래프의 교점은 $x=0$과 $1 < x < 2$, …, $n-2 < x < n-1$에 각각 1개씩 존재하므로 방정식의 근은 $n-1$개이다.

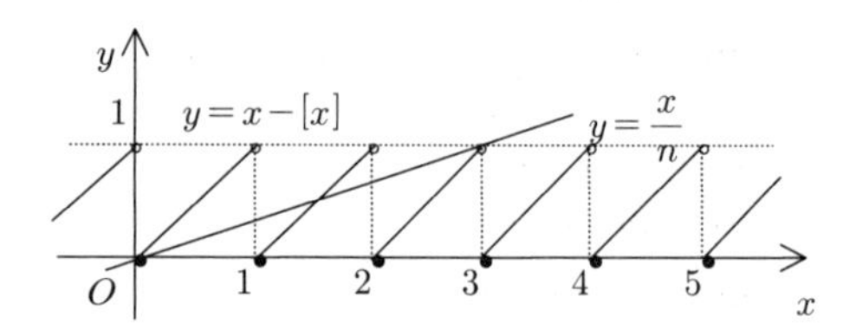

따라서 100개의 근이 존재하도록 하는 n은 $n = 101$

4 3개의 공 가운데 흰 공이 1개, 빨간 공이 2개인 사건을 A,

3개 모두 빨간 공인 사건을 B라 하면

$P(A) = \frac{{}_5C_1 \times {}_3C_2}{{}_8C_3} = \frac{15}{56}$

$P(B) = \frac{{}_3C_3}{{}_8C_3} = \frac{1}{56}$

그런데 두 사건 A, B는 서로 배반사건이므로

$\therefore P(A \cup B) = P(A) + P(B) = \frac{15}{56} + \frac{1}{56} = \frac{16}{56} = \frac{2}{7}$

5 복소수가 서로 같을 조건에 의하여

$x-2=1,\ y+1=2$

$x=3,\ y=1$

$\therefore x+y=3+1=4$

6 $y=\dfrac{-3x+1}{x-1}=\dfrac{-3(x-1)-2}{x-1}=-\dfrac{2}{x-1}-3$

점근선의 방정식은 $x=1,\ y=-3$이다.

따라서 정의역은 $\{x|x\neq1$인 실수$\}$이고,

치역은 $\{y|y\neq-3$인 실수$\}$이다.

$a=1,\ b=-3$

$\therefore a+b=-2$

7

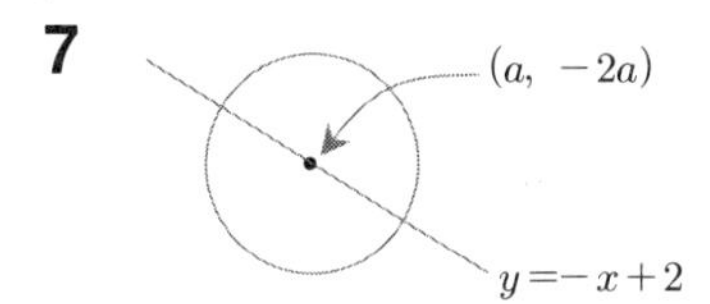

위의 그림과 같이 직선 $y=-x+2$가

원 $(x-a)^2+(y+2a)^2=4$의 중심 $(a,\ -2a)$를 지나면 주어진 원은 직선에 의하여 이등분되므로

$-2a=-a+2$

$\therefore a=-2$

8 $\log3^{100}=100\log3=47.71$이므로 3^{100}은 48자리 정수, 즉 $n=48$이다.

또, $0.6990=1-\log2=\log5<0.71<\log6$

$=\log2+\log3=0.7781$이므로

최고 자리의 수는 5, 즉 $a=5$이다.

따라서 $a+n=5+48=53$

9 $\lim\limits_{x\to1}\dfrac{x^n+ax-3}{x-1}=10$에서 $\lim\limits_{x\to1}(x-1)=0$이므로

$\lim\limits_{x\to1}(x^n+ax-3)=a-2=0$

$\therefore\ a=2$

여기서 $f(x)=x^n+2x$라 하면

$f(1)=3,\ f'(x)=nx^{n-1}+2$이므로

$$\lim_{x\to1}\frac{x^n+ax-3}{x-1}=\lim_{x\to1}\frac{x^n+2x-3}{x-1}$$

$$=\lim_{x\to1}\frac{f(x)-f(1)}{x-1}=f'(1)$$

$$=n+2=10$$

따라서 $a=2,\ n=8\Rightarrow a+n=2+8=10$

10 $\left\{\left(\dfrac{4}{9}\right)^{-\frac{2}{3}}\right\}^{\frac{9}{4}}=\left\{\left(\dfrac{2}{3}\right)^2\right\}^{-\frac{2}{3}\times\frac{9}{4}}=\left\{\left(\dfrac{2}{3}\right)^2\right\}^{-\frac{3}{2}}$

$=\left(\dfrac{2}{3}\right)^{2\times\left(-\frac{3}{2}\right)}=\left(\dfrac{2}{3}\right)^{-3}=\left(\dfrac{3}{2}\right)^3=\dfrac{27}{8}$

11 $y=x^2-2x+k$로 놓을 때, 모든 실수 x에 대하여 $y>0$이 항상 성립하려면

이차방정식 $x^2-2x+k=0$의 실근이 존재하지 않아야 한다.

따라서 판별식을 D라고 하면

$\dfrac{D}{4}=(-1)^2-k<0$

$1-k<0$

$\therefore k>1$

12 $m=np,\ \ \sigma=\sqrt{npq}$에서 $np=\dfrac{7}{8},\ \ \sqrt{npq}=\dfrac{7}{8}$이므로

$\sqrt{\dfrac{7}{8}\times q}=\dfrac{8}{7}\Rightarrow q=\dfrac{7}{8}$

$p=1-q$이므로

$\therefore p=\dfrac{1}{8}$

13 $g^{-1}(x)=f(x)$이므로 $y=g(x)$라 하면

$y=\dfrac{2x+1}{x-1}$에서 $x=\dfrac{y+1}{y-2}$

x와 y를 서로 바꾸면 $y=\dfrac{x+1}{x-2}$

$f(x)=g^{-1}(x)=\dfrac{x+1}{x-2}$

$\therefore (f\circ f)(3)=f(f(3))=f(4)=\dfrac{5}{2}$

14 $f(x)$를 $x+3$으로 나눈 나머지는 $f(-3)$이다.
따라서 $f(x)=(x-2)Q(x)+1$이라고 하면
$f(-3)=-5Q(-3)+1$
또한 $Q(x)$를 $x+3$로 나누었을 때의 나머지는 -1이므로
$Q(-3)=-1$
$\therefore f(-3)=5+1=6$

15 일반항 $a_n=3\cdot 2^{2n+1}$에 $n=1$, $n=2$를 각각 대입하면
$a_1=3\cdot 2^3=24$, $a_2=3\cdot 2^5=96$이므로
첫째 항 $a=24$, 공비 $r=\frac{a_2}{a_1}=\frac{96}{24}=4$이다.
$\therefore a+r=24+4=28$
[다른 풀이]
$2n+1=2(n-1)+3$이므로
$$a_n=3\cdot 2^{2n+1}=3\cdot 2^{2(n-1)+3}$$
$$=3\cdot 2^3\cdot (2^2)^{n-1}$$
$$=24\cdot 4^{n-1}$$
첫째 항이 a, 공비가 r인 등비수열의 일반항이 $a_n=ar^{n-1}$이므로
위의 수열은 첫째 항이 24이고 공비가 4인 등비수열이 된다.
$\therefore a+r=24+4=28$

16 $\int f(t)dt=F(t)$라 하면 $F'(t)=f(t)$
$$\int_2^x f(t)dt=\left[F(t)\right]_2^x=F(x)-F(2)$$
$$\lim_{x\to 2}\frac{1}{x-2}\int_2^x f(t)dt=\lim_{x\to 2}\frac{F(x)-F(2)}{x-2}$$
$$=F'(2)$$
$$=f(2)$$
$f(x)=x^3+x^2-3x+4$
$\therefore f(2)=8+4-6+4=10$

17 주어진 수열의 합에서 공비를 알 수 있도록 고치면
$$\sum_{n=1}^{\infty}\frac{2^n+3^n}{4^n}=\sum_{n=1}^{\infty}\left\{\left(\frac{1}{2}\right)^n+\left(\frac{3}{4}\right)^n\right\}$$
$$=\frac{\frac{1}{2}}{1-\frac{1}{2}}+\frac{\frac{3}{4}}{1-\frac{3}{4}}$$
$$=1+3=4$$

18 $\left(x^2+\frac{2}{x}\right)^6$의 전개식의 일반항은
$${}_6C_r(x^2)^r\left(\frac{2}{x}\right)^{6-r}={}_6C_r2^{6-r}x^{3r-6}$$
$\frac{1}{x^3}$의 계수는 $x^{3r-6}=x^{-3}$에서 $r=1$일 때이므로
$\therefore {}_6C_1\times 2^5=6\times 32=192$

19 $f(x)$의 그래프를 그리면 다음 그림과 같다.

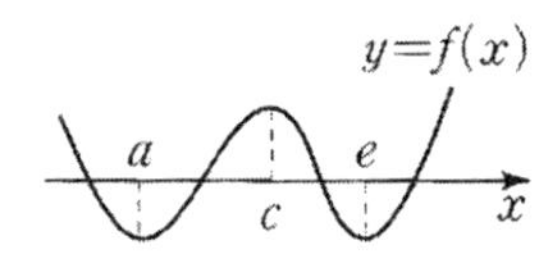

여기에서 극솟값 $f(a)$, $f(e)$와 극댓값 $f(c)$의 값은 정해지지 않았지만,
$y=f(x)$가 x축과 서로 다른 4개의 점에서 만나기 위해서는
극댓값은 0보다 크고, 극솟값들은 둘 다 0보다 작아야만 한다.
$\therefore f(a)<0$, $f(c)>0$, $f(e)<0$

20 $\int_0^x f(t)dt = -2x^3 + 4x$의 양변을 x에 대하여 미분하면

$\Rightarrow f(x) = -6x^2 + 4$

$\Rightarrow f'(x) = -12x$

$\Rightarrow f'(1) = -12$

$\therefore \lim_{h \to 0} \frac{f(1+h) - f(1-h)}{h}$

$= \lim_{h \to 0} \frac{f(1+h) - f(1) - \{f(1-h) - f(1)\}}{h}$

$= \lim_{h \to 0} \left\{ \frac{f(1+h) - f(1)}{h} + \frac{f(1-h) - f(1)}{-h} \right\}$

$= 2f'(1) = -24$

PART 03

기출문제분석

2019년 제1차 경찰공무원(순경) 채용

1 최고차항의 계수가 1인 삼차다항식 $f(x)$를 $x-1$로 나누었을 때 나머지는 3이고, $x-3$으로 나누었을 때도 나머지가 3이다. $f(x)$가 $x-2$로 나누어떨어질 때, $f(4)$의 값은?

① 15　　② 16
③ 17　　④ 18

최고차항의 계수가 1인 삼차다항식 $f(x)=x^3+ax^2+bx+c$에 대하여,
나머지 정리에 의해 $f(1)=3$, $f(3)=3$, $f(2)=0$이므로
$f(1)=1+a+b+c=3$　　$a+b+c=2$
$f(3)=27+9a+3b+c=3$　　$9a+3b+c=-24$
$f(2)=8+4a+2b+c=0$　　$4a+2b+c=-8$
이다. 이를 연립해서 풀면 $a=-3, b=-1, c=6$이고 따라서 $f(x)=x^3-3x^2-x+6$이다.
그러므로 $f(4)=18$이다.

2 방정식 $x^3-1=0$의 한 허근을 ω라 할 때, $(2-\omega^{19})(2-\overline{\omega}^{19})$의 값은?(단, $\overline{\omega}$는 ω의 켤레복소수이다.)

① 3　　② 5
③ 7　　④ 9

방정식 $x^3-1=(x-1)(x^2+x+1)=0$의 한 허근 ω는 이차 방정식 $x^2+x+1=0$ 의 근이고 또 다른 한 근은 $\overline{\omega}$이다.
따라서 $\omega^3=1$, $\overline{\omega}^3=1$, $\omega+\overline{\omega}=-1$, $\omega\overline{\omega}=1$을 만족한다.
$\omega^{19}=(\omega^3)^6\omega=\omega$, $(\overline{\omega})^{19}=((\overline{\omega})^3)^6\overline{\omega}=\overline{\omega}$이므로
$(2-\omega^{19})(2-\overline{\omega}^{19})=(2-\omega)(2-\overline{\omega})=4-2(\omega+\overline{\omega})+\omega\overline{\omega}=4+2+1=7$이다.

3 $x^2 - xy + ax - 2y^2 - 8y - 8$ **이** x, y **에 대한 일차식의 곱으로 인수분해될 때, 상수** a **의 값은?**

① -3　　② -2

③ -1　　④ 0

x 에 대하여 내림차순 정리한 식

$x^2 - xy + ax - 2y^2 - 8y - 8 = x^2 - (y-a)x - 2(y^2+4y+4) = x^2 - (y-a)x - 2(y+2)^2$ 에 대하여, 이 식의 두 일차식의 곱의 인수분해는 $(x-2(y+2))(x+(y+2))$ 이다.

따라서 $x^2 - (y+2)x - 2(y+2)^2$ 에서 $a = -2$ 이다.

4 **양의 실수** a, b **에 대하여 직선** $\frac{x}{2a} + 3y = 1$ **이 점** $\left(2, \frac{1}{b}\right)$ **을 지날 때,** ab **의 최솟값은?**

① 10　　② 12

③ 14　　④ 16

직선 $\frac{x}{2a} + 3y = 1$ 이 점 $\left(2, \frac{1}{b}\right)$ 을 지나므로 $\frac{1}{a} + \frac{3}{b} = 1$ 이 성립한다. 양수 a, b 에 대하여 산술기하평균에 의해 $\frac{1}{a} + \frac{3}{b} \geq 2\sqrt{\frac{1}{a}\frac{3}{b}}$ 이므로 $1 \geq 2\sqrt{\frac{3}{ab}}$　$\therefore ab \geq 12$ 이다.

따라서 ab 의 최솟값은 12 이다.

5 **임의의 실수** a **에 대하여 점** $A(-1, 1)$ **과 직선** $y = ax + 2a + 3$ **사이의 거리의 최댓값은?**

① $\sqrt{5}$　　② $\sqrt{7}$

③ $2\sqrt{3}$　　④ $3\sqrt{2}$

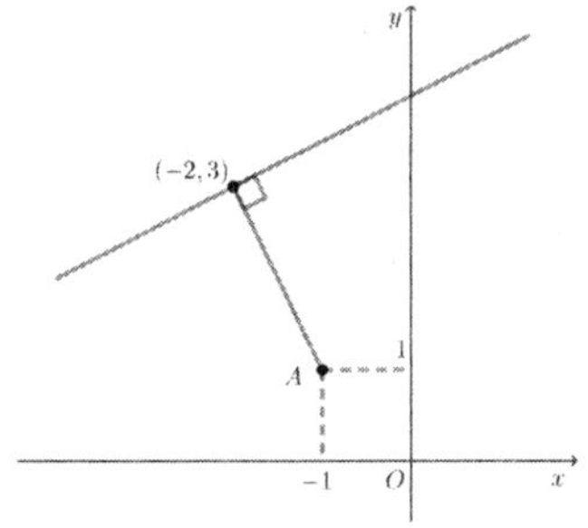

직선 $y = ax + 2a + 3 = (x+2)a + 3$ 은 기울기 a 의 값에 관계없이 항상 정점 $(-2, 3)$ 을 지난다. 점 $A(-1, 1)$ 과 직선 사이의 거리가 가장 클 때는 그림에서처럼 점 $(-2, 3)$ 과 점 A 을 잇는 선분과 수직일 때이고 따라서 최댓값은 두 점 사이의 거리이다.

즉 $\sqrt{(-2+1)^2 + (3-1)^2} = \sqrt{5}$ 이다.

answer 1.④ 2.③ 3.② 4.② 5.①

6 최고차항의 계수가 1인 이차함수 $y=f(x)$가 점 $\mathrm{A}(1,3)$을 지나고, 꼭짓점은 제3사분면에 있으면서 직선 $y=-x-2$ 위에 있다. 이때, 이차함수 $y=f(x)$의 최솟값은?

① -7 ② -5
③ -3 ④ -1

꼭짓점이 제3사분면에 있으면서 직선 $y=-x-2$ 위에 있으므로 꼭짓점의 좌표를 $(a, -a-2)$ (단, $a<0$이라 하면 $f(x)=(x-a)^2-a-2$이다. 이 이차함수가 점 $A(1, 3)$을 지나므로 $(1-a)^2-a-2=3$이 성립하고 이를 풀면 $a^2-3a-4=0$ $\therefore a=-1$ $(a<0)$이다.
따라서 이차함수는 $y=f(x)=(x+1)^2-1$이고 최솟값은 -1이다.

7 좌표평면에서 원 $(x-1)^2+(y-1)^2=1$을 y축에 대하여 대칭이동한 후 y축의 방향으로 1만큼 평행이동한 원 위의 임의의 점과 원점 사이의 거리의 최댓값을 a, 최솟값을 b라 할 때, $a+b$의 값은?

① $\sqrt{5}$ ② $2\sqrt{5}$
③ $3\sqrt{5}$ ④ $4\sqrt{5}$

원의 중심 $(1, 1)$은 y축에 대한 대칭이동에 의해 점 $(-1, 1)$이 되고, 다시 y축의 방향으로 1만큼 평행이동에 의해 점 $(-1, 2)$가 되므로 이동된 원의 방정식은 $(x+1)^2+(y-2)^2=1$이 된다. 이 원 위의 임의의 점과 원점 사이의 거리의 최댓값, 최솟값은 원점과 원의 중심사이의 거리에서 원의 반지름의 길이를 각각 더한 값과 뺀 값과 같다.
원점과 원의 중심사이의 거리가 $\sqrt{1+4}=5$이고 원의 반지름의 길이는 1이므로,
최댓값 $a=\sqrt{5}+1$, 최솟값 $b=\sqrt{5}-1$이고 이때 $a+b=2\sqrt{5}$이다.

8 함수 $y=g(x)$의 그래프는 유리함수 $f(x)=\dfrac{kx+1}{x+2}$의 그래프를 x축의 방향으로 -2만큼, y축의 방향으로 3만큼 평행이동한 그래프이다. 함수 $y=g(x)$의 그래프에서 두 점근선의 교점이 $y=f(x)$의 그래프 위의 점일 때, 상수 k의 값은?

① $\dfrac{7}{2}$ ② $\dfrac{5}{4}$
③ $\dfrac{7}{4}$ ④ $\dfrac{6}{5}$

유리함수 $y=f(x)=\dfrac{kx+1}{x+2}=\dfrac{k(x+2)+1-2k}{x+2}=\dfrac{1-2k}{x+2}+k$을 x축의 방향으로 -2만큼, y축의 방향으로 3만큼 평행이동하면 $y=g(x)=\dfrac{1-2k}{x+4}+k+3$이다.
함수 $y=g(x)$의 두 점근선은 $x=-4$, $y=k+3$이고 따라서 두 점근선의 교점 $(-4, k+3)$이 $y=f(x)$의 그래프 위의 점이므로 $k+3=\dfrac{-4k+1}{-2}$이 성립한다. 이때 $k=\dfrac{7}{2}$이다.

9 이차방정식 $x^2+x-1=0$의 두 근을 α, β라 할 때, $\sum_{k=1}^{10}(k-\alpha^2)(k-\beta^2)$의 값은?

① 215　　② 220
③ 230　　④ 235

이차방정식 $x^2+x-1=0$ 의 두 근 α, β 에 대하여
$\alpha+\beta=-1$, $\alpha\beta=-1$, $\alpha^2+\beta^2=(\alpha+\beta)^2-2\alpha\beta=3$ 이다.

$$\begin{aligned}\sum_{k=1}^{10}(k-\alpha^2)(k-\beta^2)&=\sum_{k=1}^{10}\{k^2-(\alpha^2+\beta^2)k+(\alpha\beta)^2\}\\&=\sum_{k=1}^{10}k^2-3\sum_{k=1}^{10}k+\sum_{k=1}^{10}1\\&=\frac{10\times11\times21}{6}-3\times\frac{10\times11}{2}+10\\&=230\end{aligned}$$

10 수열 $\{a_n\}$에 대하여 $\sum_{n=1}^{\infty}(3a_n+7)$이 수렴할 때, $\lim_{n\to\infty}(a_{n+1}+a_{n+2})$의 값은?

① $-\frac{14}{3}$　　② $-\frac{16}{3}$
③ $\frac{17}{3}$　　④ $\frac{18}{3}$

급수 $\sum_{n=1}^{\infty}(3a_n+7)$ 이 수렴하므로 $\lim_{n\to\infty}(3a_n+7)=0$, 즉 $\lim_{n\to\infty}a_n=-\frac{7}{3}$ 이다.

또한 $\lim_{n\to\infty}a_n=\lim_{n\to\infty}a_{n+1}=\lim_{n\to\infty}a_{n+2}=-\frac{7}{3}$ 이므로

$\lim_{n\to\infty}(a_{n+1}+a_{n+2})=-\frac{7}{3}-\frac{7}{3}=-\frac{14}{3}$ 이다.

11 $\log_3(-n^3+15n^2-66n+80)$의 값이 존재하도록 하는 모든 자연수 n 의 값의 합은?

① 8　　② 10
③ 12　　④ 14

로그의 진수가 $-n^3+15n^2-66n+80>0$ 이어야 하므로
$n^3-15n^2+66n-80<0$, $(n-2)(n-5)(n-8)<0$ 에서 $n<2$, $5<n<8$ 인 자연수는 $n=1, 6, 7$ 이므로 합은 $1+6+7=14$ 이다.

answer 6.④ 7.② 8.① 9.③ 10.① 11.④

12 **이차방정식 $x^2-4x+2=0$의 두 근을 α, β라 할 때, $\lim_{x\to\infty}\sqrt{x}(\sqrt{x+2\beta}-\sqrt{x+2\alpha})$의 값은?(단, $\alpha<\beta$)**

① 1
② $\sqrt{2}$
③ 2
④ $2\sqrt{2}$

이차방정식 $x^2-4x+2=0$ 의 두 근 α, β 에 대하여
$\alpha+\beta=4$, $\alpha\beta=2$, $(\beta-\alpha)^2=(\alpha+\beta)^2-4\alpha\beta=8$, $\beta-\alpha=2\sqrt{2}$ 이다.
극한 $\lim_{x\to\infty}\sqrt{x}(\sqrt{x+2\beta}-\sqrt{x+2\alpha})$ 를 유리화한 후 계산하면

$$\lim_{x\to\infty}\sqrt{x}(\sqrt{x+2\beta}-\sqrt{x+2\alpha})=\lim_{x\to\infty}\frac{2\sqrt{x}(\beta-\alpha)}{\sqrt{x+2\beta}+\sqrt{x+2\alpha}}=\frac{2(\beta-\alpha)}{1+1}=\beta-\alpha=2\sqrt{2}$$ 이다.

13 **함수 $f(x)=\begin{cases} x, & |x|\ge 1 \\ -x, & |x|<1 \end{cases}$에 대하여 두 함수 $g(x)$, $h(x)$가 $g(x)=(f(x))^2$, $h(x)=(x-1)f(x)$일 때, 함수 $g(x)$의 불연속인 점의 개수를 a, 함수 $h(x)$의 불연속인 점의 개수를 b라 하자. 이때 $a+b$의 값은?**

① 0
② 1
③ 2
④ 3

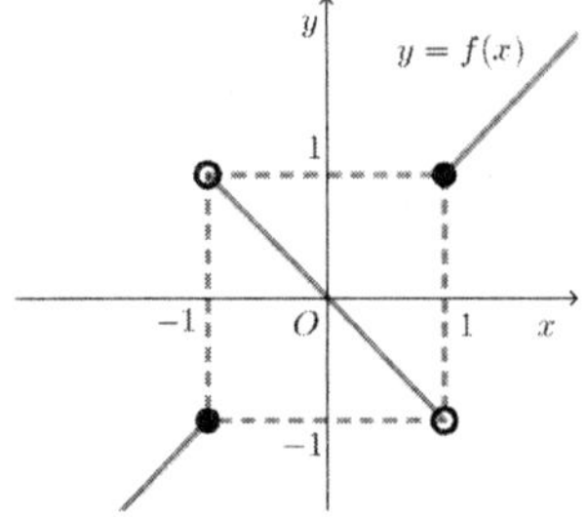

함수 $y=f(x)$ 의 그래프는 그림과 같다.
함수 $g(x)=(f(x))^2=x^2$ 이므로 실수 전체의 집합에서 연속이므로 $a=0$ 이다.
함수 $h(x)=(x-1)f(x)$ 는 $(-\infty,-1)$, $(-1, 1)$, $(1, \infty)$ 에서 연속인 두 함수의 곱이므로 이 구간들에서 연속이다.
$x=-1$ 에 대하여
$\lim_{x\to -1+}(x-1)f(x)=(-2)\times(1)=-2$, $\lim_{x\to -1-}(x-1)f(x)=(-2)\times(-1)=2$ 이므로
$\lim_{x\to -1+}h(x)\neq\lim_{x\to -1-}h(x)$ 이어서 함수 $h(x)$ 는 $x=-1$ 에서 불연속이다.
$x=1$ 에 대하여
$\lim_{x\to 1+}(x-1)f(x)=0\times1=0$, $\lim_{x\to 1-}(x-1)f(x)=0\times(-1)=0$, $h(1)=0\times f(0)=0$
이므로 $\lim_{x\to 1+}h(x)=\lim_{x\to 1-}h(x)=h(1)$ 이어서 함수 $h(x)$ 는 $x=1$ 에서 연속이다. 따라서 불연속인 점의 개수는 $b=1$ 이다. 그러므로 $a+b=0+1=1$ 이다.

14 점 $A(1,-2)$에서 곡선 $y=x^2+x$에 그은 접선은 2개 있다. 그 2개의 접선의 방정식을 각각 $y=f_1(x)$, $y=f_2(x)$라 할 때, $f_1(2)+f_2(2)$의 값은?

① 2　　② 4
③ 6　　④ 8

곡선 $y=x^2+x$ 위의 접점을 (t, t^2+t)라 가정하면 이 접점에서의 접선의 방정식은 $y-t^2-t=(2t+1)(x-t)$이고 이 접선이 $(1, -2)$을 지나므로 $-2-t^2-t=(2t+1)(1-t)$가 성립한다. 이 방정식을 풀면 $t^2-2t-3=0$ $\therefore t=-1, 3$ 이므로 접선의 방정식은 각각 $y=-x-1$, $y=7x-9$ 이다. 따라서 $f_1(2)+f_2(2)=-3+5=2$이다.

15 $-\sqrt{2}<a<\sqrt{2}$인 실수 a에 대하여, 함수 $f(x)=(x^2-2)(x-a)$는 극댓값 $f(\alpha)$와 극솟값 $f(\beta)$를 갖는다. $\alpha+\beta=\frac{2}{3}$일 때, $f(3\alpha\beta)$의 값은?

① 2　　② -2
③ -6　　④ -10

함수 $f(x)=(x^2-2)(x-a)$에 대하여 $f'(x)=3x^2-2ax-2$이다. $x=\alpha$에서 극대, $x=\beta$에서 극소이므로 α, β는 이차방정식 $3x^2-2ax-2=0$의 두 근이다. 따라서 $\alpha+\beta=\frac{2a}{3}$ 인데 $\frac{2a}{3}=\frac{2}{3}$ 이므로 $a=1$이다. $\alpha\beta=-\frac{2}{3}$ 이므로 $f(3\alpha\beta)=f(-2)=(4-2)(-2-1)=-6$이다.

16 $\int_0^3 \frac{x^2+1}{2x+2}dx-\int_0^3 \frac{1}{y+1}dy$의 값은?

① 0　　② $\frac{1}{4}$
③ $\frac{1}{2}$　　④ $\frac{3}{4}$

$$\int_0^3 \frac{x^2+1}{2x+2}dx-\int_0^3 \frac{1}{y+1}dy=\int_0^3 \frac{x^2+1}{2x+2}dx-\int_0^3 \frac{1}{x+1}dx$$
$$=\int_0^3 \left\{\frac{x^2+1}{2x+2}-\frac{1}{x+1}\right\}dx$$
$$=\int_0^3 \frac{x^2-1}{2(x+1)}dx=\frac{1}{2}\int_0^3 (x-1)dx$$
$$=\frac{1}{2}\left[\frac{1}{2}x^2-x\right]_0^3=\frac{3}{4}$$

answer 12.④ 13.② 14.① 15.③ 16.④

17 다항함수 $f(x)$가 $\int (f(x)-5x)dx = xf(x)-2x^3+5x^2$, $f(1)=-4$를 만족시킬 때, 함수 $f(x)$의 최솟값은?

① $-\frac{43}{4}$　　② $-\frac{23}{4}$

③ $\frac{23}{4}$　　④ $\frac{43}{4}$

양변을 x에 대하여 미분하면

$f(x)-5x=f(x)+xf'(x)-6x^2+10x$, 즉 $f'(x)=6x-15$ 이다.

따라서 $f(x)=3x^2-15x+C$ (C는 적분상수) 에 대하여

$f(1)=-4$ 이므로 $C=8$ 이고 $f(x)=3x^2-15x+8$ 이다.

$f'\left(\frac{5}{2}\right)=0$ 이므로 이차함수 $f(x)$ 의 최솟값은 $f\left(\frac{5}{2}\right)=-\frac{43}{4}$ 이다.

18 다항함수 $f(x)$가 $\lim_{x\to 2}\frac{1}{x^2-4}\left(\int_2^x f(t)dt-f(x)\right)=4$를 만족시킬 때, $f'(2)$의 값은?

① -32　　② -16

③ -4　　④ -1

$\lim_{x\to 2}(x^2-4)=0$ 이므로 $\lim_{x\to 2}\left\{\int_2^x f(t)dt-f(x)\right\}=0$ 이다. 따라서 $f(2)=0$ 이다.

$\lim_{x\to 2}\frac{\int_2^x f(t)\,dt}{x-2}=f(2)$ 이므로

$\lim_{x\to 2}\frac{1}{x+2}\frac{\int_2^x f(t)dt-f(x)+f(2)}{x-2}=\lim_{x\to 2}\frac{1}{x+2}\left\{\frac{\int_2^x f(t)dt}{x-2}-\frac{f(x)-f(2)}{x-2}\right\}=\frac{1}{4}\{f(2)-f'(2)\}$

이므로 $\frac{1}{4}\{f(2)-f'(2)\}=4$ 에서 $f'(2)=-16$ 이다.

19 검은 상자에 1부터 20까지의 자연수가 각각 하나씩 적힌 20개의 공이 들어 있다. 이 상자에서 임의로 2개의 공을 동시에 꺼내 공에 적힌 수를 확인하고 공을 다시 상자에 넣는 시행을 한다. 이 시행을 2번 했을 때, 20이 적힌 공이 나올 확률은?

① $\frac{11}{100}$ ② $\frac{3}{20}$

③ $\frac{19}{100}$ ④ $\frac{23}{100}$

공을 꺼내 후 다시 상자에 넣으므로 이 시행은 독립시행이고, 시행을 2번 시행했을 때 20이 적힌 공이 한 번도 안 나올 확률은 $\frac{{}_{19}C_2}{{}_{20}C_2} \times \frac{{}_{19}C_2}{{}_{20}C_2} = \frac{9}{10} \times \frac{9}{10}$ 이므로

구하는 확률은 $1 - \frac{9}{10} \times \frac{9}{10} = \frac{19}{100}$ 이다.

20 A지역 경찰공무원의 1년 평균 휴가일을 확률변수 X라 하면 X는 정규분포 $N(m, 3.6^2)$을 따른다고 한다. A지역 경찰공무원 중에서 임의로 추출한 36명의 1년 평균 휴가일의 표본평균을 $\overline{X}$라 하자. $\mathrm{P}(\overline{X} \geq 20) = 0.0062$일 때, m의 값은? (단, 아래의 표준정규분포표를 이용하여 구하시오.)

z	$\mathrm{P}(0 \leq Z \leq z)$
1.5	0.4332
2.0	0.4772
2.5	0.4938
3.0	0.4987

① 12 ② 15

③ 17.5 ④ 18.5

표본평균 $\overline{X}$ 는 정규분포 $N(m, 0.6^2)$ 을 따르고,

$P(\overline{X} \geq 20) = P\left(Z \geq \frac{20-m}{0.6}\right) = 0.5 - P\left(0 \leq Z \leq \frac{20-m}{0.6}\right) = 0.0062$ 에서

$P\left(0 \leq Z \leq \frac{20-m}{0.6}\right) = 0.4938$ 이므로 $\frac{20-m}{0.6} = 2.5$ 이다. 따라서 $m = 18.5$ 이다.

answer 17.① 18.② 19.③ 20.④

2019년 제2차 경찰공무원(순경) 채용

1 $(3-2i)(a+bi)$가 실수이고 $a+bi$의 실수부분과 허수부분의 합이 3일 때, $25ab$의 값은? (단, a, b는 실수이고 $i=\sqrt{-1}$)

① 50 ② 52
③ 54 ④ 56

$(3-2i)(a+bi)=(3a+2b)+(-2a+3b)i$가 실수이므로 $-2a+3b=0$이다.
$a+bi$의 실수부분은 a이고 허수부분은 b이므로 $a+b=3$이다. 두 방정식을 연립해서 풀면
$a=\frac{9}{5}$, $b=\frac{6}{5}$이고 따라서 $25ab=54$이다.

2 x에 관한 이차방정식 $x^2-(k+1)x-k-6=0$의 두 근의 차는 4이다. 이때 상수 k의 값은?

① -3 ② -2
③ 2 ④ 3

이차방정식 $x^2-(k+1)x-k-6=0$의 두 근을 α, β라 하면 $\alpha+\beta=k+1$, $\alpha\beta=-k-6$이다. 이때
$|\alpha-\beta|^2=(\alpha-\beta)^2=(\alpha+\beta)^2-4\alpha\beta$에서 $(k+1)^2-4(-k-6)=16$이고 이를 풀면
$k^2+6k+9=0 \quad \therefore k=-3$이다.

3 x에 관한 이차부등식 $f(x)<0$의 해가 $x<-4$ 또는 $x>3$일 때, $f(-2x)\ge 0$의 해는?

① $x\le -2,\ x\ge \frac{3}{2}$ ② $-2\le x\le \frac{3}{2}$
③ $x\le -\frac{3}{2},\ x\ge 2$ ④ $-\frac{3}{2}\le x\le 2$

이차부등식 $f(x)<0$의 해가 $x<-4$ 또는 $x>3$이므로 $f(x)=a(x+4)(x-3)$ $(a<0)$라고 할 수 있다.
이때 $f(-2x)=a(-2x+4)(-2x-3)\ge 0$에서 $(2x-4)(2x+3)\le 0$이고 따라서 해는 $-\frac{3}{2}\le x\le 2$이다.

4 **이차방정식 $x^2+x-5=0$의 두 근을 α, β라 할 때, $f(\alpha)=f(\beta)=2$를 만족시키는 이차식 $f(x)$는? (단, $f(x)$의 이차항의 계수는 1이다.)**

① x^2-2x+3　　② x^2+x-3

③ x^2-2x+7　　④ x^2+x-7

이차방정식 $x^2+x-5=0$ 의 두 근을 α, β 라면 $x^2+x-5=(x-\alpha)(x-\beta)$ 이다.
이차식 $f(x)$에 대하여 $f(\alpha)=f(\beta)=2$ 이므로 인수정리에 의해 $f(x)-2=(x-\alpha)(x-\beta)$ 라 할 수 있고 따라서 $f(x)=(x-\alpha)(x-\beta)+2=x^2+x-5+2=x^2+x-3$ 이다.

5 **함수 $f(x)=x^2-2x-3$, $g(x)=x^2-ax+7$일 때, 모든 실수 x에 대하여 $(f\circ g)(x)\geq 0$이 되는 실수 a의 범위는? (단, $f\circ g$는 g와 f의 합성함수이다.)**

① $-3\leq a\leq 3$　　② $a\leq -3,\ a\geq 3$

③ $-4\leq a\leq 4$　　④ $a\leq -4,\ a\geq 4$

부등식 $f(x)\geq 0$ 의 해가 $x\leq -1$ 또는 $x\geq 3$ 이므로
모든 실수 x 에 대하여 $f(g(x))\geq 0$ 이기 위해서는 $g(x)\leq -1$ 또는 $g(x)\geq 3$ 이다.
이차함수 $g(x)$ 의 최고차항이 양수이므로 모든 실수 x 에 대하여 $g(x)\leq -1$ 이 될 수 없으므로 $g(x)\geq 3$ 이어야 한다.
모든 실수 x 에 대하여 $x^2-ax+7\geq 3$, $x^2-ax+4\geq 0$ 이기 위해서는
$D=a^2-16\leq 0$ 이어야 하므로 $-4\leq a\leq 4$ 이다.

6 **무리함수 $f(x)=\sqrt{ax+b}-1$의 역함수를 $g(x)$라 하자. 두 곡선 $y=f(x)$와 $y=g(x)$가 $(1,2)$에서 만날 때, $g(3)$의 값은? (단, a, b는 상수이고 $a\neq 0$)**

① $-\dfrac{1}{3}$　　② $-\dfrac{2}{3}$

③ $-\dfrac{1}{5}$　　④ $-\dfrac{2}{5}$

무리함수 $f(x)=\sqrt{ax+b}-1$ 에 대하여 두 곡선 $y=f(x)$, $y=g(x)$ 가 $(1, 2)$ 에서 만나므로 $f(1)=2$, $g(1)=2$ 이다. $g(1)=2$ 에서 $f(2)=1$ 이므로
$f(1)=\sqrt{a+b}-1=2$　　$a+b=9$
$f(2)=\sqrt{2a+b}-1=1$　$2a+b=4$
이다. 연립해서 풀면 $a=-5$, $b=14$ 이고 $f(x)=\sqrt{-5x+14}-1$ 이다.
$g(3)=k$ 라 하면 $f(k)=3$ 에서 $\sqrt{-5k+14}-1=3$, $-5k+14=16$　$\therefore k=g(3)=-\dfrac{2}{5}$ 이다.

answer 1.③ 2.① 3.④ 4.② 5.③ 6.④

7 **임의의 실수 x, y에 대하여 함수 $f(x)$가 $f(x+y)=f(x)+f(y)$를 만족하고 $f(3)=2$일 때, $f(0)+f(-3)$의 값은?**

① -2　　② 2
③ -3　　④ 3

$x=y=0$ 을 대입하면 $f(0)=f(0)+f(0)$ $\therefore f(0)=0$ 이다.
$x=3,\ y=-3$ 을 대입하면 $f(0)=f(3)+f(-3)$ $\therefore f(-3)=-f(3)=-2$ 이다.
따라서 $f(0)+f(-3)=0-2=-2$ 이다.

8 **직선 $y=x+k$와 원 $x^2+y^2=9$가 서로 다른 두 점 A, B에서 만날 때, 현 AB의 길이가 4가 되는 양수 k의 값은?**

① $\sqrt{10}$　　② $\sqrt{11}$
③ $2\sqrt{3}$　　④ $\sqrt{13}$

그림에서처럼 원의 중심 $(0, 0)$ 에서 직선 $x-y+k=0$ 에 이르는 거리가 $\sqrt{5}$ 이므로 $\frac{|k|}{\sqrt{2}}=\sqrt{5}$ 에서 $k=\sqrt{10}$ 이다.

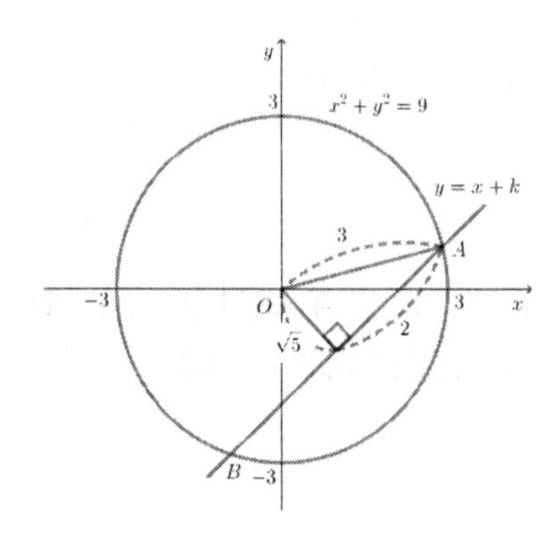

9 **세 점 O(0, 0), A(3, 3), B(3, 9)를 꼭짓점으로 하는 삼각형 OAB의 넓이를 직선 $y=m$이 이등분할 때, 상수 m의 값은?**

① $9-2\sqrt{3}$　　② $9-2\sqrt{2}$
③ $9-3\sqrt{3}$　　④ $9-3\sqrt{2}$

삼각형 OAB 의 넓이는 9 이고 직선 $y=m$ 이 선분 OA 와 선분 AB 와 만나는 점을 각각 $C,\ D$ 라 하면 삼각형 BCD 의 넓이는 $\frac{9}{2}$ 이다. 직선 OB 의 방정식은 $y=3x$ 이고 점 C 의 x 좌표는 $\frac{m}{3}$ 이므로 삼각형 BCD 의 넓이는 $\frac{1}{2}\times\left(3-\frac{m}{3}\right)\times(9-m)=\frac{1}{6}(9-m)^2$ 이다.

$\frac{1}{6}(9-m)^2=\frac{9}{2}$ 에서 $(m-9)^2=27$, $m-9=\pm3\sqrt{3}$ $\therefore m=9-3\sqrt{3}$ $(\because 3<m<9)$

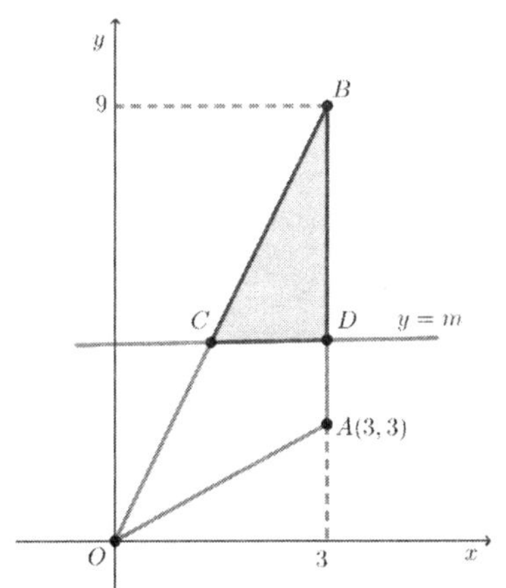

10 두 실수 a, b에 대하여 $4^a=3$, $9^b=2\sqrt{2}$가 성립할 때, ab의 값은?

① $\frac{3}{4}$ ② $\frac{5}{4}$

③ $\frac{3}{8}$ ④ $\frac{5}{8}$

$9^b=3^{2b}=(4^a)^{2b}=4^{2ab}=2^{4ab}$ 이므로 $2^{4ab}=2\sqrt{2}=2^{\frac{3}{2}}$ $\therefore 4ab=\frac{3}{2}$, $ab=\frac{3}{8}$ 이다.

11 이차방정식 $x^2-5x+3=0$의 두 근이 $\log_5\alpha$와 $\log_5\beta$일 때, $\log_\alpha\beta+\log_\beta\alpha$의 값은?

① $\frac{17}{3}$ ② $\frac{19}{3}$

③ $\frac{21}{5}$ ④ $\frac{23}{5}$

이차방정식 $x^2-5x+3=0$ 의 두 근이 $\log_5\alpha$, $\log_5\beta$ 이므로 $\log_5\alpha+\log_5\beta=5$ $\log_5\alpha\log_5\beta=3$ 이고

$(\log_5\alpha)^2+(\log_5\beta)^2=(\log_5\alpha+\log_5\beta)^2-2\log_5\alpha\log_5\beta=19$ 이다.

따라서 $\log_\alpha\beta+\log_\beta\alpha=\frac{\log_5\beta}{\log_5\alpha}+\frac{\log_5\alpha}{\log_5\beta}=\frac{(\log_5\alpha)^2+(\log_5\beta)^2}{\log_5\alpha\log_5\beta}=\frac{19}{3}$ 이다.

answer 7.① 8.① 9.③ 10.③ 11.②

12 $\frac{1}{5\sqrt{4}+4\sqrt{5}}+\frac{1}{6\sqrt{5}+5\sqrt{6}}+\cdots+\frac{1}{64\sqrt{63}+63\sqrt{64}}$ 의 값은?

① $\frac{1}{8}$ ② $\frac{3}{8}$

③ $\frac{5}{8}$ ④ $\frac{7}{8}$

$$\frac{1}{5\sqrt{4}+4\sqrt{5}}+\frac{1}{6\sqrt{5}+5\sqrt{6}}+\cdots+\frac{1}{64\sqrt{63}+63\sqrt{64}}$$
$$=\sum_{k=4}^{63}\frac{1}{(k+1)\sqrt{k}+k\sqrt{k+1}}=\sum_{k=4}^{63}\frac{(k+1)\sqrt{k}-k\sqrt{k+1}}{(k+1)^2k-k^2(k+1)}$$
$$=\sum_{k=4}^{63}\frac{(k+1)\sqrt{k}-k\sqrt{k+1}}{(k+1)k}=\sum_{k=4}^{63}\left\{\frac{\sqrt{k}}{k}-\frac{\sqrt{k+1}}{k+1}\right\}$$
$$=\left(\frac{\sqrt{4}}{4}-\frac{\sqrt{5}}{5}\right)+\left(\frac{\sqrt{5}}{5}-\frac{\sqrt{6}}{6}\right)+\cdots+\left(\frac{\sqrt{63}}{63}-\frac{\sqrt{64}}{64}\right)$$
$$=\frac{\sqrt{4}}{4}-\frac{\sqrt{64}}{64}$$
$$=\frac{1}{2}-\frac{1}{8}=\frac{3}{8}$$

13 수열 $\{a_n\}$에 대하여 첫째항부터 제n항까지의 합이 $S_n=n^2+n$일 때, $\sum_{k=1}^{20}\frac{1}{a_ka_{k+1}}$의 값은?

① $\frac{2}{21}$ ② $\frac{3}{21}$

③ $\frac{4}{21}$ ④ $\frac{5}{21}$

$S_n=n^2+n$ 에 대하여 $a_n=S_n-S_{n-1}$ $(n\geq 2)$, $a_1=S_1$ 이므로

$a_n=n^2+n-\{(n-1)^2+(n-1)\}=2n$ 이다.

$$\sum_{k=1}^{20}\frac{1}{a_ka_{k+1}}=\sum_{k=1}^{20}\frac{1}{2n(2n+2)}=\frac{1}{4}\sum_{k=1}^{20}\frac{1}{k(k+1)}=\frac{1}{4}\sum_{k=1}^{20}\left(\frac{1}{k}-\frac{1}{k+1}\right)$$
$$=\frac{1}{4}\left\{\left(\frac{1}{1}-\frac{1}{2}\right)+\left(\frac{1}{2}-\frac{1}{3}\right)+\cdots+\left(\frac{1}{20}-\frac{1}{21}\right)\right\}$$
$$=\frac{1}{4}\left(1-\frac{1}{21}\right)$$
$$=\frac{5}{21}$$

14 $\lim_{x \to 1} \frac{\sqrt{x^2+a}+b}{x^2-1} = \frac{1}{2}$ **이 성립하도록 하는 상수 a, b에 대하여 $a+b$의 값은?**

① -1　　② -2
③ -3　　④ -4

$\lim_{x\to1}(x^2-1)=0$ 이므로 $\lim_{x\to1}\left(\sqrt{x^2+a}+b\right)=0$, 즉 $\sqrt{1+a}+b=0$ $\therefore b=-\sqrt{a+1}$ 이다.

$\lim_{x\to1}\frac{\sqrt{x^2+a}-\sqrt{a+1}}{x^2-1}=\lim_{x\to1}\frac{x^2-1}{(x^2-1)\left(\sqrt{x^2+a}+\sqrt{a+1}\right)}=\frac{1}{2\sqrt{a+1}}$ 이므로

$\frac{1}{2\sqrt{a+1}}=\frac{1}{2}$ 에서 $a=0$ 이고 따라서 $b=-1$ 이다. 그러므로 $a+b=-1$이다.

15 **함수 $g(x)$는 함수 $f(x)=\begin{cases} x^2+7x+6 & (x<-1) \\ g(x) & (-1 \le x \le 1) \\ x^2+7x-2 & (1<x) \end{cases}$ 를 모든 실수에서 미분가능하게 하는 삼차 다항함수이다. 이때 $f\left(\frac{1}{2}\right)$의 값은?**

① -3　　② -2
③ 2　　④ 3

함수 $f(x)$ 가 모든 실수에서 미분가능하려면 $x=-1$, $x=1$에서 미분가능하여야 한다.
$x=-1$ 에서 연속이어야 하므로 $1-7+6=g(-1)$ $\therefore g(-1)=0$
$x=1$ 에서 연속이어야 하므로 $g(1)=1+7-2$ $\therefore g(1)=6$

$f'(x)=\begin{cases} 2x+7 & (x<-1) \\ g'(x) & (-1\le x\le 1) \\ 2x+7 & (1<x) \end{cases}$ 에 대하여

$f'(-1)$ 이 존재하여야 하므로 $-2+7=g'(-1)$ $\therefore g'(-1)=5$ 이고
$f'(1)$ 이 존재하여야 하므로 $g'(1)=2+7$ $\therefore g'(1)=9$ 이다.
삼차 다항함수 $g(x)=ax^3+bx^2+cx+d$ 라 하면 $g'(x)=3ax^2+2bx+c$ 이고

$\begin{cases} g(-1)=-a+b-c+d=0 \\ g(1)=a+b+c+d=6 \\ g'(-1)=3a-2b+c=5 \\ g'(1)=3a+2b+c=9 \end{cases}$ 를 풀면 $a=2$, $b=1$, $c=1$, $d=2$ 이다.

따라서 $g(x)=2x^3+x^2+x+2$ 이다. 이때 $f\left(\frac{1}{2}\right)=g\left(\frac{1}{2}\right)=3$ 이다.

answer 12.② 13.④ 14.① 15.④

16 최고차항의 계수가 1이고 $f(2)=12$인 삼차함수 $f(x)$가 $\lim_{x\to -1}\frac{f(x)}{(x+1)\{f'(x)\}^2}=-\frac{1}{2}$을 만족시킬 때, $f(3)$의 값은?

① 36　② 38
③ 40　④ 42

$\lim_{x\to -1}(x+1)\{f'(x)\}^2=0$ 이므로 $\lim_{x\to -1}f(x)=0$　$\therefore f(-1)=0$ 이다.

삼차함수 $f(x)=(x+1)(x^2+ax+b)$ 라 하면 $f'(x)=x^2+ax+b+(x+1)(2x+a)$ 에 대하여

$\lim_{x\to -1}\frac{f(x)}{(x+1)\{f'(x)\}^2}=\lim_{x\to -1}\frac{x^2+ax+b}{\{f'(x)\}^2}=\frac{1-a+b}{\{f'(-1)\}^2}=\frac{1}{1-a+b}$ 이다.

따라서 $\frac{1}{1-a+b}=-\frac{1}{2}$ 에서 $1-a+b=-2$, 즉 $a-b=3$ 이고,

$f(2)=12$ 에서 $3(4+2a+b)=12$, 즉 $2a+b=0$ 이므로 $a=1$, $b=-2$ 이다

그러므로 $f(x)=(x+1)(x^2+x-2)$ 이고 이때 $f(3)=4\times 10=40$ 이다.

17 점 $\mathrm{A}(1,-3)$에서 곡선 $y=x^2$에 그은 접선은 2개이다. 그 2개의 접선의 방정식을 각각 $y=a_1x+b_1$과 $y=a_2x+b_2$라 할 때, 순서쌍 $(a_1a_2,\, b_1+b_2)$는?

① $(-10,-8)$　② $(-12,-8)$
③ $(-10,-10)$　④ $(-12,-10)$

곡선 $y=x^2$ 위의 접점의 좌표를 $(t,\,t^2)$이라 하면 접선의 방정식은 $y-t^2=2t(x-t)$ 이고 $(1,-3)$ 을 지나므로 $-3-t^2=2t(1-t)$ 가 성립한다.

이 방정식을 풀면 $t^2-2t-3=0$　$\therefore t=-1,\,3$ 이고 이때 접선의 방정식은

$y=-2x-1$, $y=6x-9$ 이다. 따라서 $a_1a_2=(-2)\times 6=-12$, $b_1+b_2=-1-9=-10$ 이므로 순서쌍은 $(-12,\,-10)$ 이다.

18 곡선 $x=y^2-1$과 직선 $y=x-1$로 둘러싸인 도형의 넓이는?

① $\frac{9}{2}$　② $\frac{11}{2}$
③ $\frac{13}{2}$　④ $\frac{15}{2}$

곡선 $x=y^2-1$과 직선 $x=y+1$ 의 교점의 y좌표는 $y^2-1=y+1$, $y^2-y-2=0$　$\therefore y=-1,\ 2$이다.

따라서 도형의 넓이는 그림에서처럼

$\int_{-1}^{2}\{y+1-(y^2-1)\}dy=\int_{-1}^{2}(-y^2+y+2)dy=\left[-\frac{1}{3}y^3+\frac{1}{2}y^2+2y\right]_{-1}^{2}=\frac{9}{2}$ 이다.

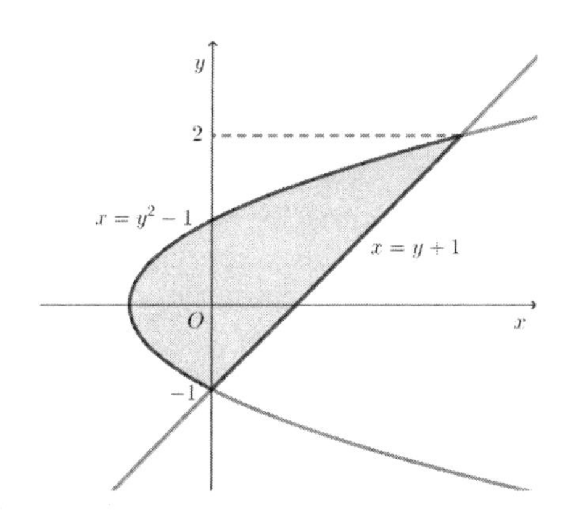

19 $(x^2+10x-2)(ax+1)^6$**의 전개식에서** x^2**의 계수가** 31**일 때, 상수** a**의 값은?**

① 1　　② 2
③ 3　　④ 4

$(ax+1)^6$ 의 전개식의 일반항을 ${}_6C_r(ax)^{6-r}$ $(r=0,1,2,\cdots,6)$ 이라 할 때,
$(ax+1)^6$ 의 전개식에서 x^2 의 계수는 ${}_6C_4a^2=15a^2$ 이고, x 의 계수는 ${}_6C_5a=6a$, 상수항의 계수는 ${}_6C_6a^0=1$ 이다.
그러므로 $(x^2+10x-2)(ax+1)^6$ 의 전개식에서 x^2 의 계수는
$1\times1+10\times(6a)+(-2)\times(15a^2)=-30a^2+60a+1$ 이 된다.
$-30a^2+60a+1=31$ 에서 $30a^2-60a+30=0$, $30(a-1)^2=0$　$\therefore a=1$ 이다.

20 연속확률변수 X**의 확률밀도함수** $f(x)$**가** $f(x)=3ax+a$ $(0\le x\le 2)$**일 때, 확률** $\mathrm{P}(0\le X\le 1)=\dfrac{q}{p}$**이다.** $p+q$**의 값은? (단,** a**는 상수이고,** p**와** q**는 서로소인 자연수이다.)**

① 19　　② 21
③ 23　　④ 25

$\int_0^2 f(x)\,dx=1$ 이므로 $\int_0^2(3ax+a)dx=\left[\frac{3a}{2}x^2+ax\right]_0^2=8a=1$ $\therefore a=\frac{1}{8}$ 이다.
이때 $P(0\le X\le 1)=\int_0^1 f(x)\,dx=\int_0^1\left(\frac{3}{8}x+\frac{1}{8}\right)dx=\frac{1}{8}\left[\frac{3}{2}x^2+x\right]_0^1=\frac{5}{16}$ 이다.
그러므로 $p=16$, $q=5$ $\therefore p+q=21$ 이다.

answer 16.③ 17.④ 18.① 19.① 20.②

MEMO

MEMO